国家林业和草原局研究生教育"十三五"规划教材

木材解剖专论

罗蓓　杨燕　徐开蒙◎主编

中国林业出版社

图书在版编目(CIP)数据

木材解剖专论/罗蓓,杨燕,徐开蒙主编. —北京:中国林业出版社,2021.10
国家林业和草原局研究生教育"十三五"规划教材
ISBN 978-7-5219-1232-6

Ⅰ.①木… Ⅱ.①罗… ②杨… ③徐… Ⅲ.①木材解剖-高等学校-教材 Ⅳ.①S781.1

中国版本图书馆 CIP 数据核字(2021)第 115104 号

中国林业出版社·教育分社

策划编辑:杜 娟　　　责任编辑:陈 惠 杜 娟
电话:(010)83143553　　传真:(010)83143516

出版发行	中国林业出版社(100009 北京市西城区刘海胡同 7 号)
	E-mail:jiaocaipublic@163.com 电话:(010)83143500
印　刷	北京中科印刷有限公司
版　次	2021 年 10 月第 1 版
印　次	2021 年 10 月第 1 次印刷
开　本	850mm×1168mm 1/16
印　张	11.5
字　数	280 千字
定　价	60.00 元

未经许可,不得以任何方式复制或抄袭本书之部分或全部内容。
版权所有　侵权必究

前　言

木材主要由细胞壁构成，其形成、构造及性质是木材加工利用和科学研究所必需的基本知识。《木材解剖专论》一书共分10章，在内容的篇幅比例上，以木材的形成和结构作为重点和主体，着重介绍了树木生长发育、木质部的宏观及微观构造、木材细胞壁的超微构造、树皮的结构等内容；并以解剖构造知识为基础，进一步介绍了木材的性质及变异情况。在本书相关内容的选择和组织上，是以木材解剖学的相关知识为核心，力求知识结构系统合理，内容繁简适宜，文字通俗流畅，并适当地融入了本领域国内外的新近研究成果，以期为读者提供一些学习、研究方面的新思路、新观点。本书可作为木材科学与工程专业的教材或参考书使用，也可供林业工程领域的相关技术人员作为参考资料。

全书由罗蓓、杨燕、徐开蒙负责统稿。编写人员分工如下：第1章由郭梦麟(1.1~1.4)、罗蓓(1.5)完成；第2章由罗蓓(2.1、2.2)、郭梦麟(2.3)完成；第3章由徐开蒙完成；第4章由杨燕完成；第5章由杨燕完成；第6章由高景然(6.1、6.2、6.4.1~6.4.4)、郭梦麟(6.3、6.4.5、6.5)完成；第7章由秦磊完成；第8章由郭梦麟(8.1、8.2)、杨燕(8.3)完成；第9章由郭梦麟完成；第10章由秦磊(10.1)、郭梦麟(10.2~10.6)完成。第4章宏观构造图除标注引用者以外，均由王宪和王云龙拍摄完成；第5章微观构造图除标注引用者以外，均由杨燕拍摄完成。本书中所有树种的中文译名，均参照中国数字植物标本馆中的译名，若没有对应的中文译名，则使用所引用文献的拉丁名。京都大学伊东隆夫教授为本书的编写提供了许多宝贵的资料和建议，全体编者在此表示衷心的感谢！

限于水平和时间，书中不足之处在所难免，恳请读者批评指正。

编写组
2021年6月

目 录

前 言

第1篇 木材的形成及结构

第1章 木质资源材料 ·········· 2
  1.1 裸子植物 ·········· 2
  1.2 被子植物 ·········· 3
  1.3 针叶树与阔叶树的差异 ·········· 3
    1.3.1 构造的差异 ·········· 3
    1.3.2 化学组成的差异 ·········· 5
    1.3.3 生长造成的差异 ·········· 6
  1.4 世界森林资源 ·········· 8
  1.5 保护森林资源的措施 ·········· 9
    1.5.1 《濒危野生动植物种国际贸易公约》（CITES公约） ·········· 9
    1.5.2 《森林认证认可方案》（PEFC） ·········· 9

第2章 分生组织与木材的形成 ·········· 10
  2.1 树木的基本构成 ·········· 10
  2.2 树木的分生组织 ·········· 12
  2.3 形成层 ·········· 13
    2.3.1 形成层的作用 ·········· 13
    2.3.2 形成层的由来和发展 ·········· 14
    2.3.3 形成层的宽度 ·········· 14
    2.3.4 形成层细胞的形态和分裂 ·········· 16
    2.3.5 形成层的结构和细胞组成 ·········· 19
    2.3.6 形成层发育的调控 ·········· 20

第3章 树皮组织 ·········· 25
  3.1 树皮的形成 ·········· 25
    3.1.1 树皮的构造 ·········· 25
    3.1.2 韧皮组织的形成 ·········· 26
  3.2 韧皮组织的细胞种类和分布 ·········· 27

3.3 韧皮组织的细胞特征 ………………………………………… 28
　　3.3.1 筛管分子与筛胞 ……………………………………… 28
　　3.3.2 伴胞与 S-细胞 ………………………………………… 30
　　3.3.3 薄壁组织 ……………………………………………… 31
　　3.3.4 射线组织 ……………………………………………… 33
　　3.3.5 厚壁组织 ……………………………………………… 34
3.4 外树皮组织 …………………………………………………… 37
　　3.4.1 木栓形成层 …………………………………………… 37
　　3.4.2 木栓层 ………………………………………………… 38
　　3.4.3 栓内层 ………………………………………………… 38
　　3.4.4 皮　孔 ………………………………………………… 39
　　3.4.5 棘　刺 ………………………………………………… 40
3.5 内含物 ………………………………………………………… 40
　　3.5.1 晶　体 ………………………………………………… 40
　　3.5.2 有机质 ………………………………………………… 42
3.6 分泌细胞与分泌组织 ………………………………………… 43
　　3.6.1 分泌细胞 ……………………………………………… 43
　　3.6.2 分泌组织 ……………………………………………… 44

第 4 章　木材的宏观构造 ………………………………………… 46
4.1 边材与心材 …………………………………………………… 46
4.2 生长轮 ………………………………………………………… 48
4.3 早材与晚材 …………………………………………………… 50
4.4 管　孔 ………………………………………………………… 51
　　4.4.1 管孔的分布 …………………………………………… 51
　　4.4.2 管孔的排列 …………………………………………… 52
　　4.4.3 管孔的组合 …………………………………………… 53
　　4.4.4 管孔的大小 …………………………………………… 54
　　4.4.5 管孔的数目 …………………………………………… 54
　　4.4.6 管孔内含物 …………………………………………… 54
4.5 射线组织 ……………………………………………………… 55
　　4.5.1 木射线的宽度 ………………………………………… 55
　　4.5.2 木射线的高度 ………………………………………… 56
　　4.5.3 木射线的数量 ………………………………………… 56
4.6 轴向薄壁组织 ………………………………………………… 57
4.7 胞间道 ………………………………………………………… 59
　　4.7.1 树脂道 ………………………………………………… 60
　　4.7.2 树胶道 ………………………………………………… 60

第 5 章　木材的微观构造 ………………………………………… 62
5.1 针叶树材的微观特征 ………………………………………… 62
　　5.1.1 轴向组织与构成细胞 ………………………………… 62
　　5.1.2 径向组织与构成细胞 ………………………………… 72

5.2 阔叶树材的微观特征 …………………………………… 77
    5.2.1 轴向组织与构成细胞 ……………………………… 78
    5.2.2 径向组织与构成细胞 ……………………………… 96
5.3 胞间道 …………………………………………………… 105
    5.3.1 针叶树的胞间道 …………………………………… 105
    5.3.2 阔叶树的胞间道 …………………………………… 108
5.4 针叶树与阔叶树微观构造的比较 ……………………… 110

第 6 章 木材的超微构造 …………………………………… 111

6.1 木材细胞壁的层次结构 ………………………………… 111
    6.1.1 胞间层 ……………………………………………… 111
    6.1.2 初生壁 ……………………………………………… 111
    6.1.3 次生壁 ……………………………………………… 111
    6.1.4 瘤状层 ……………………………………………… 112
6.2 木材细胞的壁层结构 …………………………………… 112
    6.2.1 管胞的壁层结构 …………………………………… 112
    6.2.2 导管的壁层结构 …………………………………… 113
    6.2.3 薄壁细胞的壁层构造 ……………………………… 114
6.3 木材细胞壁的堆积 ……………………………………… 114
    6.3.1 纤维素及微纤丝的合成 …………………………… 114
    6.3.2 微纤丝走向的调控 ………………………………… 115
6.4 木材细胞壁的结构特征 ………………………………… 117
    6.4.1 纹 孔 ……………………………………………… 117
    6.4.2 澳柏型加厚 ………………………………………… 123
    6.4.3 内壁加厚 …………………………………………… 123
    6.4.4 螺纹裂隙 …………………………………………… 125
    6.4.5 瘤状层 ……………………………………………… 125
6.5 木材成分在细胞壁里的分布 …………………………… 126
    6.5.1 碳水化合物的分布 ………………………………… 126
    6.5.2 木质素的分布 ……………………………………… 128
    6.5.3 抽提物的分布 ……………………………………… 129

第 7 章 木材识别技术 ……………………………………… 132

7.1 试样的采集与保存 ……………………………………… 132
7.2 基于构造特征的识别技术 ……………………………… 132
    7.2.1 识别特征分类 ……………………………………… 132
    7.2.2 光学显微技术 ……………………………………… 133
    7.2.3 电子显微技术 ……………………………………… 134
    7.2.4 图像识别技术 ……………………………………… 135
7.3 基于光谱分析的识别技术 ……………………………… 135
    7.3.1 近红外光谱分析技术 ……………………………… 135
    7.3.2 其他光谱分析技术 ………………………………… 137
7.4 基于气质联用的识别技术 ……………………………… 138

7.5 基于稳定同位素分析的识别技术 ………………………………… 140
7.6 基于遗传信息的识别技术 …………………………………………… 140
　　7.6.1 基于基因测序的DNA识别方法 …………………………… 141
　　7.6.2 DNA条形码识别技术 ……………………………………… 141
7.7 基于光纤液滴分析的识别技术 …………………………………… 142

第2篇　木材的性质

第8章　应力木 …………………………………………………………… 144
8.1 应力木的形成 ………………………………………………………… 144
8.2 生长轮的偏向性 ……………………………………………………… 146
8.3 应力木的类型与性质 ………………………………………………… 147
　　8.3.1 应压木 ………………………………………………………… 147
　　8.3.2 应拉木 ………………………………………………………… 149

第9章　幼龄木及材质变异性 ………………………………………… 153
9.1 幼龄木的特性 ………………………………………………………… 153
9.2 幼龄木的形成 ………………………………………………………… 154
9.3 减少幼龄木的措施 …………………………………………………… 155
9.4 幼龄木对木材利用的影响 …………………………………………… 156
　　9.4.1 纸　浆 ………………………………………………………… 156
　　9.4.2 锯　材 ………………………………………………………… 156
　　9.4.3 木质复合材料 ………………………………………………… 157
9.5 木材材质的变异性 …………………………………………………… 158
　　9.5.1 同种同株间的变异性 ………………………………………… 158
　　9.5.2 同种异株间的变异性 ………………………………………… 162

第10章　年轮分析 ……………………………………………………… 163
10.1 年轮结构和物理变异 ……………………………………………… 163
10.2 树种和遗传因子 …………………………………………………… 164
10.3 树　龄 ……………………………………………………………… 165
10.4 立　地 ……………………………………………………………… 167
　　10.4.1 土质与地势 ………………………………………………… 167
　　10.4.2 生长竞争 …………………………………………………… 167
　　10.4.3 水淹地 ……………………………………………………… 168
10.5 气　候 ……………………………………………………………… 169
10.6 树木年轮学 ………………………………………………………… 170
　　10.6.1 发展历程 …………………………………………………… 170
　　10.6.2 放射性同位素年代鉴定 …………………………………… 171
　　10.6.3 树木气候学 ………………………………………………… 171
　　10.6.4 分　歧 ……………………………………………………… 172

参考文献 ………………………………………………………………… 174

第1篇

木材的形成及结构

第1章
木质资源材料

植物界分为原生植物(thallophytes)、苔藓植物(bryophytes)、蕨类植物(pteridophytes)及种子植物(spermatophytes)四门(division)。原生植物如细菌、真菌及藻类无一定的形状；苔藓植物有茎叶之分，但无维管结构；蕨类植物则有根茎叶之分，并有维管结构。种子植物又分为裸子植物(gymnosperms)和被子植物(angiosperms)，前者于石炭纪(carbonifrous period)晚期约3亿年前演化而成，裸子植物之下现存的四个纲(class)，分别为苏铁纲(Cycadophyta)、买麻藤纲(Gnetophyta)、银杏纲(Ginkophyta)及松杉纲(Coniferophyta)。被子植物则演化于1亿多年前的白垩纪(cretaceous period)，现存双子叶植物(dicotyledon)和单子叶植物(moncotyledon)。

裸子植物和被子植物进化最重要的环节是维管、木质素和次生形成层的产生(Barghoorn，1964)。圆柱形的维管与其木质化的组织系统，加上次生形成层，理论上可以无限增加次生木质部的圆周，使树木突立于森林之上全面接受阳光。裸子植物中的美洲红杉有两种，分别为巨杉(*Sequoiadendron giganteum*)和北美红杉(*Sequoia sempervirens*)，因为寿命极长，可达3000年以上，树高可达百米，胸径达十几米，因而被其原分布地的人们俗称为"世界爷"。美国西海岸还分布有其他长寿的巨树，如花旗松(*Pseudotsuga menziesii*)和西黄松(*Pinus ponderosa*)等。被子植物中长得最高大的树木有澳大利亚的王桉(*Eucalyptus regnans*)和蓝桉(*Eucalyptus globulus*)以及东南亚的娑罗双(*Shorea* sp.)等，这些阔叶树往往能长得将近百米高。

1.1 裸子植物

苏铁类植物隶属于3科9属约100余种，主要分布于热带和亚热带。买麻藤类植物含3科每科各1属共70余种，其中有常绿乔木、灌木及藤类，此类植物的共同特点是木质部具有导管。银杏纲仅存1属1种银杏(*Ginkgo biloba*)，已存在至少2.7亿年，被喻为原产于中国的活化石。松杉纲资源最为丰富，共7科67属600余种。大多数裸子植物的树种具有细长有如针状的常绿树叶，其木材又被称为针叶树材。

大多数针叶树都分布于温带、寒带或高海拔地区，仅有少数分布于热带。例如卡西亚松(*Pinus kesiya*)，生长于西起印度，经中南半岛至菲律宾的广大地区，该树种向北延伸至我国西南亚热带地区，变种成为思茅松(*Pinus kesiya* var. *langbianensis*)。中南美洲有3种原产松树，分别为加勒比松(*Pinus caribaea*)、印果松(*Pinus oocarpa*)、展松(*Pinus patula*)。主产于南半球的贝壳杉(*Agathis* sp.)不但分布于东南亚的热带地区,也产于澳大利亚和新西兰的温带地区。寒带林中,针叶树远多于阔叶树,针叶树以冷杉(*Abies* sp.)、云杉(*Picea* sp.)及落叶松(*Larix* sp.)为主,间杂有杨树(*Poplus* sp.)和桦树(*Betula* sp.)等阔叶树。

1.2 被子植物

被子植物的种类比裸子植物更为复杂,至20世纪80年代,已被确认的被子植物约有22万种(Cronquist,1981),到2016年时,又发现了许多以前未被包括的品种,现今总数已将近30万种分布于457科(Christenhusz et al.,2016)。被子植物有三个主要分支,分别为75%的真双子叶植物(eudicots)、23%的单子叶植物(monocots)及2%的木兰类植物(magnoliids)。被子植物是开花植物,大多数植物分类学家认为其演化顺序是先有木兰类,然后才演化出单子叶植物。真双子叶植物具有广大的多样性,不但有巨大的乔木也有直径仅数厘米的灌木,有能活数百年之久也有仅存活单年的种类。

有观点指出,从用材的角度而言,树木应为多年生植株,具有相当的高度,具有少侧枝的直立主干,且在胸高(约1.3m)处应具有足够尺寸的直径。这个关于树木的宽泛概念对许多针叶树种而言是相符的,但对于许多双子叶(阔叶树)树种而言则不太准确。也有观点认为,有利用价值的树木须具备至少6m的树高,主干从地面至树高1.5m处才可以有侧枝,也就是说具有相当可利用的材积,才可称为"树木"。这个定义使阔叶树的种类减少到千种以下,天然林小径木虽然也被加以开发利用,但甚少当作商品交易,这又使市场上的阔叶树的种类减少到500余种。

1.3 针叶树与阔叶树的差异

1.3.1 构造的差异

针叶树和阔叶树结构上最大的差异是针叶树的细胞构成简单,同一类细胞往往要执行多样化的功能。例如,针叶树的输水组织是由管胞构成,而管胞也同时兼具力学支撑功能,阔叶树的输水功能则是由导管承担,力学支撑功能主要由木纤维执行。一些特殊的树种,例如,我国西南地区特有的水青树(*Tetracentron sinensis*)不具导管,输水功能由两端不具穿孔的类似于针叶树的管胞执行。

一般而言,针叶树和阔叶树木质部内的细胞包括各类管胞、射线细胞、轴向薄壁细胞及泌脂细胞等。上述细胞的细胞壁特征除了根据细胞的形态而定,主要的区别在于是否具有次生壁和细胞壁上纹孔的结构(图1.1)。

针叶树的构成细胞中约占95%的为执行输导功能与机械支持功能的管胞(tracheid),其次,依比例高低由射线薄壁细胞(ray parenchyma)、轴向薄壁细胞(axial parenchyma)及树脂道(resin canal)组成。各树种的管胞形状大致相同,都具有次生壁,长2~5mm,具缘纹孔主要分布在径面壁,多集中于扁平的细胞尾端。并非所有的针叶树都具有轴向薄壁细胞,其起源与管胞相似,轴向薄壁细胞也是由形成层纺锤形原始细胞分化而来,在分化的最后阶段形成多个横隔壁,形成一个串联的轴向薄壁组织。

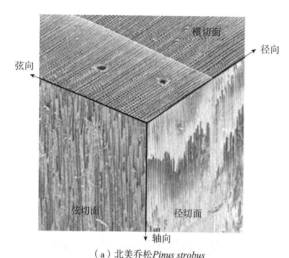
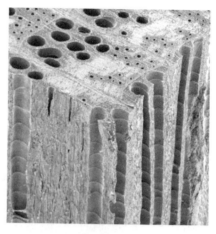

(a) 北美乔松 *Pinus strobus*　　　　(b) 北美红栎 *Quercus rubra*

图 1.1　针叶树与阔叶树的扫描电镜图显示横切面、径切面及弦切面的细胞构成

轴向薄壁细胞仅具初生壁和单纹孔，在边材中长期存活，执行养分贮存等生理功能。在边材转化成心材时，薄壁细胞的内含物如多糖等，经过一系列生理生化反应，成为抽提物填充于细胞腔内或渗入细胞壁中。松科的一些树种具有轴向及径向树脂道，轴向树脂道比径向者大，由 1~2 圈泌脂细胞围绕而成，径向树脂道生于射线组织中，与射线组织一起构成纺锤形射线。泌脂细胞属于薄壁细胞，仅具有未木质化的初生壁和单纹孔。有些针叶树的射线组织除了射线细胞之外还具有射线管胞；横卧且短小的射线管胞具有次生壁及具缘纹孔，其内腔壁可以具齿状加厚或平滑加厚，除此之外，其余横卧的射线细胞均属于薄壁细胞，仅具单纹孔。多数树种的射线细胞具有木质化的次生壁，如果次生壁上有密集的单纹孔即形成所谓的节状加厚。射线细胞可在边材里长期执行多项生理功能，最重要的生理功能是在细胞死亡之前，把贮藏的养分转化成为抽提物，从而形成心材。

阔叶树的组成细胞比针叶树复杂，输导组织包括导管(vessel)、导管状管胞(vascular tracheid)、环管管胞(vasicentric tracheid)，机械支持组织包括纤维状管胞(fiber tracheid)、韧型纤维(libriform fiber)。上述各类细胞都具有次生壁。导管、导管状管胞及环管管胞的长度短于纤维状管胞及韧型纤维，细胞壁具有密布的具缘纹孔，便于水分的输导。早材大导管长度极短，两端为了便于输导水分，具有不同类型的穿孔。晚材小导管稍长，两端也具穿孔，穿孔的类型有时与早材大导管不同。仅部分树种具有导管状管胞和环管管胞，例如，榆树(*Ulmus* sp.)的导管状管胞极似小导管，但两端不具穿孔，栎树(*Quercus* sp.)的环管管胞长度较长，但形状扭曲。图 1.2 显示了小导管、导管状管胞

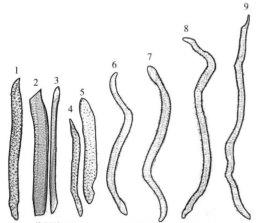

1、2—美国榆 *Ulmus americana* 晚材小导管，两端具单穿孔；
3~5—美国榆导管状管胞，两端不具穿孔，为纹孔；
6~9—红槲栎 *Quercus rubra* 环管管胞，形状扭曲，多纹孔。

图 1.2　导管状管胞与环管管胞

及环管管胞在形状上的差异。纤维状管胞及韧型纤维的差别是前者细胞壁较厚，具少量具缘纹孔，后者细胞壁较薄，具少量单纹孔，两者间的差异如图 1.3 所示。在所有细胞中，纤维状管胞所占比例最高，约为木质部细胞的 50%，其主要功能是为树体提供机械支持。各类阔叶树的纤维长度介于 1~2mm，极少超过 2mm。

阔叶树中轴向薄壁组织的数量因树种而异，量少者如杨树（*Populus* sp.）和鹅掌楸（*Liriodendron* sp.）等，量多者如樟树（*Cinnamomum* sp.）、泡桐（*Paulownia* sp.）及皂荚（*Gleditsia* sp.）等。轴向薄壁细胞的胞壁薄，具单纹孔，包括串联薄壁细胞（strand parenchyma）和纺锤形薄壁细胞（fusiform parenchyma）两种，其中，串联薄壁细胞是最常见的一种。轴向薄壁细胞来自形成层的纺锤形原始细胞，在分化

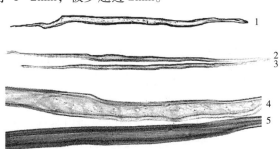

1—糖槭 *Acer saccharinum* 韧型纤维；2、3—稍长的纤维状管胞；4、5—分别为韧型纤维和纤维状管胞的局部放大图，前者细胞壁薄、带单纹孔，后者细胞壁厚、带具缘纹孔，但不易观察。

图 1.3　韧型纤维和纤维状管胞

时产生横隔而形成，分隔后每个子细胞延伸生长，因此分隔越多串联越长。纺锤形原始细胞在分化时如果不产生分隔而保持原形，即成为较短的纺锤形薄壁细胞。纺锤形薄壁细胞并不多见，主要存在于刺槐（*Robinia pseudoacacia*）和桑科（*Moraceae*）的一些树种，例如，红果桑（*Morus rubra*）及橙桑（*Maclura pomifera*）等。另一种轴向薄壁细胞为围绕轴向胞间道的泌脂细胞，但温带的阔叶树甚少具有胞间道。阔叶树还有一种间杂在轴向薄壁组织和射线组织中的分泌细胞（又称油细胞、黏液细胞），分别是从轴向的薄壁细胞和射线组织的薄壁细胞演变而来，可分泌使木材耐腐的油脂，阔叶树的泌脂细胞也仅具非木质化的初生壁。

阔叶树的射线组织比量比针叶树高很多，例如，栎树的射线组织比量可高达 25% 以上。阔叶树的射线组织构成也比针叶树更为复杂，虽然不含射线管胞，但射线薄壁细胞可横卧也可直立，有些还可分化成为油细胞、黏液细胞。阔叶树在形成心材时，边材里的薄壁细胞生理机能会产生亢进，发生一系列生理生化反应。在某些树种中，与导管相邻的薄壁细胞会透过纹孔进入导管腔内，经不断分裂形成侵填体（tylosis）。有些热带阔叶树导管里的侵填体细胞壁，可不断增厚变成硬化的侵填体。

1.3.2　化学组成的差异

除去抽提物不计，针叶树和阔叶树的平均纤维素、半纤维素及木质素含量分为 42%、28%、29% 和 45%、34%、21%（Rydholm，1965）。阔叶树的半纤维素含量不但较高，成分也与针叶树相异；阔叶树的半纤维素以木聚糖（xylan）为主，而针叶树的半纤维素主要是甘葡聚糖（glucomannan），前者是五碳聚糖，后者为六碳聚糖。由于六碳聚糖比五碳聚糖更耐高温，所以在相同的高温下，阔叶树较针叶树更易热解，产生强度损失。与阔叶树相比，针叶树的木质素含量较高，性质也不同，针叶树木质素的苯环仅有一个甲氧基，即所谓的愈疮木型（guaiacyl）木质素，而阔叶树的木质素中，愈疮木型和紫丁香型（syringyl）约各占一半。针叶树因木质素含量较高，在化学法制浆时，

蒸煮温度较高，药剂用量多，蒸煮时间也较长。阔叶树纤维状管胞细胞壁里的木质素主要是紫丁香型，而导管细胞壁里的木质素主要是愈疮木型（Fergus et al.，1970），愈疮木型木质素比紫丁香型木质素活性高，且稍具抵抗腐朽真菌的特性，所以针叶树比阔叶树较耐菌腐。

1.3.3 生长造成的差异

形成层有两种原始细胞，分别为纺锤形原始细胞（fusiform initial）与射线原始细胞（ray initial）。纺锤形原始细胞向内平周分裂后，子细胞分化形成各种轴向细胞，包括管胞及轴向薄壁细胞等，向外平周分裂后，子细胞分化形成韧皮部（nonconducting phloem）的轴向细胞。射线原始细胞向内与向外分裂，分别形成木质部与韧皮部的射线组织，因此木质部与韧皮部的射线组织自始至终都与形成层直接相连。树干木质部的生长包括直径的增加和圆周的增长。直径的增加依靠形成层原始细胞的弦向分裂，即与树干圆周平行的方向分裂，进行径向生长，称为平周分裂（periclinal division）。圆周的增长则依靠形成层原始细胞以与树干圆周垂直的方向分裂来增加圆周长，这种分裂方式称为垂周分裂（anticlinal division）。原始细胞分裂时，在两个新的细胞核中间由高尔基体（golgi apparatus）和内质网（endoplasmic reticulum）囊泡（vescules）输送来的糖类聚合后形成细胞板（cell plate）。细胞板为新细胞形成之初的结构，其基本成分为鼠李半乳醛酸聚糖（rhamnogalacturonan），即一般所称的果胶（pectin）。原始细胞分裂完成之后，即进行横向和轴向生长，并在细胞板表面形成初生壁，继而形成次生壁。

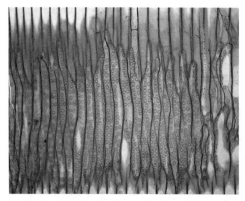

早材管胞末端变形之处，即以窜生方式增长的部分，该部约为原长的5%~15%。

图1.4 早材管胞的窜生生长

（北美红杉 *Sequoia sempervirens*）

针叶树的径向生长依靠纺锤形原始细胞的平周分裂。分裂之后子细胞的弦向腔径不变，仅进行径向扩张，增大径向腔径，因此，针叶树管胞在径向和轴向都排列整齐。子细胞轴向伸长时，两端各自以窜生方式伸长约5%~15%（图1.4），分化完成以后，成熟的管胞长度最多可比子细胞长约25%，早材管胞伸长较少，晚材管胞分化时间长，所以伸长量大。总体而言，针叶树管胞的窜生伸长量不高，所以两端钝而不尖。

阔叶树的子细胞可分化成大小和长短不等的各类细胞，较短的有早材大导管，晚材的小导管较长，最长的是纤维状管胞和韧型纤维，因此细胞的排列不如针叶树那么整齐。子细胞分化成导管、导管状管胞和环管管胞时并不增长很多，但纤维状管胞和韧型纤维可窜生伸长至原长的100%以上。观察离析的纤维状管胞和韧型纤维，可以看出管胞的中央部分大略保持着原始细胞的宽度和形状，其后逐渐变形之处，即是开始窜生伸长的位置，随着阻力的增大，伸长的部分越来越尖削（图1.3）。形成层原始细胞分裂后，子细胞分化时轴向、弦向及径向的生长分别产生各向的生长应力。阔叶树纤维状管胞和韧型纤维轴向伸长比针叶树管胞的轴向生长高数倍，弦向扩张也比针叶树高，所以累积在阔叶树中的生长应力比针叶树高很多。

光学显微镜除了可以观察针叶树和阔叶树各构成细胞次生壁的厚薄及纹孔的分布与排列,还可以观察次生壁是否具有螺纹加厚特征(图 1.5)。木材的快速干燥有时会导致细胞壁干裂,干裂常沿着 S_2 层微纤丝发生,往往会被误认为是螺纹加厚,但干裂痕迹并不会让细胞壁产生偏光反应。

树木枝条生长时产生下垂的重力,使枝条下侧处于应压状态,上侧则处于应拉状态,树干如果发生倾斜,倾斜主干的上下侧分别处于应拉及应压的状态。受到重力的影响,树冠产生的生长激素向下输送,分布不均衡而形成应力木(reaction wood)。倾斜的针叶树中,处于下侧(应压侧)的形成层因接受高量的生长激素,原始细胞分裂快速,形成很宽的生长轮,而处于应拉状态的对(上)侧,生长缓慢,形成较狭窄的生长轮。应力木多年的累积即形成偏心的年轮,针叶树应力木的宽边部分称为应压木(compression wood),阔叶树应力木的狭边部分称为应拉木(tension wood)。年轮越偏心,应力木的情形就越严重。

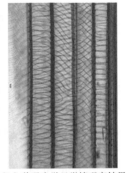

(a) 偏光显微镜观察结果　(b) 普通光学显微镜观察结果

图 1.5　管胞的螺纹加厚
(花旗松 *Pseudotsuga menziesii*)

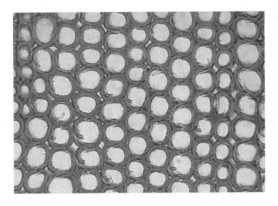

图 1.6　针叶树应压木的管胞(松木 *Pinus* sp.)

应压木管胞的细胞壁比正常管胞厚,从横断面观察,管胞壁近于圆形,因而在细胞角落形成细胞间隙(图 1.6)。应拉木内导管较少,纤维状管胞除了次生壁外,还有非木质化的胶质层(gelatinous layer)(图 1.7)。应压木管胞细胞壁的木质素含量高,纤维素含量相对较低,最重要的是干缩率特别大,往往造成板材变形的缺陷。应拉木的纤维素含量高于木质素,它和应压木一样也具有很大的干缩率,易造成板材的变形。应压木和应拉木是主要的木材生长缺陷,对木材利用有重大影响,其细胞结构及化学特性将在应力木章节详细论述。

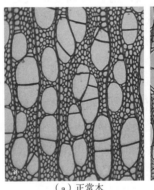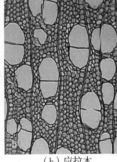

(a) 正常木　　　　(b) 应拉木

图 1.7　阔叶树应拉木的导管与纤维状管胞
(东方白杨 *Populus deltoides*)

1.4 世界森林资源

森林资源有两层意义,一方面是指与人类生产生活相关的资源,另一方面是指地表生态意义上的资源。森林为人类提供了丰富多样的生活所需品,形成木材作为建材工具、燃料及工业原料等,供给果子和种子为食物,以及各种形式的医药。在生态上,森林维持地球大气组成以及气候的平衡,保持水土,为各种动物提供栖息场所。

气候不同的地方适宜生长不同的树种,地球的森林大体分为热带林(tropical forest)、温带林(temperate forest)及寒带林(boreal forest);热带林和寒带林分别以阔叶树和针叶树为主,温带林则有较多的阔叶树和针叶树混生在一起。2012年联合国粮农组织的调查显示(FAO,2012),冰河期结束时地球表面的森林覆盖面积约45%,到2010年时林地面积占地表比例减至约30%(40.1Mkm^2),包括11.7%(15.6Mkm^2)的热带林、8.0%(10.8Mkm^2)的温带林及10.2%(13.6Mkm^2)的寒带林。

地表森林覆盖率的变化和人类文明及经济的发展有密切的联系。工业革命前(1700—1850年)后(1850—1920年),温带林分别减少约1.8Mkm^{2}及1.4Mkm^2,而热带林的减少约为温带林的一半。1920年以后温带林面积逐渐减少,而热带林则大幅度消失。从1950—1980年热带林的削减达到顶峰期,30年共失去3.1Mkm^2。在此后的15年间温带林的减少已微不足道,而热带林直至2010年还在持续减少,从2000—2010年共减少了13.0km^2(FAO,2012)。

20世纪中末期热带雨林大面积消失,主要原因包括当地居民由于生活所需不得不大力发展的农垦,同时,温带经济发达国家对热带雨林木材资源的旺盛需求,也促进了森林的过度采伐。热带雨林大幅度消失之初,即有许多科学家开始关注地球生态失衡的议题,到20世纪80—90年代,这种关注所引起的"温室效应——地球暖化"的观念成为了最前沿的生态环境保护号召,以期让热带雨林不再遭到乱砍滥伐,甚至进一步遏止全球森林砍伐,从而转向有序的可持续性开发。但根据联合国粮农组织2015年的调查报告(FAO,2015)显示,全球林地面积仍然稍有下降,从2010年的40.1Mkm^{2}降到39.9Mkm^2;2010—2015年削减林地面积最多的国家分别为巴西(9840km^2)、印度尼西亚(6840km^2)及缅甸(5460km^2),而复林面积最广的国家分别为中国(15420km^2)、澳大利亚(3080km^2)及智利(3010km^2)。

森林资源除了会遭受上述由于过度开发导致的人为危害,还会遭受到气候变化的威胁,但人为危害可以控制,而气候变化却极难避免。地球过去曾遭到数次生物大灭绝,6500万年前恐龙和其他生物的消灭,已知和陨石坠地所产生的气候变化有关,其他的则可能受到冰河期的影响,但尚不能断言森林是在降温时冻死,还是在升温期枯死。近二十多年的全球调查显示,全球升温以及干旱已造成大面积林木的枯亡,林木除了涸竭而亡还会引起大片森林火灾和病虫害(Allen et al.,2010;Linder et al.,2014;Allen et al.,2015)。这种现象如果与人为过度排放二氧化碳和其他温室效应气体有关,人们或许可以用减碳措施或用适当的营林措施以期挽救。

1.5 保护森林资源的措施

1.5.1 《濒危野生动植物种国际贸易公约》(CITES 公约)

100多年来人口不断增加,人类的活动大幅度地剥夺了动植物的栖息地,导致多种生物濒临灭绝。国际自然保护联盟(International Union for Conservation of Nature,IUCN)1948年成立于瑞士,旨在保护生物物种及其永续。IUCN经过多年的调查,列出了多种濒临灭绝亟待保护的生物,于1973年的会员国大会时制定了《濒危野生动植物种国际贸易公约》(Convention on International Trade in Endangered Species of Wild Fauna and Flora,CITES公约),其后又再逐年举行会议,对保护的物种名单进行评估与修订。此公约根据IUCN的详细调查及评估结果而制定,将濒危及须要保护的野生生物列于3个附录中。附录Ⅰ内的濒危树种无论是活体植株或已经死亡,无论形式如何,均不得进行贸易。附录Ⅱ所列的保护树种其原木及相关产品均不得买卖,但有些树种的附属物如种子和果实等,以及副产品如沉香木的抽提物等可以交易。附录Ⅲ所列的树种则是由公约会员国单独提出申请,按其要求进行保护的树种。

1.5.2 《森林认证认可方案》(PEFC)

《森林认证认可方案》(Programme for the Endorsement of Forest Certification,PEFC)建立于1999年,是一个非官方、非营利的,由包括我国在内共36国就保护森林资源达成的协议。这个协议的核心主旨是在国际木材和林产品交易时,由买卖双方之间的第三者认证该产品是在永续经营措施下所获得的产品,经PEFC认证后方可进行交易。目前由PEFC认可的认证者至少有50个,认证的林产品涵盖约330万hm^2企业林地及小型私有林地(Wood Handbook,2010)。

PEFC的概念是保护自然森林资源,期望将来人类生活所需的林产品主要取自人工林。人工林永续经营含义广泛,所有的育林方式都要以维护自然生态为法则。育林所须的施肥、灌溉、施药防控病虫害等措施都不得污染水源,林木采伐时也不得破坏林地等,甚至要有助于野生动植物的生长及繁衍。要实现生活所需林产品基本获取自人工林的目标也许还要很长时日,但森林的管理者、经营者和开发利用者至少可以向着这个目标积极地迈进。例如,用人工培育的速生杨树来制造定向刨花板(Pugel et al.,1990;Geimer et al.,1997),也可用农作物秸秆等非木质纤维取代部分木纤维来制造纤维板(Kuo et al.,1998;Ye et al.,2005),或者用人工林桉树造纸等。

第 2 章
分生组织与木材的形成

2.1 树木的基本构成

树木由各种各样的细胞构成，不同的细胞经由各类特殊的组合方式，形成了具特定结构与功能的组织（tissue），因而，也可以认为树木不同组织间的区别，主要取决于其构成细胞的来源、种类及各细胞间的结合方式。树木的各类组织是在其生长过程中不断分化出来的，根据其形态特征、所处的位置及生理机能上的差异，可分为具有持续分裂能力，能不断产生新细胞的分生组织（meristem tissue）；保护树体，减少外界伤害与侵扰的保护组织（protective tissue）；执行水分、无机盐与养分疏导的维管组织（vascular tissue）；为树体提供支持与稳固作用的机械组织（mechanical tissue），以及储存营养物的营养组织（nutritive tissue）五大类别。

对不同的树木而言，各类组织在树体中的分布与构成固然与其种类相关，但仍具有一定可参考的共性。如图 2.1 所示，处于初生生长阶段的维管植物的茎杆主要由髓（pith）、维管束（vascular bundle），包括初生木质部（primary xylem）和初生韧皮部（primary phloem）、皮层（cortex）及表皮（epidermis）构成。如图 2.2 所示，进入次生生长阶段后，最显著的结构变化之一是维管束发育成连续的维管形成层（vascular cambium），从而进一步分化出次生韧皮部（secondary phloem）和次生木质部（secondary xylem）。后者

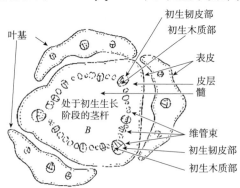

图 2.1 维管植物初生生长阶段的茎杆构成

(资料来源：Esau's plant anatomy, 3nd edition, 2006)

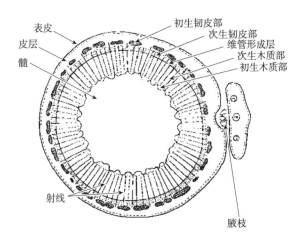

图 2.2　维管植物次生生长阶段的茎杆构成
(资料来源：Esau's plant anatomy, 3nd edition, 2006)

是人们在述及木材加工利用时所指的主要对象，即由树木维管形成层的次生生长所形成的细胞集合体，其主要功能包括但不限于储存及运输水分、矿物质营养、光合产物、生长激素，为树体提供机械支持等。

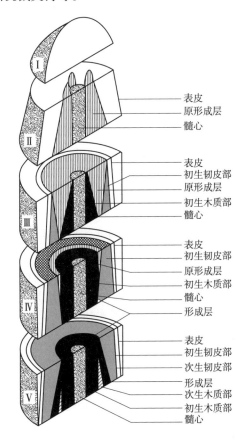

图 2.3　成熟树木茎杆的示意图
(资料来源：Forest products and wood science, 6th edition, 2011)

综合来看，成熟树木茎杆的典型构成是一个楔形的圆柱体，中心部位是髓，髓的外侧是由每个生长季发育形成的环状生长轮(年轮)一层层套叠而成的木质部(图2.3)。根据细胞来源的不同，木质部又可分为由初生分生组织分化而来的初生木质部和由次生分生组织即维管形成层分化而来的次生木质部。次生木质部依据其构成细胞的发育程度，还可以进一步划分成心材(heartwood)与边材(sapwood)，后者具有生活着的薄壁细胞，对树木的生长发育有着极为重要的作用。木质部与韧皮部中间隔着具有分生能力的维管形成层，维管形成层不但存在于树木茎杆中，也同样存在于能产生次生生长的枝条及根部中，形成了一薄层次生分生组织。韧皮部再往外，则是包裹着树体，起保护作用的树皮。

2.2 树木的分生组织

树木的生长发育过程包括以顶端分生组织(apical meristem)为根源的初生生长和以侧分生组织(lateral meristem)为根源的次生生长。其中，顶端分生组织依据其位置的不同，可进一步分为茎尖分生组织(shoot apical meristem)和根尖分生组织(root apical meristem)。茎尖分生组织位于茎的最顶端，由中央圆顶状的母细胞区、母细胞区外侧的周围区以及中央母细胞区下方的组织中心三部分组成，茎尖母细胞的持续分裂是维持树木的地上部分不断长高的关键。

侧分生组织呈圆筒状，与树木茎杆或根的长轴平行，包括维管形成层(vascular cambium)和木栓形成层(phellogen)。维管形成层位于木质部和韧皮部之间，根据细胞间的衍生关系，维管形成层是由初生木质部与初生韧皮部间的束中形成层(fascicular cambium)，以及存在于维管束间的具有细胞分裂能力的薄壁细胞所形成的束间形成层(interfascicular cambium)共同演化而来。一般而言，维管形成层细胞可通过双向分裂模式，向内增加木质部细胞，向外增加韧皮部细胞，使树木茎杆和根的直径增加。但在 *Paralycopodites* 属、根座属(*Stigmaria*)、木贼纲(Equisetopsida)的植物中，还发现了仅具单向分裂模式的维管形成层，向内可以分生出木质部细胞，但不能向外分生韧皮部细胞(许会敏 等，2015；Cichan，1985；Cichan et al.，1982)。而在瑞香科的沉香属(*Aquilaria*)、拟沉香属(*Gyrinops*)的植物中，则存在呈间歇反向分裂模式的维管形成层，以至在次生木质部中常常会观察到木间韧皮部的形成(Luo et al.，2018；2019)。

木栓形成层可起源于靠近表皮内侧的皮层薄壁细胞，向内分生栓内层(phelloderm)，向外分生木栓层(phellem)，木栓层、木栓形成层与栓内层一起构成周皮(periderm)，作为树木的次生保护组织。木栓层细胞常含有阻隔水气交换的木栓质，作为一种非原生质体的甘油酚-脂类生化多聚物，木栓质的存在具有一定的组织特异性，其含量甚至可超过周皮干重的一半以上(Grace et al.，1997)。木栓层的存在对树体而言，具有防止水分及养分流失，抵御微生物侵入等功能。周皮内侧的薄壁细胞可分化出新的木栓形成层，从而发育成新的周皮，使其外侧的原有组织逐渐失水死亡，成为树木最外侧保护层的主要组成部分。

此外，从所处位置和细胞起源上论，还有一类分生组织源于顶端分生组织的细胞分裂，位于其下方的一定位置，同时保持着细胞分裂能力，使这一区域仍能进行伸长生长，这一分生组织称为居间分生组织(intercalary meristem)。居间分生组织常存在于单子叶植物，特别是草本植物的节间（internode）和叶鞘（leaf sheath）中。但从细胞构成上看，居间分生组织不可与顶端分生组织和侧分生组织等量齐观，因为前者并不含有原始细胞。

2.3 形成层

2.3.1 形成层的作用

形成层的作用和功能使其在植物演化上扮演着重要角色。当顶端分生组织让树木不断向上生长时，次生的维管形成层则让树木维持着横向生长。维管形成层简称形成层，是裸子植物和双子叶植物的次生分生组织（secondary meristemic tissue），在树木的茎杆中，形成层处于外侧的次生韧皮部和内侧的次生木质部之间。单子叶植物无这样的组织，因此也没有次生生长。圆环形的形成层从根的尖端一直延伸到枝茎顶端，负责植株的横向生长，并建立整体的维管结构。维管结构包括形成层之外的次生韧皮部和其内侧的次生木质部。次生韧皮部负责由茎尖至根梢的溶质、光合作用产物、生长激素以及短肽的运输。次生木质部除了负责从根梢至茎尖的水分疏送，待其细胞完全分化之后，拥有厚壁的富于木质素、纤维素及半纤维素的死细胞，即担负起整个植物体的机械支持作用。

既往的研究者（Schmitt et al.，2016）总结了维管形成层的三大重要功能，分别是：①产生大量的木质部组织；②不同树木产生的结构各异的木质部，可作为树木分类的依据；③对外源刺激与损害的愈伤功能。下面将对形成层的重要功能逐一分述。

形成层逐年分生新的木质部组织，不断增加树木的体积，使一些树木成为世界上最大的生物体。树木所生产的大量生物质不但对人类生活需求至关重要，对地球生态也有重大意义和贡献。古代埋藏在地层内的植物生物质，转化成为现代生活所必需的能源——煤、石油及天然气。依托现代科学手段培育的人工林，依照永续经营的法则，便可源源不断地提供可再生工业原料。形成层的活动状态和生产力（木质部形成量）一方面受到季节性和外在生长环境的影响，另一方面由茎端枝叶形成的生长激素，如生长素（auxin）、乙烯（ethylene）、赤霉素（gibberellin）及细胞分裂素（cytokinin）等，经由次生韧皮组织输送到形成层的供应量而定，还有一方面的决定因素来自树木的遗传因子，这一内在因素决定了树木本身的寿命。

除了形成大量生物质的贡献，形成层同时也决定了树木产生固定的形态特性与组织结构，作为分类学上的依据。形成层原始细胞分裂之后，新形成的子细胞由遗传因素决定分化成为各类细胞，其配比和排列在韧皮部和木质部里有其特定的秩序。形成层产生韧皮部的量远小于木质部，纺锤形原始细胞在韧皮部里分化成为筛管、伴胞、韧皮纤维或薄壁细胞，在木质部里分化成为各种管胞、薄壁细胞、导管或泌脂细胞全由遗传因子决定。射线原始细胞的子细胞也各自在韧皮部和木质部里分化成特定的形态。此外，遗传因子和外在的生长环境因子一起决定了木质部细胞的特定形态，例如因季节或水分供应的变化导致早材及晚材细胞壁厚度的差异，从而形成早材至晚材或渐变或急变的生长轮。

形成层还有修复损伤的能力。当树木的根、干、枝表面受到损伤，在伤口较大时，能通过愈合伤口来抵御病虫害的入侵。如果伤口尺寸较小，形成层不但可以愈伤，还能通过细胞分裂，恢复成其原本的环状。树木受到损伤后，伤口表面以下从形成层或其他韧皮部及木质部的薄壁细胞，或未分化的厚壁细胞产生愈伤组织（callus tissue）。愈伤组织的表面细胞渐渐木栓化变成新的表皮层，其下则发展成为新的形成层，逐渐恢复正常的细胞分裂，四周组织愈合之后，新的形成层即可相连而完成伤口的修复。在伤口修复的过程中，薄壁细胞分泌出抽提物，一方面阻止伤口的失水，另一方面具有生物毒性的抽提物也可抵御病虫害的入侵。

树木具有直立的主干和侧向伸展的枝条以便充分接受阳光。当树干受到压力或其他缘故发生倾斜时，形成层会逐渐调整方向性生长，产生偏心的生长轮，促使树干趋向恢复直立的状态。枝条下侧木质部的生长量不同于上侧，致使枝条保持与主干形成适当的角度，使枝条不至于因重力而下垂。在这种情况下产生的木材称为应力木。其他环境因素，例如，树梢频繁受到季风的扰动，也会造成形成层异常发育，引起应力木的产生，导致木质部形成偏心年轮及解剖特性和力学性质差异明显的细胞。应力木的形成及解剖和化学特性将在另外章节详细讨论。

2.3.2 形成层的由来和发展

形成层属于次生分生组织，其由来和初生分生组织有一定关系。初生分生组织源自种子的胚胎，种子发芽后维持在根和茎的生长尖端。以茎端为例，初生组织的发展也经过一定的步骤，最顶端的是原分生组织，在芽轴伸长生长的阶段发展出原生维管束（provascular strand），这些原生维管束在皮层组织之中再发展成为多个具有初生韧皮部、初生形成层及初生木质部的独立维管束。初生组织的持续发展使独立的维管束互相侧向融合，变成一个大的次生维管束，其外圈为次生韧皮部，内圈为次生木质部，之间即为次生形成层，即维管形成层。初生组织和次生组织的连贯性，使大多数研究者认为次生形成层是从初生形成层演变而来。著名的植物学家 Esau（1965）就提出，初生形成层和次生形成层可视为不同发展阶段的同一分生组织。以下的阐释则是以 Neimanen 等（2015）为代表的现代次生形成层的由来和发展的观念。

从初生组织发展到次生组织的过程如图 2.4 所示。维管束的外侧是初生韧皮部，内侧是初生木质部，两者之间为原生形成层（procambium），又称为束中形成层，独立的维管束之间的细胞称为丛生维管间薄壁细胞（interfascicular parenchyma），最中央的部位是髓（图 2.4 左）。丛生维管束里的单层原生形成层细胞与维管束侧间一列薄壁细胞互相衔接，持续的发展使这个单列的细胞即发展成为环形的次生分生组织——次生形成层（图 2.4 中）。图 2.4 右是成熟的茎杆横切面，丛生维管束已融合成为一个大维管，次生形成层已向外增生整环次生韧皮部，将原先形成的初生韧皮部向外挤压，次生形成层也向内增生了整环次生木质部，原来的初生木质部和髓都受到向内的挤压。在更成熟的茎杆里面，初生韧皮部和初生木质部可能已找不到残踪。

2.3.3 形成层的宽度

形成层有两种细胞，射线原始细胞（ray initial）和纺锤形原始细胞（fusiform initial）。射线原始细胞向外及向内分别产生韧皮部及木质部的射线组织，纺锤形原始细胞向外产生韧皮部里的筛管、伴胞、韧皮纤维、薄壁细胞，向内则产生木质部的各种管胞、

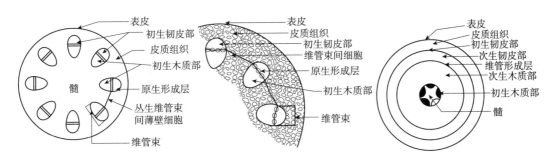

左：双子叶植物茎梢初生组织的横切面显示发展中的环状丛生维管束与原生形成层；
中：丛生维管束形成层细胞与一层侧间薄壁细胞衔接，将来发展成为一个整圈的分生组织；
右：成熟茎杆的横切面显示次生韧皮部、次生形成层及次生木质部的位置关系。

图 2.4　次生维管形成层与原生形成层的关系示意图

导管和轴向薄壁细胞。形成层生产韧皮部的速度远不如生产木质部那样快，所生产的韧皮部细胞有充分的时间分化成为各类细胞，从而与形成层原始细胞相区别，因此韧皮部与形成层的界线比较容易分辨。生长季时，形成层快速产生径向排列的木质部子细胞，这些子细胞还未充分分化时，不易与原始细胞从形态上相区分，仅可将形成层和分化区看做是一个带状区域，称为形成层带（cambium zone）。在形成层的休眠期，形成层的子细胞也停止分化，在形态上也难与原始细胞相分辨。因此，形成层究竟有几层原始细胞一直是解剖学研究的热点之一。

有文献指出，针叶树的形成层无论是活动期或休眠期都至少有 4 层细胞（Srivastava et al.，1966；Murmanis，1970；Itoh，1971），阔叶树以椴树（*Tilia* sp.）为例，在休眠期有 2~4 层细胞，活动期则多至 8 层细胞（Mia，1970）。但也有文献指出，严格意义上的形成层理应只有单层细胞（Bannan，1955；Mahmood，1968）。由于原始细胞与子细胞细胞质内的细胞器（organelles）在形态上没有区别，一些研究者主张，可根据前述两类细胞径向细胞壁厚度的微细差别加以辨别（Murmanis，1970；Mahmood，1968）。原始细胞本有一层微薄的初生壁，分裂后产生的子细胞除了在弦向的细胞板上添附新的初生壁，在径向原有的初生壁上亦会再添附一层新的初生壁，形成多壁层结构。子细胞经过多次分裂之后，径向壁即有多层初生壁，因此比原始细胞稍厚。但同样依据这一准则，不同研究者的观察结果仍显示了一定的差异性，树木的形成层仅有单层原始细胞，还是具有多层原始细胞仍是个悬而未决的论题。但无论细胞壁厚度如何，此处所论述的细胞壁都属于初生壁性质。

近年来，分子生物学技术被积极地引入形成层细胞活动的相关研究中，借助报告基因标记技术，分析形成层区域细胞的分化趋向（Bossinger et al.，2018）。研究者在活杨树的形成层区域移植细菌 β-glucuronidase 的基因，然后以荧光染色技术分析该基因段的存在位置。原始细胞因衔接报告基因而呈蓝色荧光，分化中的形成层子细胞则无蓝色荧光反应。依据观察结果，研究者就形成层区域的细胞构成及分化特性提出了新的主张：①形成层里只有单层原始细胞；②韧皮部与木质部子细胞的分化由不同机制导控；③形成层平均每产生 1 个韧皮部子细胞，亦即产生 4 个木质部子细胞（Romos et al.，2018）。由此看来，形成层只有单层原始细胞的主张，与前节讨论的次生形成层发源于原生维管束里单层原生形成层的观点相吻合。

2.3.4 形成层细胞的形态和分裂

2.3.4.1 细胞形态

形成层有射线和纺锤形两种原始细胞。显微观察结果显示（Panshin et al.，1980），针叶树纺锤形原始细胞的长度范围较大，根据树种的不同，从 2000~9000μm。较原始的阔叶树的纺锤形原始细胞的长度为 1000~2000μm，较进化的阔叶树的纺锤形原始细胞的长度为 300~600μm。在横切面上，纺锤形原始细胞为长方形，径向宽度在 10μm 以下，弦向宽度 14~40μm。在弦切面上，射线原始细胞近于圆形，以单列、双列或多列聚集在一起，多列者形同纺锤形。一些阔叶树如黄檀属（*Dalbergia*）树种的短小等高纺锤形原始细胞呈弦向并列，这种特征称为叠生形成层（storied cambium）。

原始细胞的大小和数目随着形成层的年龄逐渐增加，树木生长至树龄 30~60 年成熟之后即不再增加。在针叶树和阔叶树中，原本就较长的纺锤形原始细胞随树龄可增长数倍，而一些比较特殊的阔叶树的纺锤形原始细胞原本尺寸就比较短，尤其是叠生形成层的原始细胞，则不会增长很多。相较于大多数纺锤形原始细胞，射线原始细胞的形态尺寸变化稍小，树木成熟后，射线原始细胞的弦向直径约 14~17μm。

射线原始细胞和纺锤形原始细胞的比例依树种而异，一般是后者远高于前者，针叶树的纺锤形原始细胞的比例约为 90%，热带阔叶树则为 60%~85%（Grouse et al.，1976）。射线原始细胞和纺锤形原始细胞的比例，决定了木质部里射线组织的密度和比量，例如，美洲椴（*Tilia americana*）和美国白栎（*Quercus alba*）的射线组织比量分别为 6% 和 27.9%（Panshin et al.，1980），而针叶树中射线组织的比量约占 7%。

2.3.4.2 细胞分裂

树木逐渐变得粗厚，须要朝两个方向生长，弦向的扩增主要增大树干的圆周，径向的扩增则使树干直径增大，弦向和径向生长都要靠细胞分裂来实现。形成层区域原始细胞的分裂不外乎以径向分裂和弦向分裂两个方式进行，即垂周分裂使弦向细胞的数目增加，从而增大树干圆周；平周分裂使径向细胞的数目增加，因而增大树干的厚度。韧皮部与木质部均源自形成层原始细胞，换而言之，韧皮部与木质部的圆周增长，都必须要以形成层原始细胞的圆周增长为先决条件。从这个观点可知，形成层原始细胞是仅以垂周分裂增加原始细胞的数目，从而增大圆周，韧皮部与木质部的子细胞再以平周分裂增大厚度。以木质部为例，木质部新生细胞径向排列有序，如果刚形成的木质部细胞除了平周分裂也同时进行垂周分裂，则木质部的细胞就难以形成整齐而有序的径向排列。

（1）垂周分裂（anticlinal division）：圆环状的形成层要增大圆周，不能单靠有限的原始细胞弦向直径的生长，必须经由细胞分裂增加弦向的细胞数目。纺锤形原始细胞分裂增加弦向细胞数目，是以径向分裂的方式进行，即所谓的垂周分裂。垂周分裂有两种方式，一种为正垂周分裂，即原始细胞由上至下一分为二；另一种为斜垂周分裂，即从原始细胞的腰部倾斜分裂，分裂后各自再延伸长度，形成两个弦向并排的新细胞。原本短小的纺锤形原始细胞，尤其是叠生的原始细胞主要以正垂周方式分裂，针叶树和阔叶树中较长的原始细胞则以斜垂周方式分裂。正垂周和斜垂周分裂形成的新原始细胞，再各自横向增宽至原始细胞宽度，因此使整个形成层圆周增加。

一些研究结果表明，已存在的射线原始细胞不以自行分裂来增加数目，新增的射线原始细胞是以各种不同的方式从纺锤形原始细胞增生（Panshin et al., 1980）。第一种方式是在纺锤形原始细胞进行斜垂周分裂时，较短小的新细胞并不发育成为新的纺锤形原始细胞，而变成单个射线原始细胞，或产生横向分隔成为一串射线原始细胞。第二种方式是纺锤形原始细胞在斜垂周分裂后，新的原始细胞在进行窜生伸长时，尖端把相邻的射线原始细胞串分为两个短串。第三种方式是从纺锤形原始细胞的一侧撕裂一小块，或变成单个或一串射线原始细胞。阔叶树的多列射线原始细胞的生成也有三种方式：一是在原有单列射线原始细胞的一旁产生新列；二是从原有的单列射线原始细胞自行分裂；三是数个邻近的单列射线原始细胞结合为一体。射线原始细胞串列的高度也以相同的方式增加。新的射线原始细胞随后发育增大直径，也对增大树干圆周做出贡献。

（2）平周分裂（periclinal division）：形成层原始细胞弦向分裂形成两个径列的新细胞，这样的分裂方式称为平周分裂。根据单层形成层原始细胞的观点，一分为二产生的两个新细胞，若处于形成层外侧，其中一个新细胞会向外发展成为韧皮部母细胞，若处于形成层内侧，则这个新细胞发育成为木质部母细胞，而另一个新细胞保持为原始细胞，留在形成层内。长形的纺锤形原始细胞以形成倾斜的新弦向细胞壁的方式分裂，分裂后的两个新细胞各自从两端伸长，但各自保持原有的弦向宽度。韧皮部母细胞的产生远少于木质部母细胞，其比例因树种而不同，在杨木中两者平均的比例为1:4，同时，各自母细胞的衍生和分化由不同的机制主导（Bossinger et al., 2018）。母细胞产生后再次进行平周分裂产生子细胞，子细胞或再分裂或分化成各种细胞，但径向累加的子细胞弦向宽度不变。

依照单层形成层原始细胞的观点，此层原始细胞必须进行垂周分裂增大圆周，同时也须以平周分裂的方式生产韧皮部和木质部的母细胞，母细胞再度平周分裂产生衍生细胞来增加径向厚度。针叶树木质部子细胞分化成为管胞时，弦向宽度基本不变，仅在形成树脂道时才扰乱了径向排列。阔叶树的子细胞则因导管形成时弦向和径向的同时扩张，扰乱了径向排列，纤维细胞分化时因以窜生的方式伸长，也会稍微扰乱细胞的径向排列。在分化区注定发育成为各类管胞、导管、纤维的子细胞已失去再分裂的能力，只有发育成为径向或轴向薄壁细胞和泌脂细胞者才具备再分裂的可能。由此推断，韧皮部和木质部母细胞和其衍生细胞应该只进行平周分裂，否则形成层区细胞的径向排列将难以维持。

（3）细胞的分裂频率与季节性：形成层区是指夹在已分化的韧皮部和木质部之间的区域，包括形成层原始细胞和尚在分裂和有待分化的从原始细胞衍生的细胞，此形成层区内的细胞不时分裂来增加树干的圆周和直径。然而韧皮部母细胞的产量远不及木质部母细胞，基于形成层产生的大量木质部在加工、利用及经济上的重要性，大多数研究都集中在木质部的形成过程，本节的讨论也将集中在形成层区域的木质部部分。

在休眠期，形成层原始细胞的细胞质稠密、无大液泡（vacuole），内质网少而表面平滑，高尔基体（golgi apparatus）量少也无活动的迹象。在活动期，形成层的细胞具有大液泡，内质网表面粗糙，高尔基体数量既多且频繁分泌有机质。在活动期，树木形成层原始细胞的动态因树种、树龄、生长率、相对于生长轮内和树高的位置而异（Larson，1998）。有研究者观察了2株树高25英尺和1株树高65英尺的北美乔松

（*Pinus strobus*）形成层原始细胞的分裂状态，形成层区域的试样分别在 5 月中旬（树 1）和 6 月中旬（树 2 和树 3）采自每株树的不同高度（Wilson，1964）。从韧皮部向木质部方向切制 15μm 厚的连续弦切面切片，切片以 10×物镜和 10×目镜进行显微分析。

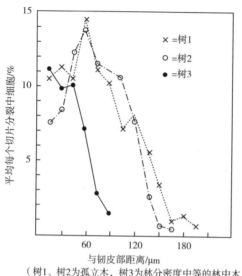

（树1、树2为孤立木，树3为林分密度中等的林中木）

图 2.5　北美乔松（*Pinus strobus*）形成层区域原始细胞的分裂频率

图 2.5 显示，3 株北美乔松在离韧皮部 30μm 之内的形成层区域平均约有 10% 的细胞在分裂。此后，林中木（树 3）的细胞分裂频率下降，到离韧皮部 90μm 处停止，而 2 株孤立木（树 1 和树 2）在离韧皮部 60μm 处，分裂频率达到 14% 的高峰后逐渐降低，直至约离韧皮部 150μm 处几近停止。分析还显示，树 1 与树 2 平均每日产生 1.3~1.5 个木质部细胞，形成层区域径列细胞的总数分别为 13~16 个和 12~14 个细胞；树 3 每日产生 0.7~0.9 个母细胞，径列细胞的总数为 6~8 个。在离韧皮部 30μm 之内的细胞分裂显然是垂周分裂和平周分裂的总和，离韧皮部更远处应是平周分裂的区域。此外，北美乔松孤立木的生长较林中木更快，形成层区域原始细胞的分裂也较频繁。

关于杨树的研究结果显示，其形成层区域原始细胞的分裂约 90% 为平周分裂，为木质部累积细胞，使新产生的细胞形成整齐的径向排列，平周分裂与垂周分裂之比的变异幅度是 8∶1 至 21∶1（Bossinger & Spokevicius，2018）。研究者关于热带阔叶树形成层区域原始细胞的分裂频率的观察结果显示，有些树种形成层区域的垂周分裂和平周分裂的活动强度随雨季和旱季而变，在 7 个树种中有 4 个树种每年有 2 个活动期，其余 3 个树种每年仅有 1 个活动期。有的树种平周分裂与垂周分裂同时启动，有些则是平周分裂先行启动，垂周分裂的高峰期迟于平周分裂，而且垂周分裂的频率也远低于平周分裂（Venugopal et al.，1994）。例如，印度黄檀（*Dalbergia sissoo*）的第一个活动期，垂周分裂和平周分裂同时在 3 月启动，平周分裂的频率至 4 月达到高峰，垂周分裂要到 6 月才达到高峰，且频率约为平周分裂的一半，8—12 月的第 2 个活动期的情形也是如此。柚木（*Tectona grandis*）的平周分裂于 7 月开始，9 月达到高峰，而垂周分裂自 10 月启动，11 月达到高峰（图 2.6）。

从以上几个代表性树种的研究结果可见，针叶树和阔叶树中具有较长的纺锤形原

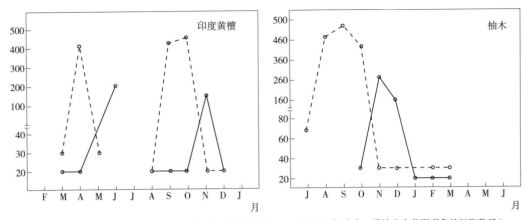

（虚线为平周分裂，实线为垂周分裂，纵轴是每月1000个弦切面切片内，辨认出有分裂现象的细胞数目）

**图 2.6　印度黄檀（*Dalbergia sissoo*）和柚木（*Tectona grandis*）
形成层区域原始细胞平周分裂及垂周分裂的周期及频率**

始细胞者，其形成层区域原始细胞的平周分裂比例远高于垂周分裂，而较特殊的阔叶树如具有短纺锤形原始细胞者，其正垂周分裂和斜垂周分裂的频率有所增高。

2.3.5　形成层的结构和细胞组成

图 2.7 展示了树木形成层区域的结构模式图（Panshin et al.，1980）。在活动期，纺锤形原始细胞分裂出两个新细胞，朝向中央部位的新细胞仍为原始细胞，而向外侧或向内侧的新细胞则称为韧皮部或木质部母细胞（mother cell），分别作为韧皮部和木质部细胞的来源。韧皮部和木质部母细胞也许会马上分化成为韧皮部或木质部细胞，也许会再分裂一次或多次才分化成为成熟的细胞。从图 2.7 的模式可见，形成层区域从未分化的韧皮部到未分化的木质部，细胞在数目上变动很大，而且未分化的韧皮部细胞数目比未分化的木质部细胞数目少很多。原始细胞与未分化的子细胞最方便的分辨方法，是以径向直径扩增作为子细胞分化的开端。形成层细胞分裂不频繁（生长慢）的树木，其形成层区域细胞的数量少，反之则多。在前面已举例的北美乔松中，生长于林分里的树木因为生存竞争的影响，生长缓慢，形成层区域平均仅有 6~8 个细胞，而独立木生长迅速，平均有 12~16 个形成层细胞（Wilson，1964）。斯洛文尼亚的欧洲水青冈（*Fagus sylvatica*）休眠期的形成层区域有 4~5 个细胞，生长在海拔 400m 的欧洲水青冈在生长旺季有 11 个形成层细胞，而在海拔 1200m 的欧洲水青冈则只有 8 个形成层细胞（Prislan et al.，2011）。从这几个例子可见，形成层区域细胞的数目（或者说形成层区域的宽窄）和树种关系不密切，而主要受到树木生长环境的影响。

形成层产生韧皮部细胞的速率远低于木质部细胞，杨木形成层每产生一个韧皮部细胞至少产生 4 个木质部细胞（Bossinger et al.，2018），欧洲冷杉（*Abies alba*）形成层每产生一个韧皮部细胞就产生 5~12 个木质部细胞（Gricar et al.，2009）。因而，木质部细胞的活动包括分裂和分化，主要受到生长环境的影响，而韧皮部细胞的活动主要由内在因子控制。以细胞是否径向扩增来判断韧皮部及木质部细胞是否开始分化也不一定非常准确。一般认为，树木在休眠期形成层区域约有 4 个细胞，但也存在一些例外，例如瑞士五针松休眠期的形成层区域含有 8 个细胞（图 2.7 右 A）。而生长季形成层活

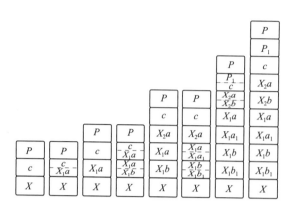 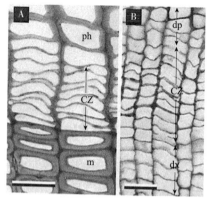

左：形成层结构模式图，c=原始细胞，P=韧皮部细胞，最左列仅3个细胞，最右列增至10个细胞；
右：休眠期的瑞士五针松（*Pinus cembra*）的形成层区域（CZ）有8个细胞，活动期的欧洲云杉（*Picea abies*）的形成层区域（CZ）有15个细胞，ph为韧皮部，m为木质部，dp为分化中的韧皮部细胞，dx为分化中的木质部细胞。

图 2.7　形成层区域结构模式图

动旺盛，细胞层数相应增多，上述欧洲云杉生长季的形成层区域就多至 16 个细胞（图 2.7 右 B）(Rossi et al., 2006)。

2.3.6　形成层发育的调控

树枝尖端的原分生组织不但负责树木纵向的生长发育，还负责侧枝茎叶和侧根的发展，相对而言，次生形成层仅负责树木径向的生长。形成层的主要任务前已述及：①控制产生韧皮部和木质部在适当的比例；②决定细胞分裂和细胞分化周期的平衡；③主导形成层子细胞分化成为一定比例而功能不同的各种细胞。树枝尖端的原分生组织控制的生长发育决定树木的体型，次生维管形成层则负责树木径向持续不断的体量增加，以此完成前述的产生大量生物质的首要功能。在形成层原始细胞进行细胞分裂时，产生的母细胞必须保留其分裂和不分化的特性，其他的子细胞则按照内在的指令和外在的因素，分别分化发展成为指定形态与功能的细胞。

影响形成层发育的内在调控指令是基因构成和生长激素的共同作用，近年来研究者对植物本身的内在调控因子，尤其是生长激素对植株生长的协同作用逐渐有所了解。与此同时，在过去数十年里，研究者对植物遗传因子以外的生长影响因素，包括气候、温度、降水、海拔和立地等诸多条件也有了更多的知识积累。自 20 世纪中期以来，分子生物学领域取得了诸多突破性成果，但对如何利用基因调控技术，实现树木生长发育及木质部形成的定向调控，仍需要更多的努力与时日。下面仅就形成层发育调控中的主要因子展开分述。

2.3.6.1　基因调控

拟南芥（*Arabidopsis thaliana*）的全套 DNA 测序已经完成，部分基因的表达机制也逐渐被揭露，类似的研究在以杨树为代表的木本植物中正在积极的开展。在形成层区域，细胞分裂和细胞分化保持在一定的比例，这是持续形成植物组织的重要机制。所有形成层细胞的 DNA 都是一样的，细胞在什么时候进行分裂产生更多新细胞，或在什么时候使分裂后的新细胞进行分化，成为有功能性的木质部或韧皮部成熟细胞，决定了韧皮部及木质部的比率与结构。如果进行分化，在何种状况、何种环境条件以及何种基因表达的前提下发展成为某个特定的细胞，这些问题长久以来引起了研究者极大的兴趣，近年来随着拟南芥及杨树基因组测序的研究成果不断被披露，研究者对参与调控维管形成层活动的基因有了更多的了解。

DNA好比是存在于细胞核内的生命工程总蓝图，细胞质内的各种核糖核酸（RNA），则是根据蓝图完成无数小工程的执行者。有三类RNA分别执行这些任务：信使RNA（messenger RNA，mRNA）把基因上氨基酸排列的信息带到核糖体（ribosome），转运RNA（transfer RNA，tRNA）把需要的氨基酸按部就班地运送到核糖体，最终核糖体RNA（ribosomal RNA，rRNA）负责编制特定的蛋白质（酶）。除了这三类RNA之外，近年来还不断发现了许多分子大小不等的特种RNA，包括一些用来当作基因遏阻剂或活化剂的蛋白质，此类RNA可称为调控RNA（regulatory RNA）。例如，分别从杉木（*Cunninghamia lanceolata*）休眠期、启动期、活动期的形成层细胞中分离出的18种小RNA（microRNA，miRNA），其中过半数具有季节性调控基因转录的功能（Qiu et al.，2015）。

2.3.6.2 激素调控

由树木的维管形成层产生的次生生长是一个复杂的生理程序，不但受到内在基因的影响，还受到生长激素和生长环境的控制。已知的植物生长激素有以下六大类：以吲哚乙酸为代表的生长素（auxin）、细胞分裂素（cytokinin）、赤霉素（gibberellin）、油菜素内酯（brassinosteroid）、乙烯（ethylene）和脱落酸（abscisic acid）。这些生长激素对植物的初生生长和次生生长都有很大的影响，在初生生长阶段主要决定植物的形状，对次生生长的影响则体现在木材的产量和品质。

研究生长激素的作用有各种方法，除了分析各组织中内源生长激素的含量与分布，也可自体外施予生长激素后观察其对植物生长的作用，或用化学物质抑制特定的生长激素作用后，观察其对植物生长产生的效应，还可以对生长激素开展各类生化研究，诸如各种生长激素的蛋白质受体及其基因转录的效果等。植物学领域开展生长激素的相关研究已久，累积了许多这方面的基础知识，现分述如下：

（1）生长素：生长素由枝芽制造，由形成层从树顶直线向下送到根端，生长素的向下输送并不是非常快，大约是每小时仅数毫米（Kramer et al.，2011）。生长素在形成层里面浓度最高，分别向韧皮部及木质部分化区逐渐降低，因此生长素主要是控制形成层细胞分裂，也就是径向增加树木的细胞数目。生长素是对树木生长调控最为重要的激素之一，它不但控制树木径向生长的快慢和生长轮的形成，更直接关系到木材的品质。生长素的向下极性输送方式，造成倾斜树干和枝条下侧因生长素聚集而加速生长，这也是树木形成应力木的主要原因。有研究者曾提出一个有趣的假设，他们认为生长素既由枝芽制造，在由上至下的长途输送过程中会被不断消耗，因此生长素应该是离枝芽越远，浓度就越低，但形成层细胞是否离枝芽越远对生长素就越敏感，还需更多的研究数据支持（Bhalerao et al.，2017）。

（2）细胞分裂素：细胞分裂素在植物的根系中制造，从形成层向上输送，但也会在进行分裂的细胞中产生。在初生组织中，细胞分裂素控制细胞的分裂和分化，在次生的维管形成层中，它的主要作用则是控制细胞分裂。树木的茎秆从树皮向木质部一侧可划分为不同区域，研究者将毛果杨（*Populus trichocarpa*）试样经过急速冷冻，然后按照成熟韧皮部组织、功能韧皮部组织、分化中的韧皮部细胞、形成层、分化中的木质部、已木质化的木质部，这六个部位分别切制弦切面切片，测其主要生长激素的分布（Immanen et al.，2016)。研究发现，细胞分裂素在分化中的韧皮部细胞内浓度最高，生长素则在分裂中的形成层呈现高峰，赤霉素在分化中的木质部中浓度最高，三者形成一组互有重叠的波峰。

一般认为，生长素和细胞分裂素都与细胞的分裂有关，上述关于毛果杨的研究结果却明显支持细胞分裂素促进韧皮部细胞的分化。主要的生长激素虽然在树木的生长、木材的形成中各司其职，但已有许多研究显示，这些激素的协同作用不容忽视。

(3)赤霉素：赤霉素是在活跃细胞的质体(plastid)中制造，它在分化中的木质部细胞的含量高于分裂中的细胞，因此它在次生生长组织中的主要作用是促进木质部细胞的分化，包括细胞膨胀、长度增加、细胞壁增厚以及木质化。但赤霉素对木质部细胞分化的促进仅是其作用之一，它更是种子发芽、初生茎秆伸长、促进根的形成所必需的植物激素。已有研究发现，如果在阔叶树直立树干的一侧施予赤霉素，2个月后该侧会形成增宽的生长轮，细胞壁最内层次生壁特别厚，其微纤丝走向也类似于应拉木的胶质层(Funada et al.，2008)。

(4)油菜素内酯：油菜素内酯是目前最迟被发现的生长激素，但就其在植物体内的分布来看，并没有哪一处的油菜素内酯含量特别高，也就是说，它并非特别在哪一处制造或富集，而是植物体各部位的细胞中都含有低量的油菜素内酯。在次生生长组织中，油菜素内酯的含量比其他激素低很多，但仍对形成层细胞的分裂和膨胀有一定影响。由于油菜素内酯含量低，使其在促进生长方面的作用不明显，大部分的研究结果都指向其对木质部细胞的分化有影响，包括细胞的膨胀至形成各类细胞的分化。

(5)乙烯：乙烯会在植物生长遭到环境压力时在各种组织中产生，也产生于衰老和成熟的组织中。所谓遭受到环境压力，是指植物在受到外伤、遭受到病菌侵袭、干旱或水淹时，乙烯在活动的组织中积累，其主要作用在于促进开花、果实成熟以及落叶，但阻碍植物体一般的生长。乙烯对次生生长的作用是促进细胞的分化，并且在阔叶树受到机械压力的影响下产生应拉木。需要指出的是，从树体外施予乙烯的试验却不一定会促使应拉木的形成，根据这一结果，有研究者提出乙烯是否能促进应拉木的形成仍尚存质疑(Sheng et al.，2007)。

(6)脱落酸：脱落酸常在衰老的根部、树叶和老熟的果实中产生，尤其是在缺水的胁迫作用下产量更高。干旱发生时，植物根系产生的脱落酸经由木质部向上输送，其作用机制可能包括：在形成层抑制生长素的作用，从而降低形成层细胞活性甚至造成形成层休眠，输送至树顶的脱落酸则不但能促成气孔关闭，甚至能促进落叶。

(7)生长激素的协同效应：生长素、细胞分裂素、赤霉素、油菜素内酯都是次生生长所需要的生长激素，这些相对少量的生长激素虽然各有其主要功能，但在次生生长组织中的分布互相重叠，必然存在一定的协同作用。因为脱落酸是植物在非正常状况下生长受阻的产物，它的存在能抑制维管束的发展甚至引起形成层细胞休眠，所以脱落酸是就目前的研究进展而言，对其他生长激素有抑制作用的物质，其他的五类或多或少都有互相促进的协同作用。例如，细胞分裂素有增进生长素灵敏度的功能(Aloni，2007)，生长素在树顶的新枝芽中制造，经远距离运输，到达树干基部的浓度可能已经很低，从根系制造的细胞分裂素输送到此处，一方面它本身就可以促进形成层细胞分裂，另一方面它也可以增进树体对生长素的灵敏度，促使生长素在低浓度也能促进形成层细胞分裂。

就像生长素和细胞分裂素有相似作用一样,赤霉素和油菜素内酯都具有促进木质部细胞分化的作用,因此这两者也应有一定的协同作用。基于此,生长素和细胞分裂素互相促进形成层细胞的增生,赤霉素和油菜素内酯则在分化区相互促进新细胞发育成熟,然而,这两组生长激素是否存在相辅或互制的作用,仍需要更多的研究成果的支持。在前述关于毛果杨的研究中,人们发现毛果杨的形成层细胞内生长素含量高,而向着韧皮部及木质部分化区其含量剧减,而赤霉素则在分化区含量高,朝向形成层方向含量剧减。由此也证明了生长素与赤霉素的作用是相辅相成的(Immanen et al.,2016)。基于此,研究者们把生长素、细胞分裂素、赤霉素、油菜素内酯对维管形成层次生生长的相互作用关系形容为互补的协同作用(Schaller et al.,2015)。

2.3.6.3 环境调控

维管形成层的活动与休眠还受到诸多环境因子的影响,具体如下:

(1)温度的影响:温度主要影响形成层打破和进入休眠的时间,以及细胞的分裂速度与持续时间。形成层恢复分裂指数(cambial reactivation index,CRI)是指能使形成层打破休眠,进入细胞分裂的最高日温或平均日温与给定基准温的差值的累积和(Begum et al.,2008;Begum et al.,2010),这一指数可用于判断和比较树木形成层恢复细胞分裂的时间阈值。

$$CRI = \sum (T_{md} - T_t) \tag{2-1}$$

$$CRI = \sum (T_{ad} - T_t) \tag{2-2}$$

式中:T_{md}为最高日温;T_{ad}为平均日温;T_t为给定的基准温。

对树干进行升温处理可以激活日本柳杉(*Cryptomeria japonica*)、北海道冷杉(*Abies sachalinensis*)形成层细胞的分裂,提前结束休眠(Oribe et al.,2003;Begum et al.,2010)。需要指出的是,形成层恢复分裂指数也因树种和树龄而异,对生长环境相同,树龄分别为55年和80年的日本柳杉施以同样的局部升温处理,前者的形成层较后者提前一周恢复了细胞分裂(Begum et al.,2010)。经过局部加热处理的 *Quercus sessiliflora* 和欧亚枫(*Acer pseudoplatanus*),其树皮组织相继失水死亡,累积的已死亡组织若达到一定厚度,反而能成为很好的隔热层,保护其内侧对外界环境变化相对敏感的维管形成层和新分化的细胞(Gricar,2013)。提前结束休眠的形成层与自然恢复细胞分裂的形成层相比,后者原始细胞的分裂活动更为旺盛。此外,温度对细胞的分化,诸如细胞壁堆积、木质化的影响则不如对分裂的影响那么显著。

(2)光照的影响:光照强度和光照周期对维管形成层的活动周期也存在一定影响,在北温带地区,大多数树木的休眠均通过光照诱导,短日照诱导维管形成层进入休眠,长日照则能够延长原始细胞分裂和分化的时间(李正理,1983;许会敏 等,2015;Moser et al.,2009)。光照周期(photoperiod)是指每24h的一个周期内,光照时段与黑暗时段的长短交替(Jackson,2008),它对木质部的最大生长速率、出芽时间及生长何时停止都会产生一定影响。对云杉属(*Picea*)、松属(*Pinus*)、冷杉属(*Abies*)及落叶松属(*Larix*)等北半球常见针叶树的观察结果表明,木质部最大生长速度往往与最长日照时间相关,而非生长季中气温最高的时段。因为已经分生的晚材细胞需要在秋冬季节来临前,完成细胞壁物质的堆积及木质化(Rossi et al.,2006)。此外,光照强度会影响到叶片的光合速率,从而间接影响了维管形成层细胞所获养分的多少以及细胞的分裂活动。

(3)水分的影响:树体水分供应对维管形成层的活动有非常重要的影响,黑云杉(*Picea mariana*)幼树在灌溉不足的情况下,维管形成层会减少分裂,甚至停止分裂以控制缺水条件下处于分化阶段的细胞数量。其次,在细胞形体扩大阶段,水分供给与非结构碳水化合物(Nonstructural carbohydrates,NSCs)的储量会直接影响细胞膨压的产生(Steppe et al.,2015)。在缺水条件下,树体中的糖将主要以棉子糖的形式进行渗透调节,而非参与到形成层细胞的分裂与分化中(Deslauriers et al.,2016)。此外,若水分供应不足,非结构碳水化合物从韧皮部卸载及其长距离运输将受到限制,进而影响到维管形成层的活动(Wooddruff et al.,2011;Wooddruff,2014)。需要指出的是,树木在一个生长季中对水分的需求并不相同,早材形成的关键期对水分供给的要求更高,此时维管形成层细胞分裂速度较快,易形成腔大而壁薄的早材细胞。

(4)二氧化碳的影响:二氧化碳是光合作用的原料,其供应量对树木光合产物的合成有直接影响,从而影响到维管形成层的细胞分裂,并使木质部细胞的结构特征产生改变,但是,这一影响随树种的不同存在一定差异。例如,提高空气中的二氧化碳含量,欧洲赤松(*Pinus sylvestris*)树干的生物质量与体积在3年内分别增加了49%和38%,但对树木的生材密度(green wood density)及绝干密度(ovendry wood density)却几乎无影响。此外,提高了二氧化碳浓度的饲育环境,更有利于树木形成非常宽的生长轮,特别是早材部分增宽明显,形成了较大的管胞,晚材部分则减少了胞间道的形成,这些解剖构造的变化反过来都将引起木质部强度及耐腐性的降低(Ceulemans et al.,2002)。然而,增加二氧化碳浓度对新疆落叶松(*Larix sibirica*)的高生长及径生长都无明显的促进作用,主要是生长轮宽度增加,腔大而壁薄的管胞数量有所增多(Yazaki et al.,2001)。

第 3 章 树皮组织

树皮为包裹在树木的干、枝、根维管形成层外侧的全部组织的统称。在活着的树木中执行着光合产物、信号分子的传递及分配、提供机械保护及支持、防止阳光辐射及枝干脱水、防止树木免受外力损伤及植物病虫害的侵蚀等重要的生理功能。树皮的宏观构造、微观构造等解剖特征及其变异情况，在树种分类与鉴定中具有非常重要的作用。此外，树皮还是轻工、能源、食品、医药等行业的重要原材料，具有极大的开发利用价值。

3.1 树皮的形成

3.1.1 树皮的构造

以维管形成层为界，其内侧的组织为木质部，其外侧的组织为树皮。树皮通常可以分成外皮（outer bark）和内皮（inner bark）两个部分，内皮主要指的是由维管形成层分化而来的次生韧皮部，由具输导功能的韧皮部组织（conducting phloem）及不具疏导功能的韧皮部组织（nonconducting phloem）构成。前者紧邻维管形成层，含有尚具生理机能的筛分子、膨大的伴胞或 S-细胞（strasburger cell），后者所含的筛分子、伴胞或 S-细胞已失去其细胞质，筛分子出现塌溃，胼胝质（callose）沉积在筛分子的筛孔处，预示

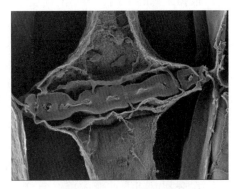

图 3.1 筛管的筛板上沉积的胼胝质
（白木香 *Aquilaria sinensis*）

着此区域韧皮部组织疏导功能的丧失（图 3.1）。外皮主要由一至数层周皮（periderm）及其间隔组织构成。每层周皮均包括木栓形成层（phellogen）及其衍生组织，即木栓层（phellem）和栓内层（phelloderm）。随着树龄的不断增长，落皮层外侧的组织细胞会逐渐老化脱落，由木栓层替代脱落的部分形成新的保护层。

早期的文献曾将内皮与外皮的区别归于两者构成细胞的差异，认为内皮由活着的细胞构成，外皮则是指细胞已经死亡的组织，然而，已有研究显示在外皮中同样包含着生活细胞（IAWA，2016）。此外，功能化与去功能化、塌溃与非塌溃也曾被用来描述

具疏导功能的韧皮部组织和不具疏导功能的韧皮部组织(Trockenbrodt,1990)。但事实上已丧失疏导功能的韧皮部并不意味着其物质的储藏、转运和代谢机能也一并失去，一些细胞甚至还保有分生能力，可进一步发育成木栓形成层。用塌溃与否来描述也并不妥当，因为在许多科属的树种中，筛分子即便已经失去了疏导能力仍可维持其原有形态达数年之久，例如，锦葵科(Malvaceae)的美洲椴和桃金娘科(Myrtaceae)桉属(*Eucalyptus*)的部分树种。

需要指出的是，在部分植物的初生木质部和次生木质部中出现的一类韧皮部组织，尽管在发育机制和形成位置上与常规的树皮组织不同，但从细胞构成和生理机能方面来看，此类组织仍属于韧皮部一类，统称为异型韧皮部组织。包括但不限于以下几种类型：内生韧皮部(intraxylary phloem)通常位于髓心的外围，与初生木质部间夹杂着部分薄壁细胞，是夹竹桃科(Apocynaceae)、旋花科(Convolvulaceae)的固有特征之一。木间韧皮部(interxylary phloem)是位于次生木质部内的韧皮部组织，由单一形成层的异常分裂而形成，也可以由薄壁细胞发育而来，这也是木间韧皮部与其他由连续形成层分生而成的韧皮部组织的主要区别(Carlquist,2001；2013)。木间韧皮部是较为常见的植物异常次生结构之一，迄今为止，至少在17个科约54个属的部分或全部树种中发现了这一结构。此外，部分植物由于连续形成层(successive cambia)的不断产生和细胞分裂，在已有维管束组织的外围不断添附新形成的木质部和韧皮部组织，使原先形成的木质部和韧皮部被包覆在被称为结合组织(conjunctive tissue)的薄壁细胞或厚壁细胞中，常见于旋花科、苋科(Amaranthaceae)等34个科的部分属种中(Carlquist,2001)。

3.1.2 韧皮组织的形成

根据来源的不同，植物的韧皮组织可分为初生韧皮部(primary phloem)和次生韧皮部(secondary phloem)。初生韧皮部由原形成层(procambium)分化而来，在初生植物组织中与初生木质部相连，包括筛分子、伴胞和薄壁细胞，不具疏导功能的原生韧皮部(protophloem)中通常还含有韧皮纤维。在成熟的树皮组织中，初生韧皮部内除了韧皮纤维以外的细胞常常由于组织的膨大现象，引起变形和塌溃。次生韧皮部来源于维管形成层的分生活动，一般认为，维管形成层向内分裂产生木质部，向外分裂产生韧皮部，然而部分热带树种和藤本植物的形成层分裂活动常常偏离此常规模式，从而出现各种异常的次生结构(anomalous secondary structure)，例如由形成层局部区域反向分裂或迟滞分裂形成的木间韧皮部就属于此类(IAWA,2016)。

在分裂时间上，形成层恢复活动后通常先形成韧皮部，然后木质部的分裂才逐渐启动，未成熟的筛分子或韧皮薄壁细胞普遍以部分分化的状态越冬(Evert,1963；Davis et al.,1968)，这些细胞在来年生长季首先完成分化和成熟(Larson,1994)。许多研究者认为裸子植物和阔叶树环孔材中韧皮部的分裂要先于木质部进行，例如北美短叶松(*Pinus strobus*)、北美乔松和刺槐(Davis et al.,1965；Alfieri et al.,1968；Derr et al.,1967)。然而，也有研究者认为阔叶树散孔材中韧皮部的分裂早于木质部分裂数周，环孔材中韧皮部和木质部的分裂却几乎是同期开始的(Evert,1993)。例如，夏栎(*Quercus robur*)的形成层活动早在枝条萌芽的前三周就已经恢复，韧皮部筛分子中的胼胝质解体，早材导管形体扩大，细胞壁已经木质化(Aloni et al.,1997)。在某些热带树种中，形成层分裂形成韧皮部与木质部的时间序列有其独特之处，例如垂枝暗罗（*Polyalthia longifolia*）的韧皮部增长与木质部增长在生长季内属于相继发生，交替进行的模式（Ghouse et al.，1979）。韧皮部细胞自形成层分裂产生以后就开始进行顺序分化，包括细胞形体的扩大、细胞壁形成和原生质的解体，在细胞的不同区域，各分化阶段存在一定程度的先后和重叠。

在一个生长季内形成的韧皮部组织构成一个韧皮部生长轮（phloem growth ring）。在针叶树（Alfieri et al.，1973；1983）、温带及热带的木本被子植物中（Tucker et al.，1969；Amano et al.，2003；Angyalossy et al.，2007），一个生长季内筛分子径向直径的明显变化可作为判断生长轮起始的特征之一，径向尺寸窄小的筛分子往往标志着一个生长轮的结束（Amano et al.，2003；Angyalossy et al.，2007）。而弦向排列的纤维细胞带、纤维状石细胞带及薄壁细胞带则一般不适宜作为韧皮部生长轮起始的判定依据，例如，锦葵科的美洲椴在一个生长季内可以产生一条以上宽窄不等的纤维细胞带（IAWA，2016）。

3.2 韧皮组织的细胞种类和分布

韧皮组织根据其形成时间和来源的不同，包括分生自原形成层的初生韧皮部和分生自维管形成层的次生韧皮部两部分。这两部分韧皮组织含有基本相同的细胞种类，但初生韧皮部仅有一个方向的细胞定位系统，因为它不具有射线（Evert，2006）。由维管形成层产生的次生韧皮部包括直立和水平细胞定位系统，其基本构成细胞包括筛分子（sieve element）和各种类型的薄壁细胞（parenchyma cell），此外，纤维细胞（fiber）和石细胞（sclereid）也非常普遍，有时还含有乳胶管（laticifer）、树脂道（resin duct，resin canal）及异细胞（idioblast）。

裸子植物的次生韧皮部细胞构成相对简单，仅由直立定位系统的筛胞、薄壁细胞和韧皮纤维（部分树种含有）组成。水平定位系统的组织和细胞通常包括单列射线，仅含有薄壁细胞，或含有薄壁细胞和蛋白细胞。被子植物的次生韧皮部细胞构成相对复杂，且不同树种间存在较大的变异。一般而言，被子植物的次生韧皮部含有直立定位系统的筛管、伴胞、薄壁细胞和韧皮纤维，水平定位系统的组织和细胞包括单列及多列射线，有时亦含有分泌细胞（尹伟伦 等，2011）。植物次生韧皮部的基本组成细胞如表3.1和图3.2所示（Esau，1977；Evert，2006）。

表3.1 次生韧皮部的细胞类型及主要功能

细胞类型			主要功能
垂直细胞系统	筛分子	筛胞（裸子植物）	光合养分及信号分子的长距离疏导与分配
		筛管分子及伴胞（被子植物）	
	厚壁细胞	纤维细胞	支持作用，有时也兼作物质的储存场所
		石细胞	
	薄壁细胞	轴向薄壁细胞	物质储存
水平细胞系统	薄壁细胞	射线薄壁细胞	物质储存及径向疏导与分配

资料来源：Esau，1977；Evert，2006。

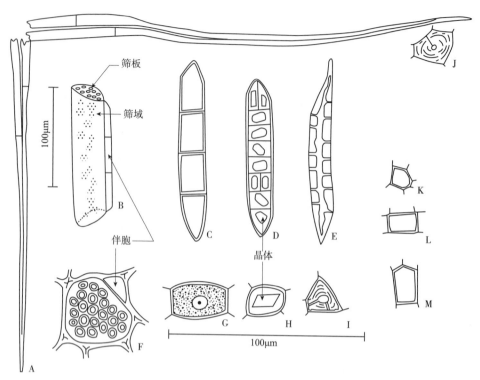

A~E—纵切面；F~M—横切面；A、J—纤维；B—伴胞和筛管分子；F—伴胞和筛管分子；
C、G—韧皮薄壁细胞；D、H—含晶薄壁细胞；E、I—石细胞；K、L、M—韧皮射线细胞。

图 3.2　双子叶植物次生韧皮部的细胞类型

（资料来源：Esau, 1977; Evert, 2006）

3.3　韧皮组织的细胞特征

3.3.1　筛管分子与筛胞

筛分子是韧皮组织中细胞壁上具有筛域（sieve areas）的一类细胞，在韧皮部中执行着光合产物的疏导与分配等生理功能，包括裸子植物的筛胞（sieve cells）和被子植物的筛管分子（sieve-tube element）两类。成熟的筛分子仍是活细胞，在质膜上具有许多载体进行着活跃的物质运输。筛分子中的原生质组分通常位于胞腔边缘，主要包括质体（plastid）、线粒体（mitochendria）、内质网（endoplasmic reticulum）等，沿细胞质膜（plasma membrane）较为均匀的分布，在筛管细胞腔内还有 P-蛋白质局部聚集形成的丝状网格结构（Yin et al., 2007）。

裸子植物中的筛分子是筛胞，筛胞的分化程度不如被子植物的筛管分子，体现在筛胞壁上筛域的筛孔径基本一致，缺少筛板等。被子植物的筛管分子是高度分化的细胞。发育成熟的筛管分子呈狭长的管状，端部具有筛板，侧壁分布有筛域（图 3.3）。在具疏导功能的韧皮部中，筛分子的组合和分布有以下几种类型：星散聚合状筛管（solitary and in small group）［图 3.4(a)］、径列状筛管（radial row）［图 3.4(b)］、弦带状筛管（tangential band）［图 3.4(c)］和簇状筛管（cluster）［图 3.4(d)］。星散聚合状筛管

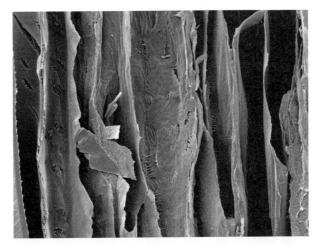

图 3.3　筛管分子（白木香 *Aquilaria sinensis*）

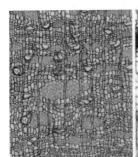  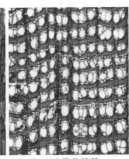 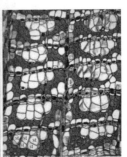

（a）星散聚合状筛管，蓝桉*Eucalyptus globulus*　　（b）径列状筛管，*Mansoa difficilis*　　（c）弦带状筛管，*Fridericia triplinervia*　　（d）簇状筛管，美洲椴*Tilia americana*

图 3.4　筛管分子的组合和分布

（资料来源：IAWA，2016）

是指筛管分子单独分布，或 2~3 个筛管分子聚集成小团状散生于其他细胞中的类型。径列状筛管由 3~4 个或更多的筛管分子沿径向排列而成。弦带状筛管由 1 至数个筛管分子弦向排列而成，并常与薄壁细胞相连，在一些科属的树种中，筛管分子带也常与韧皮纤维带交替分布。簇状筛管是指 3~4 个或更多的筛管分子聚集在一起，形成簇状。

　　成熟的筛管分子细胞壁通常由初生壁物质构成，其主要成分为纤维素和果胶（Evert，2006）。在一些植物中，部分未经木质化的筛管分子细胞壁因为呈现出独特的光泽，被称为珠光壁（nacreous walls）（Evert，2006）。鼠李科（Rhamnaceae）、番荔枝科（Annonaceae）、樟科（Lauraceae）、木兰科（Magnoliaceae）和豆科（Fabaceae）的部分属种，因拥有大量细胞壁具珠光特质的筛管分子，成为这些科属树种的识别特征之一。值得一提的是，筛管分子细胞壁的珠光特质，随着植物种类的不同和发展阶段的差异常呈现出较大的差别（Esau，1969）。

　　筛域（sieve areas）是筛分子细胞壁上具有筛孔（sieve pore）的部分，相邻筛分子的原生质经由筛域上或分散或聚集状分布的筛孔相连。在被子植物中，筛管分子侧壁筛域内的筛孔普遍小于筛板上的筛孔，在针叶树中，筛域更多地集中在筛胞端部的交叠处，且细胞壁上不同区域的筛孔无明显的大小差异。

　　作为一种高度分化的筛域，筛板（sieve plates）是筛管分子特有的胞壁结构，被子植物中常见的筛板类型包括三类，分别是单筛板（simple sieve plate）[图3.5（a）]、梯状筛板（scalariform sieve plate）[图3.5（b）]和网状筛板（reticulate sieve plate）[图3.5（c）]。单筛板仅由一个筛域构成，与筛管分子纵轴约成60°~90°的夹角。梯状筛板和网状筛板均属于复合筛板，倾斜度较大，常与筛管分子形成小于60°的夹角，前者是由椭长形筛域平行排列形成的梯状结构，后者则是由筛域交错排布形成的网状分布。在筛板发育过程中，胼胝质在相邻筛管分子细胞壁的两侧沉积，随后，胼胝质及相邻细胞壁胞间连丝周围的初生壁和胞间层部分降解，进一步扩大形成筛孔（Xie et al.，2011）。筛孔的孔径通常小于0.5μm（Thompson et al.，2003），其面积约占筛板总面积的50%（武维华，2008）。筛管分子经由细胞端部高度分化的筛板首尾相接串联在一起，形成的管状结构称为筛管（sieve tube）。

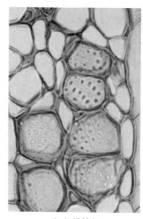  

（a）单筛板，
Ficus lapathifolia

（b）梯状筛板，
Polyscias murrayi

（c）网状筛板，
Entada polystachya

图3.5 筛板的类型

（资料来源：IAWA，2016）

筛管分子的直径通常为20~40μm，长度为100~500μm，长度、直径比为10~100（Knoblauch et al.，2012）。作为植物体内的两大疏导系统之一，降低流体摩擦阻力的有效途径之一是增大细胞的腔径，大直径的筛分子常常成为某些科属植物的典型特征，例如，葫芦科（Cucurbitaceae）植物的筛管分子直径可达50μm，甚至更宽，但长度、直径比仅在10左右（Knoblauch et al.，2012）。另一降低流体摩擦阻力的途径是减少筛管分子疏导途径上筛板的数量，例如，草本植物常具有长达1mm的筛管分子，其长度、直径比接近于100。筛管分子胞腔内部的中空结构和细胞壁的多孔性特征，非常适合于液体的传输与分配，这对于它的疏导功能是十分重要的。

3.3.2 伴胞与S-细胞

伴胞（companion cells）是被子植物韧皮组织内与筛管分子伴生的一种特殊薄壁细胞，与伴生的筛管分子源自同一形成层母细胞的分裂（图3.6）。在横切面上，每个筛管分子周围往往有1至数个伴胞存在，在径切面及弦切面上，1至数个伴胞常成串排列在筛管分子周围。然而，与筛分子伴生的伴胞数量即使在同一树种中也并非一个稳定的值，而会随着树龄的增加而产生波动（Esau et al.，1969）。除了某些科属植物的伴胞会出现明显地空泡化，它们大多都含有浓密的细胞质、丰富的线粒体。在不具疏导功能

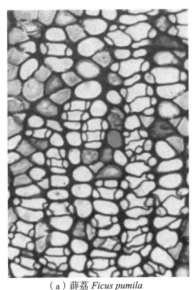 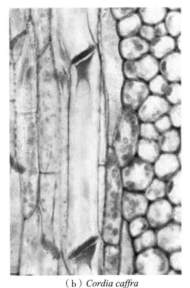

(a) 薜荔 *Ficus pumila*　　　　(b) *Cordia caffra*

图 3.6　筛管与伴胞

(资料来源：IAWA，2016)

的韧皮部中，伴胞失去其细胞质，并随着其伴生的筛管分子功能的终止而产生塌溃，因而难以被观察到。在极少数情况下，已经老化的韧皮部中的伴胞会形成硬化，转变成厚壁细胞(Evert，1963)。

筛管分子和伴胞间通过大量的胞间连丝相连接，实现筛管分子与伴胞间的物质交流与功能联系，因此，常把两者作为一个功能单位，称为筛管分子/伴胞复合体(SE/CC complex)(Vanbel，2003)。作为韧皮部疏导与分配系统的枢纽，伴胞为筛管分子各项生理功能的实现提供了非常重要的支持，使失去了细胞核和大量线粒体的筛管分子能维持其功能达数年之久，在一些棕榈科植物中筛管分子的寿命甚至可持续 30 年(Raven，1991)。筛管分子中所检测到的约 150~200 种蛋白质是在伴胞中合成，再经由两者间的胞间连丝传输至筛管(Ruiz-Medrano et al.，2001)。除了大分子运输外，伴胞中的糖类代谢活动还为筛管分子/伴胞复合体维持其生理机能提供了重要的能量来源(Van bel，2003)，有助于韧皮部物质的装载和卸出。

S-细胞(strasburger cells)属于裸子植物韧皮部中射线薄壁细胞或轴向薄壁细胞的一种，含有较丰富的原生质体，与相邻的筛胞通过筛域实现物质交流与功能联系，这是它与其他薄壁细胞的主要差别。S-细胞在裸子植物韧皮部中的作用类似于被子植物中的伴胞，不同之处在于 S-细胞与其相邻的筛胞并非由同一形成层母细胞分化而来(Evert，2006)，当与之相邻的筛胞死亡时，S-细胞相继死亡。此外，认为 S-细胞等同于韧皮部中蛋白细胞(albuminous cell)的观点也并不妥当，因为此类细胞并不一定含有大量的蛋白质(Trockenbrodt，1990)。根据植物科属的不同，S-细胞的分布可能仅限于射线薄壁细胞或轴向薄壁细胞，也有可能两者兼具。

3.3.3　薄壁组织

次生韧皮部中的轴向韧皮薄壁细胞(axial phloem parenchyma)简称轴向薄壁细胞，

由维管形成层中的纺锤形原始细胞分化而来，当形成层母细胞进行横向分裂，进而形成胞壁时，即构成纵向的薄壁细胞串(parenchyma strand)。需要指出的是，此处的轴向薄壁细胞不包括由木栓形成层分化而成的栓内层薄壁细胞，后者的产生并不源自形成层母细胞，也不形成纵向联结的薄壁细胞串。成熟的韧皮薄壁细胞通常保有原生质体，拥有非木质化的细胞壁，仍具备进一步分化发育的潜能(Evert，2006)。

韧皮部中轴向薄壁细胞的组合与分布包括以下几种类型：星散(diffuse)/星散—聚合状(diffuse-in-aggregate)[图3.7(a)]、窄带状(narrow band)[图3.7(b)]、宽带状(broad band)[图3.7(c)]、环管状(sieve-tube-centric)[图3.7(d)]和基质状(axial parenchyma constitutes the ground tissue)[图3.7(e)]。星散/星散—聚合状的轴向薄壁细胞常单独分布，或呈弦向、斜向聚合的短带状散生于次生韧皮部中。窄带状和宽带状分布的轴向薄壁细胞均在次生韧皮部内形成连续或断续的条带，其差别在于前者的带宽仅1~2个细胞，而后者的带宽通常2~3个甚至更多的细胞。环管状分布的轴向薄壁细胞以筛分子为中心，形成局部或完全包覆的鞘，这一类型是以纤维为韧皮部基本组织的科属的典型特征，例如，胡桃科(Juglandaceae)的山核桃属(*Carya*)、紫葳科(Bignoniaceae)的蓝花楹属(*Jacaranda*)等(IAWA，2016)。当轴向薄壁细胞构成次生韧皮部的

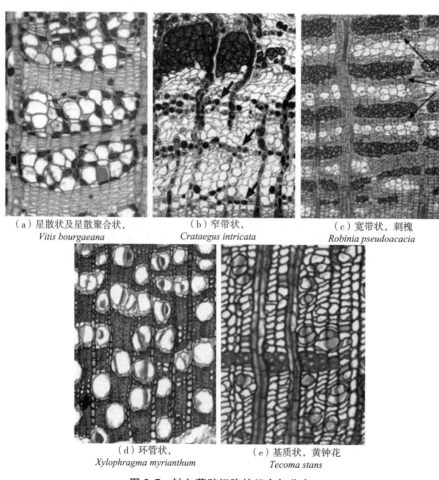

(a) 星散状及星散聚合状，*Vitis bourgaeana*　　(b) 窄带状，*Crataegus intricata*　　(c) 宽带状，刺槐 *Robinia pseudoacacia*

(d) 环管状，*Xylophragma myrianthum*　　(e) 基质状，黄钟花 *Tecoma stans*

图3.7　轴向薄壁细胞的组合与分布

(资料来源：IAWA，2016)

基本组织时便形成基质状分布。

在述及轴向薄壁细胞的分布类型时，须考虑其在次生韧皮部中的分布区域，因为不具疏导功能的韧皮部中细胞体积膨大和细胞分裂产生的组织扩张，以及筛管分子的变形和塌溃会极大地改变轴向薄壁细胞的分布。例如，在具疏导功能的韧皮部中，轴向薄壁细胞呈星散状或带状分布且不具韧皮纤维的树种，会由于筛管分子和伴胞的塌溃与消除，在不具疏导功能的韧皮部中，呈现出以轴向薄壁细胞为基本组织的基质型（IAWA，2016）。

3.3.4 射线组织

次生韧皮部中的射线薄壁细胞由维管形成层中的射线原始细胞分化而来，与木质部中的木射线相连，并沿径向延展形成韧皮射线组织（phloem ray）（Evert，2006）。由于源自维管形成层中的同一个射线原始细胞，韧皮射线细胞与木射线细胞通常等高、等径，并具有相似的细胞形态和组织构成模式。在次生木质部中具有聚合射线的科属，其韧皮射线同样呈现聚合态，例如桦木科（Betulaceae）。次生木质部中缺乏射线组织的科属，通常也不具备韧皮射线组织，例如，十字花科（Brassicaceae）、苋科、藜科（Chenopodiaceae）、石竹科（Caryophyllaceae）、瓣鳞花科（Frankeniaceae）、玄参科（Scrophulariaceae）的部分植物（Carlquist，2001；Lens et al.，2009；2013；Crivellaro et al.，2013）。从弦切面观察，宽度超过3列的韧皮射线中，位于外缘的射线细胞有时较内部的射线细胞体积要大，称为鞘状细胞（sheath cells），此类细胞通常源自纺锤形原始细胞分化而成的射线原始细胞（Chattaway，1951）。

就同一树种而言，具疏导功能的韧皮部中射线组织的形态基本保持稳定，在对射线宽度进行分级时，也仅指的是仍具疏导功能的这一部分韧皮部。然而，这部分韧皮部仅占整个次生韧皮组织的一小部分，在树木增粗及韧皮组织老化的过程中，射线组织的形态往往产生极大地变化。韧皮射线组织的远轴端常因为细胞的扩张，形成膨大的尾部，这一特征在锦葵科的植物中尤其显著，其韧皮射线具有明显膨大的现象，从而在韧皮射线的远轴端形成楔形（Esau，1969）。基于此，尽管射线组织的高度在具或不具疏导功能的韧皮部中并无显著差别，在对射线的高度进行描述和分级时，仍应以尚具疏导功能的韧皮部为主，因为射线薄壁细胞和轴向薄壁细胞的扩张现象，使两者在丧失疏导功能的韧皮部中难以区分，特别是在射线组织远轴端的组织膨大区域（IAWA，2016）。

不具疏导功能的韧皮组织由于筛分子的塌溃和其他细胞的膨大，可能引起原本径向排列的射线组织产生偏移，形成起伏状（undulated）或波浪状（wavy）的韧皮射线（Roth，1981）（图3.8）。此外，不具疏导功能的次生韧皮部内有时还含有硬化的射线组织，其形成需要较长的时间且表现形式多样。紧邻韧皮纤维或石细胞的射线组织出现硬化特征，是桦木科桤木属（*Alnus*）、桑科桑属（*Morus*）和蔷薇科（Rosaceae）梨属（*Pyrus*）的典型特征。

某些被子植物韧皮射线组织的外缘或内部还含有1至数个射线筛管分子（Rajput et al.，2004；2013），常见于藤本植物，例如，旋花科、紫葳科、木本的瑞香科（Thymelaeaceae）的一些属种（Angyalossy et al.，2012；Pace et al.，2015；Luo et al.，2020）以及安息香科（Styracaceae）部分植物的幼树中。位于射线组织外缘的筛管分子其作用类似于次生木质部中带穿孔的射线细胞（perforated ray cells），从径向上与轴向的筛管分子形成交联，为韧皮组织提供溶质和水的储存与运输功能。

与被子植物相比，针叶树的韧皮射线组织变异较小，具疏导功能的韧皮部和不具疏导功能的韧皮部近轴端一般都含有单列射线，仅在松科（Pinaceae）、柏科（Cupresaceae）和罗汉松科（Podocarpaceae）的部分属种中，韧皮射线的远轴端呈现膨大状。此外，针叶树韧皮射线中的 S-细胞一般位于射线组织的边缘，呈直立状或方形，偶见于射线组织的中部（Esau，1969）。

3.3.5 厚壁组织

韧皮部厚壁组织属于植物的支持组织之一，由各种厚壁细胞构成，通常包括纤维（fiber）、纤维状石细胞（fiber-sclereid, fsc）和石细胞（sclereid）三类，成熟的厚壁细胞在形态和尺寸上各异，具或不具原生质体（Evert，2006），

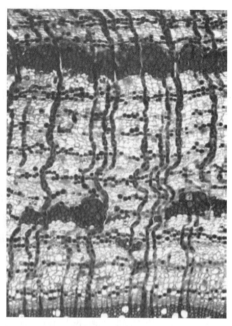

图 3.8 波浪状射线组织（*Crataegus intricata*）
（资料来源：IAWA，2016）

拥有不同程度增厚的，木质化或未经木质化的次生壁，在次生韧皮部中常聚合成带状（band）、团块状（aggregate）或簇状（cluster）。尽管植物体中的厚壁组织通常由一种细胞构成，但细胞混合型厚壁组织亦非常常见，某些科属的植物具疏导功能的韧皮部厚壁组织全部由韧皮纤维构成，而不具疏导功能的韧皮部厚壁组织则包含韧皮纤维和石细胞（Pace et al.，2015）。

韧皮纤维（phloem fiber）是一类形态纤长，端部呈尖削状，除胶质纤维（gelatinous fiber）这一特例外，次生壁呈木质化的厚壁细胞，细胞壁上的纹孔通常不明显，一些成熟的韧皮纤维还保留有原生质（Evert，2006）。按照起源的不同，韧皮纤维包括发育自原形成层的初生韧皮纤维（primary phloem fiber）和发育自维管形成层，经侵入生长（intrusive growth）形成的次生韧皮纤维（secondary phloem fiber）。在次生韧皮部中，纤维细胞经常与分室含晶细胞（chambered crystalliferous cell）伴生在一起（Kristallkammerfasern et al.，1951）。

在横切面上观察，韧皮纤维通常呈圆形或多边形［图3.9（a）］，但在某些科属的植物中会呈现为方形或矩形［图3.9（b）、（c）］，例如，大多数针叶树种、泽米铁科（Zamiaceae）和苏铁科（Cycadaceae）苏铁属（*Cycas*）植物。由于韧皮纤维属于锐端细胞的一种，在对纤维细胞的截面形状进行描述时，特指的是除去细胞稍端的部分。此外，沿径向伸长的厚壁细胞通常应归入纤维状石细胞一类，而非纤维细胞。

在已经完成次生壁堆积的韧皮纤维和纤维状石细胞中，有时会出现薄的隔膜状壁结构，称为具隔膜纤维（即分隔木纤维）（septate fiber）［图3.10（a）］或具隔膜纤维状石细胞（septate fiber-sclereid）。隔膜状壁结构通常很薄，无纹孔，且不会延伸至相邻纤维或纤维状石细胞的复合胞间层（compound middle lamella, CML）。相较于次生木质部，此类特殊的厚壁细胞在韧皮组织中并不普遍（Esau，1969；Parameswaran et al.，1968；

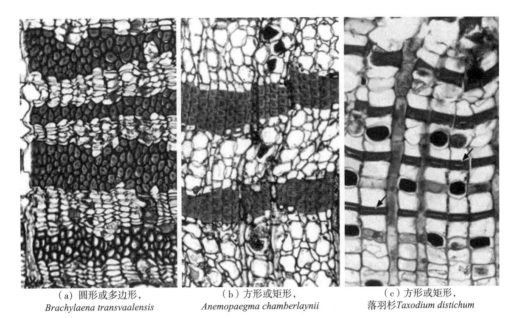

(a) 圆形或多边形，
Brachylaena transvaalensis　　(b) 方形或矩形，
Anemopaegma chamberlaynii　　(c) 方形或矩形，
落羽杉 *Taxodium distichum*

图 3.9　韧皮纤维的横切面形态

(资料来源：IAWA，2016)

Roth，1981)，仅在桑科、杨柳科(Salicaceae)、荨麻科(Urticaceae)、莲叶桐科(Hernandiaceae)和葡萄科(Vitaceae)的某些属种中有所发现。

韧皮部中的胶质纤维与应力木中的胶质纤维类似，具有胶质化的次生壁内层(G-layer)，与正常的次生壁相比富含纤维素，但缺少木质素堆积[图 3.10(b)]。胶质纤维常出现在桑科、豆科、大戟科(Euphorbiaceae)、鼠李科、莲叶桐科和金虎尾科(Malpighiaceae)的某些属种中(Parameswaran et al.，1968；1970)。韧皮胶质纤维在树皮组织内的作用或许与应力木中的胶质纤维类似(Tomlinson，2001；2003)。

纤维细胞的长度随着其在韧皮部中位置的不同，具有非常大的变异，初生韧皮纤维或中柱鞘纤维(pericyclic fiber)通常要显著长于次生韧皮纤维。例如，重要的轻工业原料亚麻科(Linaceae)的亚麻属(*Linum*)、荨麻科的苎麻属(*Boehmeria*)和大麻科(Cannabaceae)的大麻属(*Cannabis*)植物的初生韧皮纤维可长达 5~250mm。次生韧皮纤维与初生韧皮纤维相比稍短，但一般情况下仍长于木质部纤维。

石细胞是韧皮组织中具有多层次、木质化次生壁的厚壁细胞，胞壁上分布有较多的纹孔。从分布和起源上，石细胞主要存在于不具疏导功能的韧皮部、皮层或周皮中，大多数情况由薄壁细胞转化而来，也可由形成层母细胞直接分化形成，后者可见于柿树科(Ebenaceae)、安息香科和紫葳科的一些属种。

由于细胞形态和尺寸非常多样化，植物体内的石细胞大体可分成以下几种类型：短石细胞(brachysclereid)、柱状石细胞(columnar sclereid)、骨状石细胞(osteosclereid)、星状石细胞(astrosclereid)和丝状石细胞(filiform sclereid)，树皮组织中的常见类型为短石细胞(Evert，2006)。石细胞胞壁上的纹孔通常都比较明显，但在进行物种鉴定时，可进一步细分成非显著纹孔(inconspicuous pit)、带分枝状孔道的显著纹孔(即分歧纹孔)(conspicuous pit with branched pit canal)和不带分枝状孔道的显著纹孔(conspicuous pit with unbranched pit canal)。

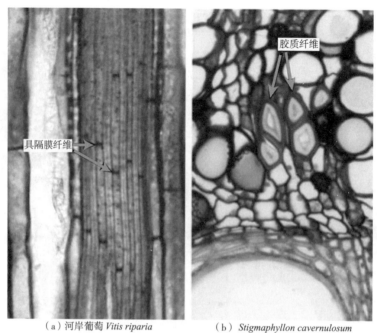

(a) 河岸葡萄 *Vitis riparia*　　　　(b) *Stigmaphyllon cavernulosum*

图3.10　具隔膜纤维与胶质纤维

(资料来源：IAWA，2016)

纤维状石细胞形成自不具疏导功能的韧皮部中的轴向薄壁细胞，属于细长型石细胞，其形态特征介于韧皮纤维和石细胞之间(Holdheide，1951；Evert，2006)。发育成熟的纤维状石细胞较难与韧皮纤维相区分，但大多具有明显的纹孔、多层的胞壁和显著增厚的次生壁 S_2 层(图3.11)。在形成时间上，纤维状石细胞的分化显著晚于韧皮纤维，成为壳斗科(Fagaceae)、木犀科(Oleaceae)、蔷薇科、榆科(Ulmaceae)和五福花科(Adoxaceae)一些植物的特征。

组织(细胞)硬化现象(sclerification)常见于不具疏导功能的韧皮部，尤其是在呈膨大态的组织中。在许多科属的植物内，都可见由大量厚壁细胞构成的不规则条带或团

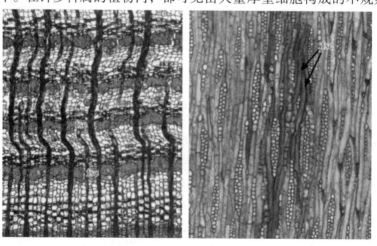

图3.11　纤维状石细胞(苹果 *Malus domestica*)

(资料来源：IAWA，2016)

块，在金虎尾科、报春花科(Primulaceae)和菊科(Asteraceae)的一些个例中，植物整个次生韧皮部的基本组织都由厚壁细胞构成。也有少数完全不具备厚壁细胞的木本植物，常见于黄杨科(Buxaceae)、漆树科(Anacardiaceae)、松科、茄科(Solanaceae)和茶藨子科(Grossulariaceae)的部分属种。

3.4 外树皮组织

周皮属于外皮部分的次生保护组织，主要位于植物体的茎干及根部，在表皮(epidermis)老化脱落后转变成新的保护层，一般而言，周皮组织包括木栓层、木栓形成层和栓内层三部分(Evert, 2006)(图3.12)。

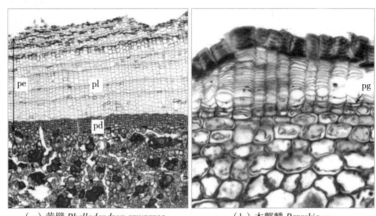

(a) 黄檗 *Phellodendron amurense*　　　(b) 木麒麟 *Pereskia* sp.
pe—周皮；pl—木栓层；pd—栓内层；pg—木栓形成层。

图 3.12　外树皮组织构成
(资料来源：IAWA, 2016)

3.4.1　木栓形成层

木栓形成层属于植物体的侧向分生组织之一，通过细胞的平周分裂向内产生栓内层，向外产生木栓层(Evert, 2006)。木栓形成层最初可分化自内皮层(endodermis)或中柱鞘(pericycle)。木栓形成层的分化亦是周皮形成的开始，其分化区域对于物种鉴别和分类具有一定的参考意义(Metcalfe et al., 1950)。此后继生的周皮通常产生自不具疏导功能的韧皮部内，有时也可在先前形成的周皮的栓内层发育而成(Evert, 2006)。位于树皮外侧，由最外缘处的周皮发育而成的组织又称为落皮层(rhytidome)，由于落皮层的形成需要有一定量的周皮存在，因此仅具浅层周皮的植物较难形成落皮层(Roth, 1981; Evert, 2006)。

周皮组织的分布非常多样，呈不连续带状，局部区域构成交叠，相互连结形成网状结构(reticulate/net-like)是非常普遍的一种，常见于具鳞状树皮(scaly bark)的树种中，例如，锦葵科的椴属(*Tilia*)。同心圆状(concentric)分布的周皮其每一层组织大体呈连续的环状排列，这一类型不及网状周皮普遍，多见于具有环状外皮(ring bark)的植物中，例如，柏科(Cupressaceae)、毛茛科(Ranunculaceae)、忍冬科(Caprifoliaceae)和葡萄科的一些属种。

3.4.2 木栓层

周皮组织中的木栓层是自木栓形成层分化而来，由细胞壁栓质化(suberized wall)的非生活细胞构成的保护组织(图3.13)。成熟的栓质细胞形态各异，栓质化的细胞壁厚度不等，或具有硬化及分层现象，在物种鉴定与分类上具有一定参考价值。例如薄壁的栓质细胞常见于松科的树种(Srivastava, 1963; Krahmer et al., 1973)。老化的周皮中木质化甚至硬化的栓质细胞非常常见，松科和许多热带树种的周皮中，厚壁的栓质细胞常常发展成具有高度木质化细胞壁的石细胞，常见于豆科、紫茉莉科(Nyctaginaceae)的部分树种中(Evert, 2006)。许多热带树种的周皮内，还含有一类单侧弦向壁及双侧径向壁呈马蹄形增厚的栓质细胞，通常远轴端弦向壁增厚的情形较近轴端较为少见，从而成为一些科属鉴别的参考特征，例如，樟科的 *Nectandra coriacea* 和月桂(*Laurus hobilis*) (Roth, 1981; Parameswaran, 1970)。

图3.13 交替分布的薄壁与厚壁的栓质细胞带(*Curatella americana*)
(资料来源：IAWA，2016)

木栓层中有时还具有一类细胞壁中不含木栓质的细胞，称为拟栓质细胞(phelloid cell)(Evert, 2006)。拟栓质细胞可以是薄壁的，但有时也具有增厚的木质化次生壁，使其较难与寻常的栓质细胞相区分，而后者由于次生壁的堆积及木质化，常将初生壁中的栓质化区域遮蔽。基于此，对于木栓层中细胞壁偏薄且非栓质化的细胞，称为拟栓质细胞较为妥当。此外，细胞壁中的木栓质可以借助组织化学染色来进行确认，例如苏丹Ⅲ或苏丹Ⅳ(IAWA，2016)。

无论形态如何，从生理机能而言，所有的栓质细胞都已经死亡，细胞腔内含有大量空气，沿径向紧密地排布，构成同心圆状分布的木栓层。木栓层的厚度在不同树种间和同一树种内都具有极大地变异性，某些科属的植物可通过栓质细胞径向尺寸的突变，来区分每个生长季内木栓层的增量，例如壳斗科的栎属(*Quercus*)、桦木科的桦木属(*Betula*)、漆树科的盐肤木属(*Rhus*)的部分树种。

3.4.3 栓内层

由木栓形成层向内分生出的组织称为栓内层，栓内层细胞与木栓形成层沿径向排列规整，其形态在一定程度上类似于皮层薄壁细胞(cortical parenchyma)(图3.14)。但在桃金娘科、五桠果科(Dilleniaceae)的部分植物中，栓内层细胞与皮层细胞差异较大，呈明显的直立型。在细胞构成上，薄壁的栓内层细胞最为常见，第一年形成的周皮里，薄壁的栓内层细胞还含有叶绿体(chloroplast)，仍具有生理活性，此外，薄壁的栓内层细胞也可能起着养分(主要是淀粉)的贮藏作用(Evert, 2006)。细胞壁分层的栓内层细胞在温带地区的植物中较罕见，多见于热带地区的树种中(Holdheide, 1951; Roth 1981)。

除了组成细胞的胞壁未发生栓质化外，源自木栓形成层同一原始细胞的栓内层在细胞类型与形态的多样化上，与木栓层基本一致。栓内层的厚度比木栓层更薄，通常用细胞层数来进行描述，但是随着树龄的增加，同一树种栓内层的细胞层数有时会产生变化，因此在描述其厚度时，须指明植株的直径。例如，锦葵科椴属树种的栓内层在形成的第一年仅 1 个细胞宽，第二年增为 2 个细胞宽，此后又增加为 3~4 个细胞宽。偏薄的栓内层只有 1~3 层细胞，是最普遍的类型。稍厚的栓内层宽 3 层细胞以上，常见于松科的松属、银杏科（Ginkgoaceae）的银杏（*Ginkgo biloba*）、葫芦科、金虎尾科、桑科的榕属（*Ficus*）及饱食桑属（*Brosimum*）的部分植物中（Evert，2006；Roth，1981）。

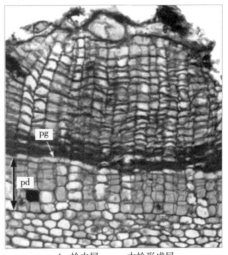

pd—栓内层；pg—木栓形成层。

图 3.14　栓内层与木栓形成层

（*Callaeum antifebrile*）

（资料来源：IAWA，2016）

3.4.4　皮　孔

皮孔（lenticels）属于周皮组织中相对独立的区域，与木栓层的区别在于含有大量细胞间隙，是周皮形成后植物与外界气体交换的通道（Groh et al.，2002；Evert，2006）。皮孔中排列疏松的补充组织（filling tissue）由木栓形成层分化而来，具有栓质化或非栓质化的细胞壁（Evert，2006）。补充组织增多到一定程度，会撑破周皮组织在植物表面形成凸起，皮孔的分布和形状随植物种类而异，在物种识别上具有重要的参考价值。

根据补充组织的不同可将皮孔分成三类，分别为：①补充组织不分层且栓质化（nonstratified/homogeneous and suberized），常见于木兰科、蔷薇科、樟科和杨柳科的植物（图 3.15）。②补充组织不分层且大部分非栓质化（nonstratified/homogeneous and largely nonsuberized）。一般而言，生长季内形成的补充组织主要为非栓质化，而生长季末期较易形成排列紧凑的栓质化补充组织，常见于木犀科、壳斗科和锦葵科的植物。③分层补充组织（stratified/heterogeneous）由疏松的非栓质化补充组织和紧致的栓质化补

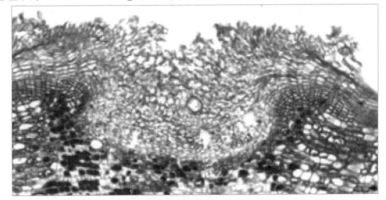

图 3.15　不分层且栓质化的补充组织（鳄梨 *Persea americana*）

（资料来源：IAWA，2016）

充组织——即封闭层（closing layer），交替分布而成，常见于桦木科、壳斗科、蔷薇科、豆科的植物。在松科欧洲云杉（*Picea abies*）的皮孔组织中，每年形成一个新的封闭层（Rosner et al.，2003）。

3.4.5 棘 刺

棘刺（prickles）是植物外皮表面的锐状凸起。棘刺的形成可源自最外侧皮层细胞的径向伸长，例如豆科的 *Caesalpinia echinata* 和五加科（Araliaceae）的部分属种；也可由木栓形成层的某些区域向木栓层一侧的过度分化形成，这一类棘刺全由厚壁且木质化的栓质细胞构成，各栓质细胞平行于棘刺的轴向排列，包括漆树科、五加科和锦葵科的部分属种。须指出的是，棘刺与部分棕榈科（Arecaceae）植物的脊刺（spines）不同，前者不含脉管系统，后者的脉管系统与叶、芽，甚至根同源。脊刺一般不会出现在植物成熟的外皮表面，而棘刺有时会形成脱落层（abscission layer），导致棘刺脱离，也有的棘刺并不产生脱落层而一直保留，例如五加科的南洋参属（*Polyscias*）的一些植物（Kotina et al.，2010）。有时，源自皮层细胞的棘刺也会由于其基部周皮的发育而被顶出植物表面，形成凸起。

3.5 内含物

树皮组织细胞中内含物的类型、形态和分布非常多样，包括各种矿物质（mineral inclusion）和有机质（organic inclusion），其中，晶体（crystal）和淀粉粒（starch）是最常见的两种细胞内含物。晶体一般被认为是后含物，也就是树皮细胞在生活过程中产生的各种代谢产物，或无生命活性的物质（朱广龙 等，2014）。晶体的双折射特质（birefringent nature）使其很容易在偏光显微镜下与其他细胞内含物区分开来。在树皮的生长发育过程中，各组织细胞所含有的晶体类型、形状及尺寸是比较稳定的，但在不同科属的植物中，晶体的形态、大小和分布均有一定的差异。淀粉粒是细胞中碳水化合物最普遍的储藏形式，在偏光显微镜下观察时，具有典型的十字消光（cross extinction）现象，在不同科属的植物中，淀粉粒形态各异，在物种鉴定上也具有一定参考价值。此外，树皮组织细胞的内含物还包括果聚糖（fructan）、蛋白质晶体（protein crystal/p-plastid）等。

3.5.1 晶 体

过去曾认为，含晶细胞中的晶体成分大多数由草酸钙构成，植物中有超过 215 个科的物种在组织中有草酸钙晶体沉积，其中，约 54% 为热带植物，3% 为热带—亚热带植物，1% 为亚热带植物，2% 为亚热带—温带植物，18% 为温带植物（Frey，1929）。迄今，已有许多研究表明，除了钙离子，晶体里还含有锶、镁、钡等元素，草酸盐也可以被碳酸盐、柠檬酸盐、酒石酸盐、苹果酸盐、磷酸盐或硫酸盐取代（Netolitzky，1929；Al-Rais et al.，1971；Metcalfe，1983）。即便在同一植株内，细胞中的晶体也可以由好几类无机盐构成，例如，豆科的 *Acacia robeorum* 就含有草酸钙、硫酸钙、磷酸钙、草酸镁等多种成分的晶体（He et al.，2012）。

尽管树皮组织中的晶体尺寸和数量存在较大的变异，但一些特殊形状晶体的存在，对于物种鉴别与分类仍具有十分重要的作用。以下关于晶体形态的分类主要依据草酸钙晶体进行，但也适用于其他矿物质晶体及有机质的分类。棱晶(prismatic crystals)属于单晶的一种，是植物体中最普遍的一种晶体[图3.16(a)]。簇晶(druses)属于复合晶体，大体呈球形，各构成微晶的局部突出于球状表面，使整个晶团呈现出星芒状外观，无规则聚集的簇晶也称为群集簇晶[图3.16(b)]。簇晶也是植物体中常见的晶体类型，树皮细胞中的簇晶较木质部更为常见。针状晶(acicular crystals)为细小的针状结晶，不呈束状，无规则排列于细胞中，当聚集成狭长延伸的针状晶束时，则称为针晶(raphides)，针晶通常包覆在黏液中，其含晶细胞也往往大于相邻细胞[图3.16(c)]。柱晶是一类轴向尺寸大于径向尺寸数倍的长晶体，长径比在4以上时称为柱晶(styloids)，长径比在2~4时称为长晶(elongated crystals)，可以呈四方柱状或棱柱状，若长晶的两端都为方形截面，又称为杆状晶(rod-shaped crystals)[图3.16(d)]。野牡丹科(Melastomataceae)和皂皮树科(Quillajaceae)部分植物的树皮细胞中还含有一种大形柱晶，又称为巨晶(mega-styloids)(Ter et al.，1977；Metcalfe et al.，1950；Lersten et al.，2005)。晶砂(crystal stand)由许多细小的晶粒构成，在36个科的开花植物的枝叶中都曾观察到晶砂的存在，具有一定的物种鉴别意义(Metcalfe et al.，1983)[图3.16(e)]。

此外，除了上述几种常见形态，还存在其他形状的晶体。方晶(cubical crystals)常常大量存在于针叶树的树皮中，小型的方晶常与其他类型的晶体共存于樟科植物的树

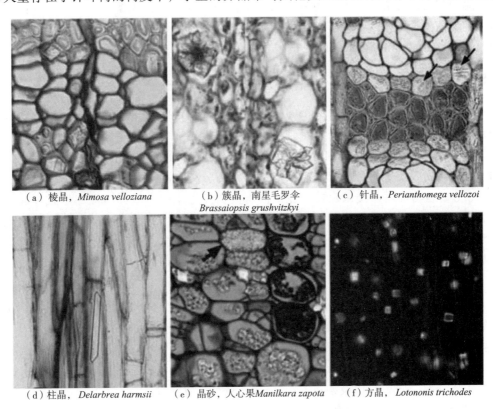

(a) 棱晶，*Mimosa velloziana*　　(b) 簇晶，南星毛罗伞　　(c) 针晶，*Perianthomega vellozoi*
　　　　　　　　　　　　　　　　Brassaiopsis grushvitzkyi

(d) 柱晶，*Delarbrea harmsii*　　(e) 晶砂，人心果*Manilkara zapota*　　(f) 方晶，*Lotononis trichodes*

图3.16　树皮组织中的晶体类型

(资料来源：IAWA，2016)

皮内［图3.16(f)］(Richter，1981)。舟状晶(navicular crystals)有时与小型的针状晶、棱晶、纺锤状晶混生，存在于紫葳科、豆科和樟科的树种中。纺锤状晶(spindle-shaped crystals)类似于拉长的菱晶(diamond-shaped crystals)，常见于樟科和部分木兰类植物中(Metcalfe，1987)。锥形晶(pyramidal crystals)类似于金字塔状，山榄科(Sapotaceae)植物树皮中的晶砂几乎全由小型的锥形晶构成(Lens et al.，2007)。片晶(tabular crystals)具有两个宽平的表面，常见于樟科树种的木质部和树皮中(Richter，1981)，有时见于木犀科部分属种的木质部中，树皮内或许也存在(Baas et al.，1988)。齿状晶(indented crystals)有时也称为孪晶(twinnted crystals)，常指多于一个的晶体局部相结合形成齿状形貌。球晶(sphaerites/sphaerocrystals)属于典型的复合晶体，由许多小晶体紧密结合而成，包含硫酸钙、安茴酰牛扁碱/菊粉(inuline)、橘皮苷(hesperidin)及其他有机沉积物。

从分布上看，不具疏导功能的韧皮部细胞内晶体的形成非常普遍，但在幼龄的植株中，晶体更多存在于皮层细胞内。晶体多存在于薄壁细胞中，例如射线薄壁细胞、轴向薄壁细胞、栓内层细胞和皮层细胞(Holdheide，1951；Esau，1969)。另一方面，晶体的形成又与树皮组织的硬化有关，含晶细胞大多紧邻韧皮纤维和石细胞，已经硬化的韧皮组织内常常有大量的晶体存在(Esau，1969)。基于晶体是植物体内产生的一种具有特殊形态结构与生理功能的代谢物，关于晶体在植物体中的作用有许多阐释，其可能的功能包括植物保护和防御，防止植食性昆虫侵害，改善组织支撑与硬度，细胞内钠、钾离子平衡，钙离子调节，重金属解毒，缓解逆境胁迫，光的聚集与反射等(Franceschi et al.，1980；2005；Nakata，2003)。

3.5.2　有机质

树皮组织的薄壁细胞中最常见的有机质为各种各样的淀粉粒，淀粉粒的鉴别可在偏光显微镜下利用消光十字来判定，也可以利用碘化钾与淀粉的显色反应来识别。作为碳水化合物最普遍的储藏形式，各植物组织细胞中的淀粉含量随着季节变化有很大的波动，因而限定了淀粉定量分析在物种鉴定与分类上的应用。大量被子植物的韧皮部中，还广泛分布着一类果聚糖，在生活着的树皮组织中一般以溶液的形式存在，若作为储藏物以粒状存在于薄壁细胞时，与淀粉粒非常相似，在偏光显微镜下观察也具有明显的消光十字(Joaquim et al.，2014)，而在干燥的或经过乙醇固定的组织内会以球晶的形式析出。淀粉与果聚糖之一的菊粉的区别，也可以参考碘化钾显色反应，前者呈现亮紫色，后者主要是褐色。

筛管分子中由P-质体(P-plastid)构成的蛋白晶也属于有机质沉积物的一种，经固定处理的试样在透射电镜下可观察到细小的方形或纺锤状的蛋白晶(Behnke，1991)，对物种鉴别与分类具有一定的价值。此外，树皮细胞中的有机质沉积物还有黄酮类(flavone)，包括橘皮苷(hesperidin)和香叶木苷(diosmin)等，配糖类(glycoside)，例如黑芥子硫苷酸(myrosin)以及胡萝卜素(carotene)等。树皮组织中大量存在的次生代谢物通常以溶液的形式存在，在组织干燥或经固定处理后会以晶体的形式沉淀。因为含有种类丰富、功能多样的次生代谢物，树皮在轻工、医药等领域有着非常良好的开发利用前景和重要的经济价值。

3.6 分泌细胞与分泌组织

树皮中含有的种类多样的次生代谢物储存在特殊的组织或细胞中,例如胞间道、乳胶管等,此类组织与细胞在植物皮层、栓内层、次生韧皮部中的形态、分布,因植物科属的不同而各具特点,在物种鉴定与分类上具有很高的参考价值。除了正常形成的分泌组织,植物对各种外源刺激的应答响应,会在树皮内形成创伤性分泌组织,所产生的分泌物例如树脂、树胶、单宁等,往往是重要的工业和医药原料。

3.6.1 分泌细胞

分泌细胞(secretory cells)是一类特殊的能够合成和富集油类、黏液类或单宁类分泌物的薄壁细胞的统称。分泌细胞通常依据所含有的内含物成分来分类,然而每类分泌细胞中的内含物往往是多种成分的集合。此外,此处所涉及的分泌细胞不包括胞间道内的泌脂和泌胶上皮细胞。

分泌细胞内含有挥发油或黏液时,分别称为油细胞(oil cells)[图3.17(a)]或黏液细胞(mucilage cells)[图3.17(b)],通常具有膨大的形体,略呈圆形,轴向稍长,油细胞的胞壁常具有栓质层(suberized layer)(Fahn,1979),黏液细胞的黏液中常含有针晶(raphide crystals)(Evert,2006)。油细胞在番荔枝科、蜡梅科(Calycanthaceae)、樟科、木兰科、肉豆蔻科(Myristicaceae)、林仙科(Winteraceae)的植物中很常见。黏液细胞则广泛分布于锦葵科、仙人掌科(Cactaceae)、刺戟木科(Didiereaceae)、龙脑香科(Dipterocarpaceae)、鼠李科及榆科的树种中(Fahn,1979)。其中,锦葵科和榆科植物中含有的黏液细胞团常因彼此融合连通,在树皮中形成黏液腔或黏液道(Bakker et al.,1991)。在木兰类植物的树皮中,油细胞与黏液细胞常常共存,间杂分布在一起(Gregory,1985;Bakker et al.,1991)。上述这些科属的植物由于富含分泌细胞及挥发性成分,往往也是重要的香料植物。

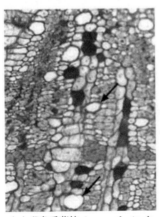
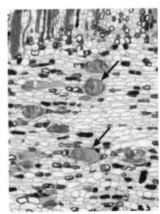

(a) 秘鲁番荔枝 *Annona cherimola*　　(b) *Sterculia laurifolia*

图3.17　油细胞与黏液细胞

(资料来源:IAWA,2016)

当薄壁细胞含有单宁时称为单宁细胞(tannin cells)(图3.18)。单宁是一类水溶性酚类化合物,颜色棕褐,与香草醛—盐酸反应时呈深棕色或深红色(Gardner,1975),

广泛存在于景天科（Crassulaceae）、杜鹃花科（Ericaceae）、豆科、壳斗科、桃金娘科、蔷薇科（Rosaeae）、葡萄科植物的韧皮部或皮层细胞中。当植物韧皮部或皮层细胞开始衰老，或因为一些原因死亡时，细胞中的酚类物质受到氧化颜色加深，此时，含有这些着色内含物的细胞不再被称为单宁细胞，而简称为具着色内含物的分泌细胞。

　　黑芥子酶细胞（myrosin cells）的液泡中含有黑芥子酶（myrosinase），通过水解硫代葡萄糖苷（thioglucosides）释放出芥末油，由于形态和尺度的多样化，黑芥子酶细胞在以薄壁细胞为基本组织的树皮中辨识度很高（Fahn，1979）。目前，关于黑芥子酶细胞在树皮中的发生频率和分布类型的资料非常有限，仅知它是双子叶植物十字花目（Brassicales）中十字花科、白花菜科（Capparidaceae）、木樨草科（Resedaceae）和辣木科（Moringaceae）植物的典型特征。细胞中的黑芥子酶可以通过与苔红素—盐酸、Miller试剂或乳酸酚苯胺蓝的特征反应进行鉴别。

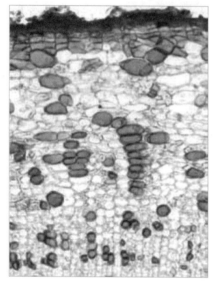

图 3.18　单宁细胞（*Hypocalyptus oxalidifolius*）
（资料来源：IAWA，2016）

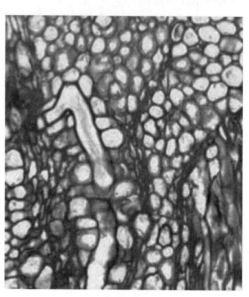

图 3.19　乳胶管（*Artocarpus integer*）
（资料来源：IAWA，2016）

3.6.2　分泌组织

　　乳胶管（laticifers）是一种长管状细胞或长管状细胞的集合体，管内含有呈水样悬浮液状的乳胶，具有化学组成各异的乳胶粒（图 3.19）。例如，当乳胶液含有聚异戊二烯烃粒子时，就是人们常称的橡胶和古塔胶（gutta percha）（Fahn，1979）。至少有 20 个科的植物拥有关于乳胶管的记载（Metcalfe et al.，1983），最常见的树种主要分布于夹竹桃科、菊科、大戟科和桑科。由单独的长管状细胞构成的乳胶管，常见于夹竹桃科、大戟科和桑科的植物，然而大戟科的树种中也兼具带分枝及形成交联网状结构的乳胶管，例如橡胶树属（*Hevea*）（Fahn，1979）。

　　由富含单宁的长管状细胞单独构成，或数个长管状细胞相连形成的组织称为单宁管（tanniniferous tubes）。次生木质部中的单宁管仅见于肉豆蔻科植物的木射线组织（IAWA，2016）和一小部分榆科、豆科的树种中（Zhong et al.，1992；Stepanova et al.，2013）。韧皮部中的单宁管通常也位于射线组织内，例如肉豆蔻科的肉豆蔻（*Myristica fragrans*)(Parameswaran et al.,1970)。

树皮中的胞间道由特殊的具分泌功能的单层或多层上皮细胞组成。胞间道的产生与发展可通过三种途径，分别为①溶生(lysigenous)，即由细胞的消溶而形成；②裂生(schizogenous)，即由细胞复合胞间层的分离和扩张形成；③溶生—裂生(schizo-lysigenous)，即由上述两种过程的结合而形成。但是当胞间道已经扩张，上皮细胞沿着孔道开始分化后，要严格区分胞间道的形成方式是非常困难的。胞间道中分泌物的化学组成相当复杂，当含有树脂时称为树脂道(resin ducts)(图3.20)，多见于针叶树，但在被子植物的一些科属，例如，漆树科、伞形科(Apiaceae)、五加科和橄榄科(Burseraceae)植物的树皮中，也可以见到树脂道的存在。

当含有树胶时，胞间道称为树胶道(gum ducts)(图3.21)，由于树胶本身是一个很宽泛的概念，按照这一定义，使树胶道有时不免会与其他含黏液的管道(mucilage canals)难以区分，后者的黏液大多为聚糖。但是，从细胞构成上看，树胶道与黏液管道的不同之处在于，树胶道含有明显的上皮细胞，而黏液管道有时不具此细胞。从起源上来区分，树胶道包括正常树胶道和创伤树胶道两类，后者可见于豆科的儿茶属(*Senegalia*)和金合欢属(*Acacia*)植物的树皮。

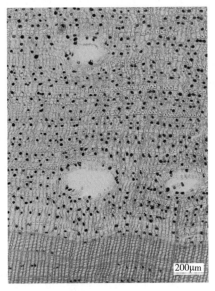 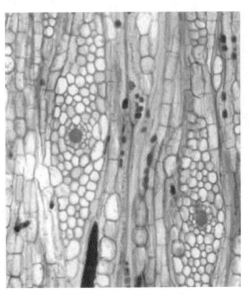

图3.20　树脂道(圆柏 *Juniperus chinensis*)　　图3.21　树胶道(*Commiphora harveyi*)

(资料来源：IAWA，2016)

Kino管(kino veins)是一种很特殊的创伤性胞间道，内含被称为Kino的深红色聚酚类物质，其中有些是单宁，过去曾把此类内含物划归为树胶一类。Kino管可见于桃金娘科的桉属部分植物的树皮中(Tippett，1986)。树皮和木质部中的Kino管均由薄壁组织带的溶生过程而产生，在植株内形成致密的弦向交联的网状结构(Rvert，2006)。

第 4 章
木材的宏观构造

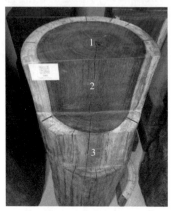

1—横切面；2—径切面；3—弦切面。

图 4.1 甘蓝豆(*Andira* sp.)的三切面图

用肉眼、借助 10 倍放大镜或体式显微镜，所能观察到的木材构造称为木材的宏观构造。木材的主要宏观特征是其结构特征，它们在遗传上相对稳定，主要包括心材和边材、生长轮、早材和晚材、管孔、轴向薄壁组织、木射线、胞间道等。

如图 4.1 所示，木材的构造从不同的切面观察，表现出不同的特征。横切面是与树干长轴相垂直的切面，也即端面或横截面，在这个切面上，可以观察到木材的生长轮、心材和边材、早材和晚材、木射线、薄壁组织、管孔、胞间道等特征，是木材识别的重要切面。径切面是顺着树干长轴方向，通过髓心与木射线平行或与生长轮相垂直的纵切面，在这个切面上可以观察到相互平行的生长轮或生长轮线、边材和心材的颜色、导管或管胞沿纹理方向的排列、木射线等特征。弦切面是顺着树干长轴方向，与木射线垂直或与生长轮相平行的纵切面。在弦切面上生长轮呈抛物线状，可以测量木射线的高度和宽度。在木材加工中通常所说的径切板和弦切板，与上述的径切面和弦切面是有区别的。在木材生产和流通中，以横切面为参照，将板宽面与生长轮之间的夹角在 45°~90°的板材，称为径切板；将板宽面与生长轮之间的夹角在 0°~45°的板材，称为弦切板。

4.1 边材与心材

木质部中靠近树皮且颜色较浅的外环部分称为边材（图 4.2）。在成熟树干的任意高度上，处于树干横切面的边缘，靠近树皮一侧的木质部，在生成后最初的数年内，薄壁细胞是有生理机能的，能够参与水分、矿物质的运输，光合产物的贮藏与转化等活动。属于边材的木质部宏观结构差异不大，执行着木质部多样化的生理机能，并且在径向通过形成层维持着与树皮的联系。心材是指髓心与边材之间，通常颜色较深的木质部（图 4.2）。心材的细胞已失去生机，尤其是薄壁细胞中储藏的养分等，经由一系列生物化学反应，转变成具有颜色或色浅的内含物沉积于细胞内。因此，树木随着径向

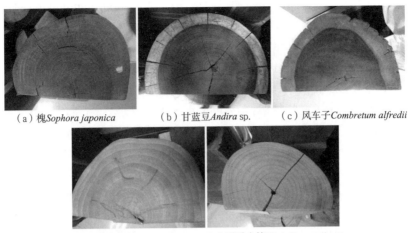

(a) 槐 *Sophora japonica*　　(b) 甘蓝豆 *Andira* sp.　　(c) 风车子 *Combretum alfredii*

(d) 广东冬青 *Ilex kwangtungensis*　(e) 醉香含笑 *Michelia macclurei*

图 4.2　木材的心材与边材

生长的不断增加和木材的成熟，心材逐渐加宽，并且颜色有可能发生变化。

边材到心材的转化是一个复杂的生物化学过程。边材的薄壁细胞在枯死之前有一个非常旺盛的活动期，淀粉被消耗，在管孔内生成侵填体，单宁增加，其结果是薄壁细胞在死亡的同时单宁成分扩散，木材着色变为心材。在这个过程中，活细胞死亡，细胞腔出现单宁、色素、树胶、树脂以及碳酸钙等沉积物，水分输导系统阻塞，材质变硬，密度增大，渗透性降低，耐久性提高。

边材的颜色通常较浅，而心材的颜色根据其抽提物种类的不同和含量的多少呈现出不同的类别，有褐色或深褐色、红色或暗红色、黄色或深黄色、浅色（白色、奶油色、灰色等）、紫色或暗紫色等。针叶树心材的颜色通常为褐色、红色、黄色和白色，或者这些颜色的深浅变化以及混合色，很难将其一一界定。心材为白色、灰色和褐色的树种非常常见，红色和黄色的树种较少，深橘黄色的树种，例如黄杉属（*Pseudotsuga*）或暗褐色（如日本柳杉）则很少。生材的心材颜色与气干材的不同，在干燥过程中，一些内含物在脱水过程中发生聚合，随后受到光照和氧化作用，木材颜色会发生变化，因此，木材颜色应依照木材干燥后新刨切的纵切面来确定。

具有特殊颜色的木材，如红豆杉属（*Taxus*）的木材为巧克力褐色、北美红杉和南国柏（*Fitzroya cupressoides*）为深红褐色；北美圆柏（*Juniperus virginiana*）和北美翠柏（*Calocedrus decurrens*）为紫褐色；黄扁柏（*Chamaecyparis nootkatensis*）、罗汉柏（*Thujopsis dolabrata*）、榧树（*Torreya* sp.）呈黄色；松树、落叶松和黄杉（*Pseudotsuga* sp.）呈黄褐色，后两者也经常呈橘黄至深红色。浅色的木材，其颜色可以用白色（至灰色）和褐色或黄色的混合色进行记载，例如云杉、冷杉、铁杉（*Tsuga* sp.）等。

心材和边材的颜色差异主要分为颜色相近和颜色差异明显两大类。大多数针叶树的心材与颜色较浅的边材明显不同，例如北美红杉、南国柏、刺柏属（*Juniperus*）、松属、花旗松、红豆杉等。少数针叶树的心材比边材颜色略深，例如阿拉斯加云杉（*Picea sitchensis*），但仍可明显区分。还有一些针叶树例如冷杉属、云杉属、某些铁杉属树种、黄扁柏的心材与边材颜色相近。针叶树心材具有彩色条纹的树种不是很普遍，例如，深红褐色至橘黄色、褐色条纹是罗汉松科的桃柘罗汉松（*Podocarpus totara*）和 *Dacrydium nausoriense*、南洋杉科(Araucariaceae)的巴西南洋杉(*Araucaria angustifolia*)的特征。

在木材加工与利用中，通常根据心边材的颜色、立木中心与边材的含水率差异，将木材分为心材树种、边材树种和熟材树种三类：

(1)心材树种：心边材颜色区别明显的树种叫心材树种(即显心材树种)，如图4.2(a)、(c)所示。常见于松属、落叶松属、红豆杉属、柏属(*Cupressus*)等针叶树；天马棟(*Entandrophragma* sp.)、水曲柳(*Fraxinus mandschurica*)、桑树(*Morus alba*)、苦树(*Picrasma quassioides*)、檫木(*Sassafras tzumu*)、漆树(*Toxicodendron* sp.)、栎树、蚬木(*Excentrodendron hsienmu*)、刺槐、香椿(*Toona sinensis*)、榉树(*Zelkova* sp.)等阔叶树。它们之中有的心边材颜色区别十分显著，具有明显的分界线，称为心边材急变，有的材色过渡缓慢，称为心边材缓变。

(2)边材树种：心边材颜色和含水率无明显区别的树种叫边材树种，如图4.2(d)、(e)所示。常见于桦树、椴树、桤树(*Alnus* sp.)、杨树及槭树(*Acer* sp.)等阔叶树。

(3)熟材树种(隐心材树种)：心边材颜色无明显区别，但在立木中心的含水率较低。例如，云杉属、冷杉属、山杨(*Populus davidiana*)、水青冈(*Fagus longipetiolata*)等。

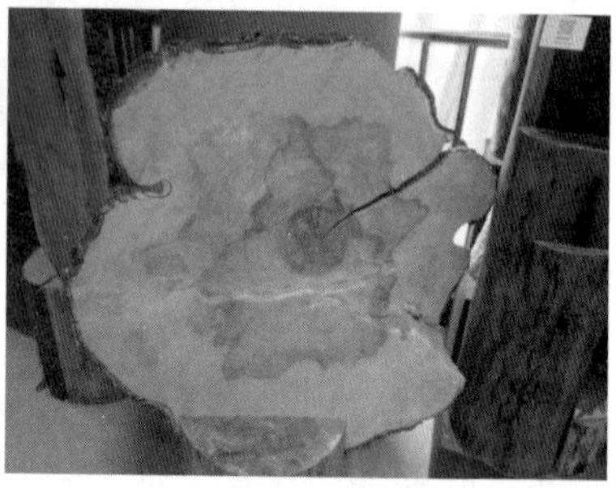

图4.3 伪心材
(银杏 *Ginkgo biloba*)

有些边材树种或熟材树种，由于受到真菌的侵害，树干中心部分的材色会变深，类似于心材，但在横切面上其边缘不规则，色调也不均匀，这部分木材被称为假心材或伪心材(图4.3)。在国产阔叶树中常见于桦木属(*Betula*)、杨属(*Populus*)、柳属(*Salix*)、槭属(*Acer*)等树种。另有有些心材树种，例如圆柏(*Juniperus chinensis*)，部分心材由于真菌危害，偶尔出现材色浅的环带，与内含边材很相似，应注意区别。

4.2 生长轮

通过形成层的分裂活动，在一个生长周期中所产生的次生木质部，在横切面上呈现一个围绕髓心的完整轮状结构，称为生长轮或生长层，如图4.2(d)、(e)所示。温带和寒带的树木在一年里仅有一个生长季，形成层向内分生的次生木质部仅形成一环，因而其生长轮又称为年轮。但在热带，一年间的气温变化较小，四季不分明，树木在一年中几乎可以不间断地生长，形成层的活动与休眠仅与雨季和旱季的交替有关，故而一年中可能形成几个生长轮。

生长轮在不同的切面上呈现不同的形状。多数树种的生长轮在横切面上呈同心圆状[图4.2(d)、(e)]，例如，杉木、红松(*Pinus koraiensis*)等。少数树种的生长轮为不规则波浪状[图4.4(a)]，例如，小叶鹅耳枥(*Carpinus turczaninowii*)、红豆杉、榆树等，蚬木的横切面上会呈现类似鲑壳的环纹。这类树种的生长轮在横切面上的特殊形状，是对其进行识别的特征之一。生长轮在径切面上呈现平行的条状[图4.4(b)]，在弦切面上则多呈现V形或抛物线形的花纹[图4.4(c)、(d)]。

树木在生长季节内，由于受菌虫危害、霜、雹、火灾、干旱、气候突变等的影响，生长中断，经过一定时期以后，生长又重新开始，在同一生长周期内，形成两个或两

(a) 不规则波浪状，米槠 *Castanopsis carlesii*

(b) 平行条状，*Loxopterygium sagotii*

(c) V形或抛物线形，*Loxopterygium sagotii*

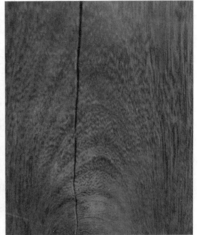
(d) V形或抛物线形，*Vouacapoua americana*

图 4.4　生长轮的不同形态

个以上的生长轮，这种生长轮被称作假年轮或伪年轮（false ring）（图 4.5）。假年轮的界线不像正常年轮那样明显，往往难以形成完整的圆环。杉木、柏木（*Cupressus funebris*）、马尾松（*Pinus massoniana*）常出现假年轮。

生长轮的界限分为：生长轮界明显［图 4.2（d）、（e），图 4.3］和生长轮界不明显或缺乏［图 4.2（a）~（c）］两类。生长轮界明显指在生长轮交界处具有明显的结构变化，

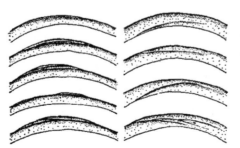
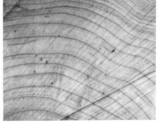

图 4.5　假年轮

肉眼观察可见这种结构变化常伴随着早材（浅色）和晚材（深色）间颜色的明显差异。生长轮界不明显或缺乏指生长轮交界处的界限不清楚，结构特征具有明显的渐变性，或差异不可见。温带和寒带的木材通常具有明显的生长轮界，热带地区的树种生长轮界通常不明显或缺乏，亚热带或热带高海拔地区的树种，或多或少都具有明显的生长轮界（Schweingruber，1990），例如，针叶树中罗汉松科的陆均松属（*Dacrydium*）和罗汉松属（*Podocarpus*）树种。此外，在热带地区生长的人工林松属的幼树，例如，加勒比松和*Pinus merkusii*，其生长轮界无论从宏观还是微观结构上都难以辨认。对于阔叶树而言，以下几种情况通常为生长轮界限明显的例子：①生长轮中早材的木纤维为薄壁而晚材的木纤维为厚壁的树种，例如，合椿梅科（Cunoniaceae）的 *Weinmannia trichosperma*、樟科的月桂。②生长轮中早晚材管孔的尺寸有明显区别的环孔材和半环孔材树种，例如，胡桃科的胡桃（*Juglans regia*）、榆科的 *Ulmus procera*。③具有轮界状轴向薄壁组织的树种，例如，番荔枝科的 *Xylopia nitida*、苏木科（Caesalpiniaceae）的 *Brachystegia laurentii*、胡桃科的胡桃、木兰科的北美鹅掌楸（*Liriodendron tulipifera*）。

4.3　早材与晚材

形成层的活动受季节影响很大，温带和寒带的树木在一年的早期形成的木材，或热带的树木在雨季形成的木材，由于环境温度高，水分供应足，细胞分裂速度快，细胞壁薄，形体较大，材质较松软，材色浅，被称为早材（图4.6）。到了温带和寒带的秋季或热带的旱季，树木的营养物质流动缓慢，形成层细胞的活动逐渐减弱，细胞分裂速度变慢并逐渐停止，形成的细胞腔小而壁厚，材色深，组织较致密，被称为晚材（图4.6）。在一个生长季节内，由早材和晚材共同组成的一轮同心圆状生长层，即为生长轮或年轮。

对针叶树而言，同一个生长轮内早材至晚材的过渡通常呈现出明显的结构变化，即管胞细胞壁厚度和径向直径的改变。早材管胞细胞壁薄且胞腔较宽，而晚材管胞细胞壁厚且径向直径较小。早材至晚材的过渡形式可分为急变和渐变。前者指早材至晚材的结构变化是急骤的，界限较为分明的，后者指早材至晚材的结构变化是逐渐地、和缓地进行的。具有急变特征（在同一生长轮内）的针叶树主要是一些硬木松类，例如落叶松、黄杉、铁坚油杉（*Keteleeria davidiana*）（Core et al.，1979）。其他大多数具有明显的生长轮界的针叶树在同一生长轮内，早材至晚材的变化多为渐变式。

针叶树松属中的硬松木类和软松木类，可根据早晚材细胞的过渡状态来区分，早晚材细胞过渡为急变者属于硬松木类[图4.6(a)]，早晚材细胞过渡为渐变者属于软松木类[图4.6(b)]。但注意的是，本特征作为树种识别依据具有一定的局限性，因为在同一试样中可能具有渐变和急变两种过渡形式。例如，云杉属的树种通常是渐变，但有时在特殊的生长条件下（气候变化、间伐周期等），也会有早晚材急变的情况发生（Krause et al.，1992）。落叶松属和黄杉属的树种在大多数情况下，同一生长轮内的早晚材属于急变过渡，但也有可能产生渐变过渡，特别是在速生树木的宽生长轮中。此外，同一生长轮内早晚材的过渡形式也受到应力木、伪生长轮和木材水淹状况的影响。对于那些由于径向生长缓慢，而形成的极窄生长轮，通常不能作为判断早晚材过渡是

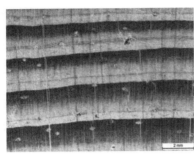 

(a) 早晚材急变，云南松 *Pinus yunnanensis*　　(b) 早晚材渐变，贝壳杉 *Agathis* sp.

图 4.6　早材与晚材

渐变还是急变的可靠依据。来自老龄林分的北美红杉、北美乔柏（*Thuja plicata*），铁杉（*Tsuga heterophylla*）和花旗松的观察结果显示，很难准确判断这些样本早晚材的过渡形式。

晚材在一个生长轮中所占的比率被称为晚材率。晚材率的大小可以作为衡量针叶树和阔叶树环孔材强度大小的标志。树干横切面上的晚材率，自髓心向外逐渐增加，但达到最大限度后便开始降低。在树干高度上，晚材率自下向上逐渐降低，但到达树冠区域便停止下降。

4.4　管　孔

导管是绝大多数阔叶树所具有的中空状轴向输导组织，在横切面上可以看到许多大小不等的孔眼，称为管孔。在纵切面上导管呈沟槽状，叫导管线。导管的直径大于其他细胞，可以凭肉眼或放大镜在横切面上观察到导管，管孔通常是圆形或卵圆形的，因而具有导管的阔叶树又被称为有孔材。但有少数特殊的阔叶树，例如，昆栏树科（Trochodendraceae）、无油樟科（Amborellaceae）、林仙科的树种，在宏观下观察不到管孔的存在。对大多数常见树种而言，管孔的有无是区别阔叶树和针叶树的重要依据之一。管孔的分布、排列、组合、大小、数目和内含物是识别阔叶树的重要依据。

4.4.1　管孔的分布

管孔的分布指早晚材管孔在横切面上一个生长轮内的大小及变化情况，管孔分布包括以下三种类型：

(1) 散孔材：在一个生长轮内早晚材管孔的大小没有明显区别，分布也比较均匀[图4.7(a)]。例如，西桦（*Betula alnoides*）、杨树、椴树、冬青（*Ilex* sp.）、木荷（*Schima* sp.）、蚬木、木兰（*Magnolia* sp.）、槭树等。

(2) 半散孔材（半环孔材）：在一个生长轮内，早材管孔比晚材管孔大，从早材至晚材管孔大小逐渐变化，早晚材管孔间的界线不明显[图4.7(b)]。例如，胡桃、樟（*Cinnamomum camphora*）、黄杞（*Engelhardtia roxburghiana*）、胡桃楸（*Juglans mandshurica*）、枫杨（*Pterocarya stenoptera*）等。

(3) 环孔材：在一个生长轮内，早材管孔比晚材管孔大得多，并沿生长轮呈环状排成一至数列[图4.7(c)]。常见于栗属（*Castanea*）、栎属、桑属、榆属（*Ulmus*）的树种。

 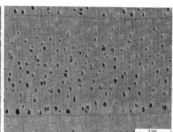 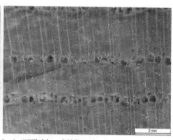

(a) 散孔材，西桦*Betula alnoides*　　(b) 半散孔材（半环孔材），胡桃*Juglans regia*　　(c) 环孔材，刺楸*Kalopanax septemlobus*

图 4.7　管孔的分布

例如，刺楸（*Kalopanax septemlobus*）、麻栎（*Quercus acutissima*）、刺槐、山合欢（*Albizia kalkora*）、檫树等。

4.4.2　管孔的排列

管孔的排列指管孔在木材横切面上呈现出的排列方式。管孔的排列用于对散孔材的整个生长轮、环孔材晚材部分的特征进行描述。管孔排列包括以下四种类型：

(1) 星散状：在一个生长轮内，管孔大多数为单管孔或短径列复管孔，呈均匀或比较均匀的分布，无明显的排列方式[图 4.8(a)]，例如亮叶桦（*Betula luminifera*）。

(2) 径列：管孔组合成径向的长列或短列，与木射线的方向一致。当管孔径向排列，似溪流一样穿过几个生长轮，又称为溪流状（辐射状）径列[图 4.8(b)]，例如滇青冈（*Cyclobalanopsis glaucoides*）。

(3) 斜列：管孔组合成斜向的长列或短列，与木射线的方向成一定角度。通常有"人"字形[图 4.8(c)]例如玉檀木（*Bulnesia* sp.）、火焰状[图 4.8(d)]例如扁刺锥（*Castanopsis platyacantha*）、树枝状（交叉状、鼠李状）例如鼠李（*Rhamnus davurica*）等。

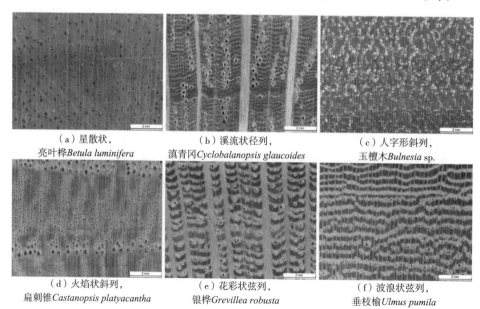

(a) 星散状，亮叶桦*Betula luminifera*　　(b) 溪流状径列，滇青冈*Cyclobalanopsis glaucoides*　　(c) 人字形斜列，玉檀木*Bulnesia* sp.

(d) 火焰状斜列，扁刺锥*Castanopsis platyacantha*　　(e) 花彩状弦列，银桦*Grevillea robusta*　　(f) 波浪状弦列，垂枝榆*Ulmus pumila*

图 4.8　管孔的排列

(4)弦列：在一个生长轮内，管孔沿弦向排列，略与生长轮平行或与木射线垂直。当绝大多数管孔成数列链状，沿生长轮方向排列，并且在两条宽木射线间向髓心凸起，管孔的一侧常围以轴向薄壁组织层，又称为花彩状（切线状）弦列[图4.8(e)]，例如山龙眼（*Helicia* sp.）、银桦（*Grevillea robusta*）。当管孔几个一团，连聚成波浪形或倾斜状，略与生长轮平行，呈切线状的弦向排列，又称为波浪状（榆木状）弦列[图4.8(f)]，例如榆树、榉树等。

4.4.3 管孔的组合

管孔组合指相邻管孔的连接形式，常见的管孔组合有以下四种类型：

(1)单管孔：一个管孔周围完全被其他细胞（轴向薄壁细胞或木纤维）所包围，各个管孔单独存在，和其他管孔互不相连[图4.9(a)]。常见于壳斗科、山茶科（Theaceae）、金缕梅科（Hamamelidaceae）、木麻黄科（Casuarinaceae）的一些树种，例如翅果麻（*Kydia calycina*）。

(2)径列复管孔：两个或两个以上管孔相连成径向排列，除了在两端的管孔仍为圆形外，在中间部分的管孔为扁平状[图4.9(b)]。例如，胡桃、枫杨、杨树、槭树、冬青、椴树、黑桦（*Betula dahurica*）等。

(3)管孔链：一串相邻的单管孔，呈径向排列，每个管孔仍保持原来的形状[图4.9(c)]。例如，铁线子（*Manilkara hexandra*）、冬青、油桐（*Vernicia fordii*）、山榄（*Planchonella obovata*）等。

(4)管孔团：多数管孔聚集在一起，组合不规则，在晚材内呈团状[图4.9(d)]。例如，榆树、臭椿（*Ailanthus altissima*）、桑树（*Morus* sp.）等。

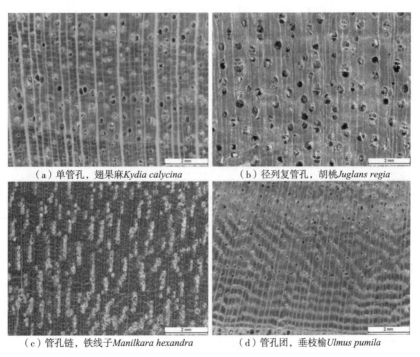

(a) 单管孔，翅果麻*Kydia calycina*　　(b) 径列复管孔，胡桃*Juglans regia*

(c) 管孔链，铁线子*Manilkara hexandra*　　(d) 管孔团，垂枝榆*Ulmus pumila*

图4.9　管孔的组合

4.4.4 管孔的大小

在横切面内,绝大多数导管的形状为椭圆形,椭圆形的径向直径大于弦向直径,并且在树干内不同的部位,其形状和直径有所变化。导管的大小作为阔叶树材的重要特征,是阔叶树材宏观识别的依据之一。管孔大小以弦向直径为准,分为以下五级:

(1)极小:管孔弦向直径小于0.1mm,肉眼下不可见至略可见,放大镜下不明显至略明显,木材结构甚细,例如,木荷(*Schima superba*)、欧洲卫矛(*Euonymus europaeus*)、黄杨(*Buxus sinica*)、山杨、樟、桦树、部分桉树(*Eucalyptus* sp.)。

(2)小:管孔弦向直径0.10~0.20mm,肉眼下可见,放大镜下明晰,木材结构细,例如楠木(*Phoebe* sp.)。

(3)中:管孔弦向直径0.20~0.30mm,肉眼下易见至略明晰,结构中等,例如胡桃、黄杞。

(4)大:管孔弦向直径0.30~0.40mm,肉眼下明晰,木材结构粗,例如檫木、桉(*Eucalyptus robusta*)。

(5)极大:管孔弦向直径大于0.40mm,肉眼下很明显,木材结构甚粗,例如白花泡桐(*Paulownia fortunei*)、麻栎。

4.4.5 管孔的数目

对于散孔材,在横切面上单位面积内管孔的数目,对木材识别也有一定帮助,可分为以下等级:

(1)甚少:每10mm^{2}内少于12个,例如榕树(*Ficus retusa*)。
(2)少:每10mm^{2}内12~30个,例如黄檀(*Dalbergia* sp.)。
(3)略少:每10mm^{2}内30~65个,例如胡桃。
(4)略多:每10mm^{2}内65~125个,例如小叶鹅耳枥。
(5)多:每10mm^{2}内125~250个,例如桦树、赤杨叶(*Alniphyllum fortunei*)。
(6)甚多:每10mm^{2}内多于250个,例如小叶黄杨(*Buxus sinica* var. *parvifolia*)。

4.4.6 管孔内含物

管孔内含物是指管孔内的侵填体、树胶或其他无定形沉积物,例如各类矿物质或有机沉积物等。

(1)侵填体:在某些阔叶树的心材导管中,常含有一种泡沫状的填充物,称为侵填体。在纵切面上,管孔内的侵填体常呈现亮晶晶的光泽(图4.10)。具有侵填体的树种很多,但只有少数树种比较发达,例如,刺槐、多穗石栎(*Lithocarpus polystachyus*)、山合欢、槐(*Sophora japonica*)、檫木、麻栎、石梓(*Gmelina chinensis*)、胭脂(*Artocarpus tonkinensis*)等。管孔中侵填体的有无或多少,可以帮助识别树种。侵填体多的树种,因管孔被堵塞,降低了气体和液体在木材中的渗透性,木材的天然耐久性提高,但同时也难以进行浸渍处理和药剂蒸煮处理。

(2)树胶和其他沉积物:树胶与侵填体的区别是,树胶不像侵填体那样有光泽,呈无定形的褐色或红褐色的块状、团状(图4.11)。常见于楝科(Meliaceae)、豆科、蔷薇

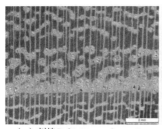 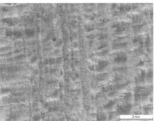 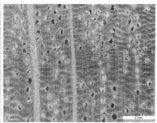

(a) 刺槐 *Robinia pseudoacacia*　　(b) 刺槐 *Robinia pseudoacacia*　　(c) 多穗石栎 *Lithocarpus polystachyus*

图 4.10　管孔内的侵填体

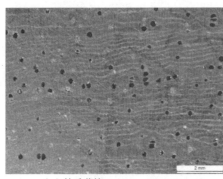 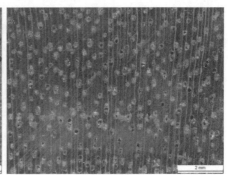

(a) 檀香紫檀 *Pterocarpus santalinus*　　(b) 香脂豆 *Myroxylon* sp.

图 4.11　管孔内的树胶

科的树种，例如，檀香紫檀（*Pterocarpus santalinus*）、香脂豆（*Myroxylon* sp.）、香椿。皂荚（*Gleditsia sinensis*）心材的导管中有丰富的淡红色沉积物，而北美肥皂荚（*Gymnocladus dioica*）的导管中则没有，掌握这一区别有助于对相似的木材进行识别与鉴定。

矿物质或有机沉积物为某些树种所特有，例如在柚木、桃花心木（*Swietenia* sp.）、胭脂的导管中常含有白垩质的沉积物。在柚木中，这些沉积物属于磷酸钙沉积物。木材加工时，这些物质容易磨损刀具，但它提高了木材的天然耐久性。

4.5　射线组织

在木材横切面上，有许多颜色较浅，从髓心向树皮方向呈辐射状排列的组织，称为木射线。木射线是树木的横向组织，起横向输送、分配和贮藏养料的作用。针叶树的木射线通常很细，在肉眼及放大镜下不易辨认，对木材的宏观识别没有太大贡献。然而木射线的宽度、高度和数量等特征，在阔叶树的不同树种中有明显区别，是识别阔叶树的重要特征之一。

同一条木射线在木材的不同切面上，会呈现出不同的形态。在横切面上木射线呈辐射条状，显示其宽度和长度；在径切面上呈线状或带状，显示其长度和高度；在弦切面上呈短线或纺锤状，显示其宽度和高度。识别木材时应结合三个切面去观察木射线的形态，观察木射线宽度和高度应以弦切面为主，其他切面为辅。

4.5.1　木射线的宽度

根据木射线的尺寸及其在肉眼下的明显度，主要分为以下几个等级：
（1）细木射线：宽度小于 0.10mm，肉眼下几乎不可见，木材结构细，常见于针叶树和一部分阔叶树，例如，银杏、杉木、桉树、杨树、柳树(*Salix* sp.)、樟[图 4.12(a)]。

(2)中等木射线：宽度为 0.10~0.20mm，肉眼下比较明晰，例如冬青、毛八角枫(*Alangium kurzii*)、槭树[图 4.12(b)]。

(3)宽木射线：宽度为 0.20~0.40mm，肉眼下明晰，木材结构粗，例如山龙眼、密花树(*Rapanea* sp.)、梧桐(*Firmiana platanifolia*)、水青冈[图 4.12(c)]。

(4)极宽木射线：宽度大于 0.40mm，射线很宽，肉眼下非常明晰，木材结构甚粗，例如，桤树、青冈(*Cyclobalanopsis* sp.)、柯(*Lithocarpus* sp.)、栎树[图 4.12(d)、(e)]。

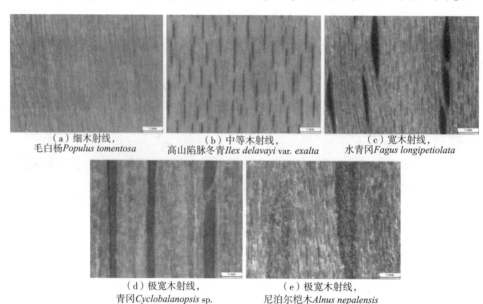

(a)细木射线，毛白杨 *Populus tomentosa*　　(b)中等木射线，高山陷脉冬青 *Ilex delavayi* var. *exalta*　　(c)宽木射线，水青冈 *Fagus longipetiolata*

(d)极宽木射线，青冈 *Cyclobalanopsis* sp.　　(e)极宽木射线，尼泊尔桤木 *Alnus nepalensis*

图 4.12　木射线的宽度等级

4.5.2　木射线的高度

木射线的高度分级如下：

(1)矮木射线：高度小于 2mm，例如黄杨、桦树。

(2)中等木射线：高度为 2~10mm，例如悬铃木(*Platanus* sp.)[图 4.12(b)]。

(3)高木射线：高度大于 10mm，例如桤树、麻栎[图 4.12(c)~(e)]。

4.5.3　木射线的数量

按照每 5mm 距离内木射线的数量，将其分级如下：

(1)少：每 5mm 内木射线的数量少于 25 条，例如西桦、鹅掌柴(*Schefflera heptaphylla*)[图 4.13(a)]。

(2)中：每 5mm 内有 25~50 条木射线，例如刺槐、樟、桦树[图 4.13(b)]。

(3)多：每 5mm 内有 50~80 条木射线，例如冬青、黄杨[图 4.13(c)]。

(4)甚多：每 5mm 内木射线的数量多于 80 条，例如 *Elaeocarpus hookerianus*、紫荆木(*Madhuca pasquieri*)、七叶树(*Aesculus chinensis*)[图 4.13(d)]。

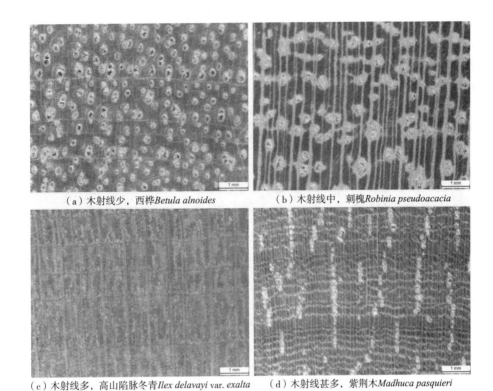

(a) 木射线少，西桦 *Betula alnoides*　　(b) 木射线中，刺槐 *Robinia pseudoacacia*

(c) 木射线多，高山陷脉冬青 *Ilex delavayi* var. *exalta*　　(d) 木射线甚多，紫荆木 *Madhuca pasquieri*

图 4.13　木射线的数量等级

4.6　轴向薄壁组织

轴向薄壁组织是由形成层纺锤形原始细胞分裂、分化而成的薄壁细胞群，即由沿树轴方向排列的薄壁细胞所构成的组织。薄壁组织是边材储存养分的生活细胞，随着边材向心材的转化，生活功能逐渐衰退，最终死亡。在木材的横切面上，薄壁组织的颜色比其他组织的颜色浅，用水润湿后更加明显。

针叶树中轴向薄壁组织通常不发达或缺乏，仅在杉木、柏木等少数树种中存在，但用肉眼和放大镜通常不易辨别，在显微镜下才能看清。但在阔叶树中，轴向薄壁组织比较发达，在横切面上的分布形式多样，是阔叶树的重要构造特征之一，它的分布类型是识别阔叶树材的重要依据。根据阔叶树中轴向薄壁组织在横切面上与导管的连生情况，将其分为离管型轴向薄壁组织（图 4.14）和傍管型轴向薄壁组织（图 4.15）两大类。

(1) 离管型轴向薄壁组织：轴向薄壁组织不依附于导管周围，因其分布形式的不同，可分为以下几种。

①星散状：在横切面上，轴向薄壁组织数量少而且零星分布，在肉眼下通常不可见。例如，桦木属、樱属（*Cerasus*）、枫香（*Liquidambar* sp.）、木荷［图 4.14（a）］。

②切线状：在横切面上，轴向薄壁组织于木射线间聚集成短的弦线，在肉眼下略明显［图 4.14（c）］。常见于大多数壳斗科的树种、木麻黄属（*Casuarina*）、胡桃等。

③轮界状：在生长轮交界处，轴向薄壁组织沿轮界线分布，呈单独一列或形成不同宽度的浅色细线［图 4.14（a）］。根据轴向薄壁组织存在部位的不同，又分为轮始型，

例如,枫杨、黄杞;轮末型,例如,木兰科和杨属的一些树种。

④带状:在横切面上,轴向薄壁组织聚集成同心圆状宽窄不一的带,导管被包围在其中,例如,铁力木(*Mesua ferrea*)、柿(*Diospyros* sp.)、黄檀、红花羊蹄甲(*Bauhinia blakeana*)、榕树[图4.14(b)、(c)]。

(a)星散状和轮界状,西桦*Betula alnoides*　　(b)带状,铁力木*Mesua ferrea*　　(c)切线状,柿*Diospyros* sp.

图4.14　离管型轴向薄壁组织

(2)傍管型轴向薄壁组织:轴向薄壁组织排列在导管周围,将导管的一部分或全部围住,并且沿发达的一侧延展,可分为以下几种。

①环管状:轴向薄壁组织围绕在导管周围,形成一定宽度的鞘,在木材横切面上呈圆形或卵圆形,例如*Piptadeniastrum africanum*、红楠(*Machilus thunbergii*)、合欢(*Albizia julibrissin*)、楹树(*Albizia chinensis*)[图4.15(a)]。

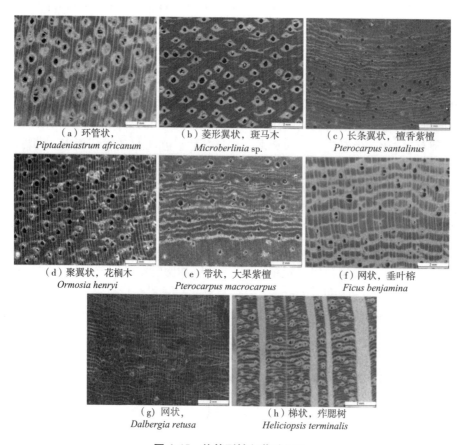

(a)环管状,*Piptadeniastrum africanum*　　(b)菱形翼状,斑马木*Microberlinia* sp.　　(c)长条翼状,檀香紫檀*Pterocarpus santalinus*

(d)聚翼状,花榈木*Ormosia henryi*　　(e)带状,大果紫檀*Pterocarpus macrocarpus*　　(f)网状,垂叶榕*Ficus benjamina*

(g)网状,*Dalbergia retusa*　　(h)梯状,痄腮树*Heliciopsis terminalis*

图4.15　傍管型轴向薄壁组织

②翼状和聚翼状：轴向薄壁组织围绕在导管周围，并向两侧呈翼状展开，在木材横切面其形状似鸟翼或眼状，例如，合欢、臭椿、白花泡桐、楝(*Melia azedarach*)。根据翼形的不同，又可分为菱形翼状[图 4.15(b)]，例如，斑马木(*Microberlinia* sp.)；长条翼状[图 4.15(c)]，例如，紫檀(*Pterocarpus* sp.)。聚翼状指翼状轴向薄壁组织互相连接成不规则的弦向带或斜向带[图 4.15(d)]，例如，花榈木(*Ormosia henryi*)、梧桐、铁刀木(*Cassia siamea*)、无患子(*Sapindus saponaria*)、皂荚。

③带状：轴向薄壁组织宽 3 个细胞以上，与导管紧密相连，并呈同心圆状排列。根据轴向薄壁组织的细胞宽度的不同，又可分为宽带状[图 4.15(e)]，例如紫檀、网状[图 4.15(f)、(g)]，例如垂叶榕(*Ficus benjamina*)、*Dalbergia retusa*、梯状[图 4.15(h)]，例如疟腮树(*Heliciopsis terminalis*)。

4.7 胞间道

胞间道是由分泌细胞围绕而成的长形细胞间隙。贮藏树脂的胞间道叫树脂道(图 4.16)，存在于部分针叶树中。贮藏树胶的胞间道叫树胶道(图 4.17)，存在于部分

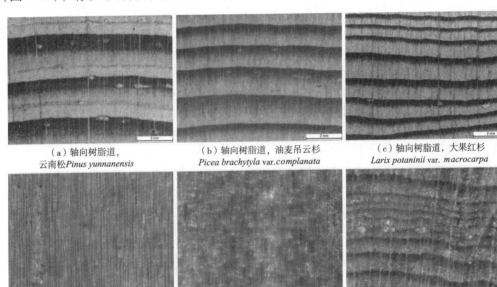

（a）轴向树脂道，
云南松 *Pinus yunnanensis*

（b）轴向树脂道，油麦吊云杉
Picea brachytyla var. *complanata*

（c）轴向树脂道，大果红杉
Larix potaninii var. *macrocarpa*

（d）轴向树脂道，
云南松 *Pinus yunnanensis*

（e）径向树脂道，
大果红杉 *Larix potaninii* var. *macrocarpa*

（f）创伤树脂道，
大果红杉 *Larix potaninii* var. *macrocarpa*

（g）创伤树脂道，
云南油杉 *Keteleeria evelyniana*

图 4.16 树脂道

阔叶树中。胞间道有轴向和径向(位于纺锤形木射线内)之分，有的树种只有一种，有的树种则两种都有。

4.7.1　树脂道

针叶树的轴向树脂道在木材横切面上，多呈星散状分布于早晚材交界处或晚材带中，常充满树脂[图4.16(a)~(c)]。在纵切面上，树脂道呈各种不同长度的深色小沟槽。径向树脂道存在于纺锤状木射线中，通常非常细小[图4.16(d)、(e)]。

具有正常树脂道的针叶树仅分布在松科的6个属中，具体包括松属、云杉属、落叶松属、黄杉属、银杉属(*Cathaya*)和油杉属(*Keteleeria*)。其中，前5个属的树种既具有轴向树脂道又具有径向树脂道，而油杉属的树种仅具有轴向树脂道。一般而言，松属树种的树脂道体积较大，且数量多，落叶松属树种的树脂道虽然大，但相对稀少，云杉属与黄杉属树种的树脂道小而少，而油杉属树种中轴向树脂道极稀少。轴向树脂道和径向树脂道通常会互相勾联，在木材中形成树脂道网。

创伤树脂道是生活的树木因受气候、损伤或生物侵袭等刺激，而形成的非正常树脂道[图4.16(f)、(g)]，常见于冷杉(*Abies fabri*)、铁杉、雪松(*Cedrus deodara*)。轴向创伤树脂道的形体较大，在木材横切面上呈弦向排列，常分布于早材带内。

4.7.2　树胶道

阔叶树的树胶道也有轴向和径向之分。东京龙脑香(*Dipterocarpus retusus*)、羯布罗香(*Dipterocarpus turbinatus*)、油楠(*Sindora glabra*)、坡垒属(*Hopea*)等阔叶树具有正常的轴向树胶道，多数呈弦向排列[图4.17(a)、(b)]，少数为单独分布，但并不像树脂道那样容易判别，且容易与小管孔混淆。漆树科的漆树属(*Toxicodendron*)、黄连木

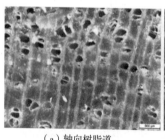
(a) 轴向树脂道，
东京龙脑香 *Dipterocarpus retusus*

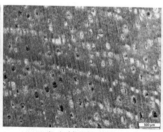
(b) 轴向树脂道，
羯布罗香 *Dipterocarpus turbinatus*

(c) 径向树脂道，
胶漆树 *Gluta* sp.

(d) 径向树脂道，
清香木 *Pistacia weinmannifolia*

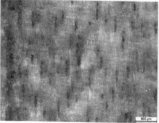
(e) 径向树脂道，
白头树 *Garuga forrestii*

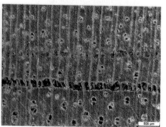
(f) 创伤树胶道，
红椿 *Toona ciliata*

图 4.17　树胶道

(*Pistacia chinensis*)、清香木(*Pistacia weinmannifolia*)、五加科的鹅掌柴，橄榄科的嘉榄属(*Garuga*)等阔叶树具有正常的径向树胶道，但在肉眼和放大镜下通常不易观察到[图4.17(c)~(e)]。

阔叶树在异样的生长条件下，通常也会形成创伤树胶道，在木材横切面上呈长弦线状排列，肉眼下可见[图4.17(f)]，例如红椿(*Toona ciliata*)、枫香、英雄花(*Bombax malabaricum*)等。

第 5 章
木材的微观构造

用显微镜观察到的木材构造被称为微观构造。木材是由各类细胞所组成，不同的树种，木材细胞的组成及排列不同，形成了各树种木材独特的解剖构造特征。解剖构造是木材识别与分类的主要依据，它对木材的化学、物理、力学性质亦有重大影响，通过开展木材构造、性质和林木生长条件的综合研究，对于指导营林措施、调控木材品质具有十分重要的意义。本章节主要介绍针叶树与阔叶树的微观构造，并在此基础上比较针叶树材与阔叶树材在组织构造上的差异。

5.1 针叶树材的微观特征

针叶树材的组织构成较为简单，解剖分子种类较少，排列相对规则。一般而言，针叶树材主要由管胞和木射线这两类细胞（组织）构成（图5.1），还有少量针叶树材具有：轴向薄壁组织和树脂道。

5.1.1 轴向组织与构成细胞

5.1.1.1 轴向管胞

广义的轴向管胞是针叶树材中沿树干主轴向排列的狭长状厚壁细胞。它包括狭义轴向管胞（简称管胞）、树脂管胞和索状管胞三类，后

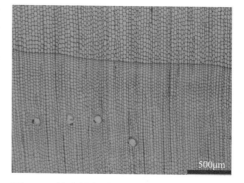

图 5.1 针叶树材横切面的细胞与组织构成
（乔松 *Pinus wallichiana*）

两者为极少数针叶树材所具有，前者为一切针叶树材都具有，是针叶树材最主要的构成细胞。以下关于轴向管胞的阐述，主要围绕狭义轴向管胞展开。

轴向管胞是针叶树材中轴向排列的厚壁细胞[图5.2(a)]，两端封闭，内部中空，细而长，细胞壁上具有具缘纹孔，同时起输导水分和机械支撑的作用，其形态与构成是决定针叶树材材性的主要因素。

（1）轴向管胞的形态特征：管胞在横切面上沿径向排列，相邻两列管胞的位置前后略交错。早材管胞的两端呈钝阔形，细胞腔大壁薄，横断面呈四边形或多边形；晚材管胞两端呈尖削形，细胞腔小壁厚，横断面呈扁平状的四边形[图5.2(b)]。

（2）轴向管胞的长度、宽度及其变异：轴向管胞的平均长度为3~5mm，晚材管胞

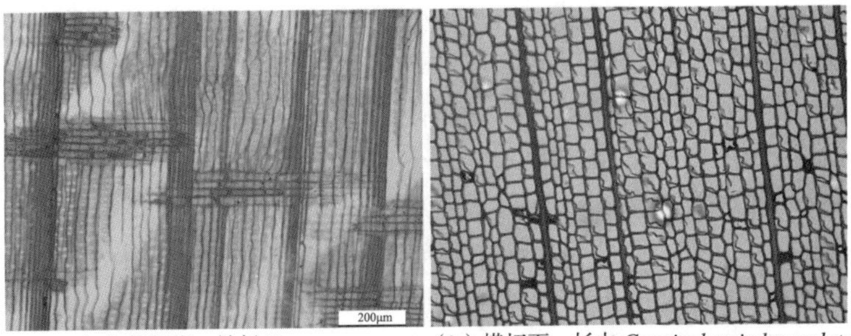

(a) 径切面，铁杉 Tsuga sp.　　(b) 横切面，杉木 Cunninghamia lanceolata

图 5.2　轴向管胞的径切面与横切面

比早材管胞长。管胞的长度可以分为以下三个等级：

①短：小于 3mm，例如欧洲红豆杉（Taxus baccata），1.55~2.25mm；

②中：3~5mm，例如欧洲落叶松（Larix decidua），1.55~2.25mm；

③长：大于 5mm，例如巴西南洋杉，5.6~9mm。

轴向管胞的平均宽度为 15~80μm，长宽比为（75~200）∶1。细胞壁的厚度由早材至晚材逐渐或迅速增加，在生长期终结前所形成的几排细胞的胞壁最厚、胞腔最小，与下一生长季开始时形成的早材管胞形成显著差异，因此针叶树材的生长轮界线均明显。早晚材管胞胞壁厚度和径向直径的变化有渐变或急变的方式，但早晚材管胞的弦向直径却几乎相等，所以测量管胞的直径以弦向直径为准。轴向管胞的弦向直径决定着木材结构的粗细，可依据此指标将木材结构分为以下三个等级：

①细结构：管胞弦向直径小于 30μm 的木材；

②中等结构：管胞弦向直径为 30~45μm 的木材；

③粗结构：管胞弦向直径在 45μm 以上的木材。

轴向管胞长度的变异幅度很大，因树种、树龄、生长环境和树木的部位而异。但这些变异也有一定规律。对不同树高部位轴向管胞长度的测量结果表明，由树基向上，管胞长度逐渐增长，至一定树高达到最大值，然后又减少。由于针叶树的成熟期有早有晚，管胞达到最大长度的树龄也不同。树木的成熟期关系到它的采伐时间和木材品质。针叶树材的轴向管胞一般在 60 年左右可达到最大长度，在此期间内管胞增长较快，以后基本保持稳定。

(3) 轴向管胞壁上的特征

①纹孔：对于针叶树材，轴向管胞间的纹孔以及轴向管胞与射线薄壁细胞间的纹孔对木材鉴别有重大意义。早材管胞的径切面上纹孔大而多，一般分布在管胞两端，通常 1 列或 2 列。弦切面上纹孔小而少，对木材识别贡献不大。晚材管胞的纹孔小而少，通常 1 列，纹孔内口呈透镜形，分布均匀，径切面、弦切面都有。总体而言，早材管胞径面壁上的具缘纹孔，在木材识别与鉴定上更具价值。

早材管胞径面壁上纹孔的排列主要有以下几种形式（图 5.3）：

a. 单列（uniseriate）：大多数针叶树材轴向管胞径面壁上的纹孔为单列。在判别管胞径面壁上纹孔的列数时，要观察管胞的全长范围，因为在具有单列纹孔的管胞径面壁上，可能会在胞壁的局部区域出现两列纹孔的分布情况[图 5.3(a)、(b)]。

b. 两列或多列（two or more seriate）：少数针叶树材轴向管胞径面壁上会出现 2 列，甚至 3 列、多列的纹孔。例如，落叶松早材管胞径面壁上的纹孔多为 2 列，3 列甚至多列的纹孔常出现在北美红杉、台湾杉(*Taiwania cryptomerioides*)、落羽杉(*Taxodium* sp.)(Core et al.,1979)和南洋杉科树种早材管胞的径面壁上。通常情况下,早材管胞径面壁上具缘纹孔为多列时,其木材结构较粗。

当早材管胞径面壁上的纹孔为两列或多列时,根据纹孔排列方式的不同,可进一步分为互列和对列两种类型[图5.3(c)~(e)]:

互列(alternate):互列纹孔式仅出现在南洋杉科的一些树种中,常见于贝壳杉属(*Agathis*)、南洋杉属(*Araucaria*)(Phillips,1948;Wollemia et al.,2002)、恶来杉属(*Wollemia*)的树种[图5.3(e)]。松科的某些树种,例如雪松(*Cedrus* sp.)和油杉(*Keteleeria* sp.),当纹孔分布较为密集时,偶尔也会呈现纹孔互列的趋势,这些树种可以通过圆形的纹孔缘及其较大的纹孔尺寸,与前述南洋杉科的树种区分开来(Phillips,1948)。

对列(opposite):对列纹孔式常见于除前述特殊的科属外,早材管胞径面壁具有多列纹孔的树种中。例如松科的落叶松和柏科的部分树种,包括北美红杉、台湾杉和落羽杉属(*Taxodium*)的树种[图5.3(c)、(d)]。

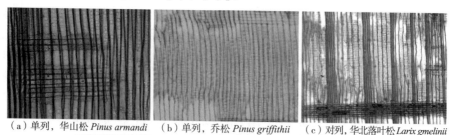

(a)单列,华山松 *Pinus armandi* (b)单列,乔松 *Pinus griffithii* (c)对列,华北落叶松 *Larix gmelinii*

(d)对列,油杉 *Keteleeria fortunei* (e)互列,贝壳杉 *Agathis* sp.

图5.3 纹孔的排列形式

早材管胞壁上的纹孔具有纹孔塞,纹孔塞是纹孔膜中央加厚的部分。根据其微观结构的不同,可以将针叶材树种分为两大类(图5.4、图5.5):

其中一类针叶材树种具有典型的纹孔塞结构(图5.4),其特征在于在纹孔膜的中心区域,是由微纤丝呈环状或径向沉积而形成的致密组织(Harada et al.,1968),且常有无定形物质沉积形成硬化结构。

呈圆盘状的纹孔塞常见于以下科属树种的早材管胞中,包括冷杉属、雪松属(*Cedrus*)、油杉属、落叶松属、云杉属、松属、金钱松属(*Pseudolarix*)、铁杉属(*Tsuga*)、柳杉属(*Cryptomeria*)、北美红杉属(*Sequoia*)、巨杉属(*Sequoiadendron*)、柏科[崖柏属(*Thuja*)和罗汉柏属(*Thujopsis*)除外]、罗汉松科[卓杉属(*Saxegothaea*)除外]以及日本粗榧(*Cephalotaxus harringtonia*)。

呈透镜状的纹孔塞常见于松、北美红杉属、巨杉属等树种的晚材管胞中。

从纹孔塞至塞缘(margo)呈平缓过渡的结构特征,常见于所有贝壳杉属和南洋杉属的树种,以及比利王松树(*Athrotaxis selaginoides*)、杉木、银杏、金松属(*Sciadopitys*)、

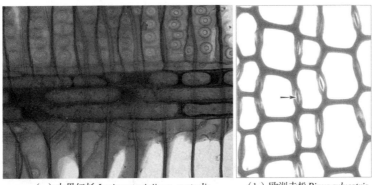

(a) 大果红杉 *Larix potaninii* var. *australis*　　(b) 欧洲赤松 *Pinus sylvestris*

图 5.4　具有典型的纹孔塞

(资料来源：IAWA，2004)

台湾杉属(*Taiwania*)、罗汉柏属的部分树种。红豆杉科(Taxaceae)的所有树种和崖柏属的大部分树种也具有此特殊结构(Bauch et al.，1972)。

另一类针叶材树种则不具有典型的纹孔塞结构(图 5.5)，其特征在于整个纹孔膜区域的厚度基本一致。常见于罗汉松科、崖柏属和罗汉柏属的部分树种(*Thujopsis dolabrata* var. *hondae* 除外)。

此外，以扫描电镜和透射电镜的观察结果为基础，还可以用微纤丝的排列方向、致密程度，以及是否存在硬化结构，对上述纹孔塞类型做进一步的细分。

生材的横切面和弦切面上未闭塞的纹孔内，比较容易观察到纹孔塞结构。用光学显微镜观察时，可以用聚乙二醇(分子量 1500)将试样包埋后切片观察。若要提高对比度，可将切片用 1% 的星蓝和番红水溶液进行双重染色后观察(Bauch et al.，1972)。

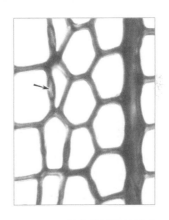

图 5.5　不具有典型的纹孔塞
(北美乔柏 *Thuja plicata*)
(资料来源：IAWA，2004)

通常情况下，针叶树材的纹孔及纹孔塞具有平滑的轮廓，但在某些树种中，存在着结构特殊的纹孔，这些特殊的纹孔往往成为此类树种重要的识别特征。下面逐一进行介绍。

贝壳状纹孔(scalloped pits)：是纹孔塞边缘呈锯齿形(贝壳状)的具缘纹孔(图 5.6)。发育良好的贝壳状纹孔仅见于雪松属的树种，是该属树种的典型特征，故又称为雪松型纹孔。略具锯齿形塞缘的过渡型纹孔偶见于松科的树种，特别是金钱松属(Willebrand，1995)和柏科的一些树种。需要注意的是，贝壳状纹孔有时会出现在腐朽的木材中，此时不能仅凭这些偶发性特征就断定该样本具有贝壳状纹孔，应结合更为详实的解剖观察结果进行综合判断。

塞缘增生纹孔(Torus extensions)：是在纹孔膜上具有

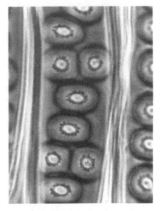

图 5.6　贝壳状纹孔
(北非雪松 *Cedrus atlantica*)
(资料来源：IAWA，2004)

从纹孔塞延伸至塞缘边缘的带状加厚结构，通常认为，这些带状加厚结构是由纤维素微纤丝聚集所形成(图 5.7)。这一特殊结构常见于铁杉属的树种，故又称为铁杉型纹孔。此外，也常见于柏科的 *Widdringtonia* 属和罗汉松科的 *Lagarostrobos franklinii*。需要注意的是，在对树种是否具有塞缘增生纹孔进行判定时，需以能清楚观察到的特征为准，例如 *Lagarostrobos franklinii*，偶见的塞缘增生结构不能作为判定该树种具有此特征的依据。

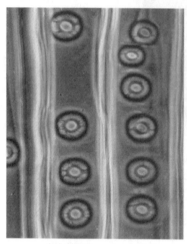

(a) 铁杉 *Tsuga heterophylla*   (b) *Lagarostrobos franklinii*

图 5.7　塞缘增生纹孔

(资料来源：IAWA，2004)

②螺纹加厚：在轴向管胞次生壁内表面上，由微纤丝局部聚集而形成的屋脊状凸起，呈螺旋状环绕着细胞内壁，这种加厚组织称为螺纹加厚(helical thickenings)(图 5.8)。它由平行的微纤丝聚集而成，覆盖于次生壁内层(S_3层)之上，通常呈 S 型螺旋围轴缠绕，但偶尔亦可呈 Z 型缠绕，多数情况与 S_3 层的微纤丝方向一致。

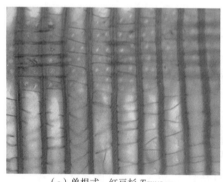 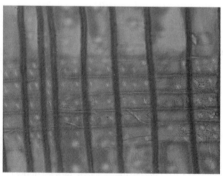

(a) 单根式，红豆杉 *Taxus* sp.   (b) 组合式，榧树 *Torreya* sp.

图 5.8　管胞壁上的螺纹加厚

螺纹加厚可出现于针叶树的轴向管胞、射线管胞中。但螺纹加厚并非所有针叶树都具有，在红豆杉科的穗花杉属(*Amentotaxus*)、红豆杉属、榧属(*Torreya*)、三尖杉(*Cephalotaxus fortunei*)和粗榧(*Cephalotaxus sinensis*)，松科的黄杉属、银杉属等树种的轴向管胞中存在螺纹加厚，是这些树种轴向管胞的固定特征。螺纹加厚的有无、显著程度、形状等特征，均可作为鉴别木材的参考依据。

螺纹加厚通常出现于整个细胞的长度范围，亦有仅存在于细胞末端的，它在早晚材轴向管胞中的分布也有所不同。在红豆杉科的穗花杉属、红豆杉属、榧属，三尖杉属(*Cephalotaxus*)的树种中，整个生长轮的早、晚材轴向管胞壁上都有螺纹加厚。在松科的黄杉属树种中，螺纹加厚主要出现在早材轴向管胞壁上，在晚材轴向管胞壁上鲜有发现或缺乏。在落叶松属的喜马拉雅红杉(*Larix himalaica*)和云杉属的一些树种中，螺纹加厚主要出现在晚材轴向管胞壁上，在早材轴向管胞壁上鲜有发现或缺乏。

需要注意的是，在云杉属、榧属和三尖杉属的一些树种中，螺纹加厚可能出现在枝条的轴向管胞中，但在主干内的轴向管胞壁上则观察不到(Yatsenko，1954)。有研究表明，在落叶松的幼龄主干和枝条的晚材轴向管胞壁上，也可观察到螺纹加厚的存在(Yatsenko，1954；Chavchavadze，1979)。

螺纹加厚在轴向管胞壁上的分布，分为单根式和组合式两大类(图5.8)。通常情况下，螺纹加厚是单根分布的，例如红豆杉科红豆杉属和松科黄杉属的树种[图5.8(a)]。螺纹加厚的数量在两根或三根时，称为组合式分布[图5.8(b)]。轴向管胞壁上分布有两根螺纹加厚的树种有红豆杉科的榧属和穗花杉属，其中，榧属树种的轴向管胞壁上偶见三根组合式的螺纹加厚。此外，在三尖杉属树种的轴向管胞壁上分布的螺纹加厚可能是单根式，亦可能为组合式。

不同的树种，螺纹加厚在轴向管胞壁上的分布间距不同(此处仅针对早材管胞而言)，可分为窄间距和宽间距两类。前者指沿着细胞长轴方向，螺纹加厚多于120根/mm，例如，黄杉属的树种(螺纹加厚120~180根/mm)和长叶云杉(*Picea smithiana*)(螺纹加厚150~200根/mm)。后者指沿着细胞长轴方向，螺纹加厚少于120根/mm，例如榧属的树种(螺纹加厚80~100根/mm)和红豆杉属的树种(螺纹加厚40~80根/mm)。此外，三尖杉属树种的轴向管胞壁上，螺纹加厚的分布间距为80~140根/mm，应归入哪一类，取决于树种的个体差异。

螺纹加厚的倾角和厚度与其分布间距有一定的关系。例如，在黄杉属、云杉属的一些树种中，轴向管胞壁上螺纹加厚的分布间距较窄，其螺线厚度较薄且趋于平缓，与细胞轴形成大约80°或接近于垂直的倾角。而在三尖杉属、穗花杉属、红豆杉属和榧属的树种中，轴向管胞壁上螺纹加厚的分布间距较宽，其螺线厚且陡峭。这种变化趋势很被难量化，因为即使是某一特定的试样，其螺线的倾角和厚度通常在整个螺蚊加厚的分布范围内也有变异。

此外，螺纹加厚的倾角也会随着树种和细胞壁的厚度而变化。螺线倾斜角度与细胞腔的直径大小成反比，即细胞腔大者，螺纹加厚平缓；反之，细胞腔小者，螺纹加厚陡峭。因此在一个生长轮中，晚材轴向管胞壁上的螺纹加厚通常比早材轴向管胞壁上螺纹加厚的倾角大。

在应压木中，有些轴向管胞壁上具有一种贯穿细胞壁的缺口，称为螺纹裂隙(图5.9)。螺纹裂隙与螺纹加厚的区别在于，螺纹加厚常见于正常木，螺纹裂隙常见于应压木。螺纹加厚与细胞轴向的夹角常大于45°，螺纹裂隙与细胞轴向的夹角常小于45°。螺纹加厚仅限于细胞内壁，为增厚性质，螺纹裂隙会延伸至复合胞间层，为裂口性质。在进行解剖观察时，必须注意将螺纹加厚与应压木管胞壁上的螺纹裂隙加以区别。

③澳柏型加厚：澳柏型加厚(callitrisoid thickenings)是管胞间具缘纹孔上下成对出现

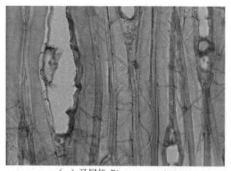 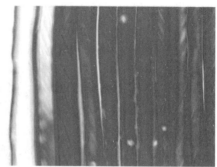

（a）马尾松 *Pinus massoniana*　　　　　　（b）欧洲落叶松 *Larix decidua*

图 5.9　管胞壁上的螺纹裂隙

的水平脊状凸起，径切面是澳柏型加厚的主要观察面（图 5.10）。在弦切面上，细胞壁上的澳柏型加厚类似凸出于墙面的短檐。澳柏型加厚常见于柏科澳柏属（*Callitris*）的树种，但 *Callitris macleayana* 除外。此外，研究者们还在柏科的 *Actinostrobus acuminatus* 和松科的黄杉的轴向管胞壁上发现了少量的澳柏型加厚（Phillips，1948）。

④瘤状层：瘤状层（warty layer）是裸子植物管胞和被子植物导管分子及木纤维次生壁内层上，尺度细小且不具有分枝的突起物（图 5.11）。瘤状层主要由木质素和半纤维素组成，在原生质膜的外侧发育，成为细胞壁最内侧与次生壁 S_3 层存在显著区别的一层结构。因此，也可以将瘤状层理

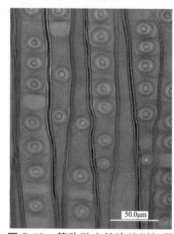

图 5.10　管胞壁上的澳柏型加厚
（大果红杉 *Larix potaninii* var. *macrocarpa*）

解为附衬在次生壁 S_3 层表面的，带有细小凸起或瘤状物的薄层。用电子显微镜可以清晰地观察到瘤状物，当瘤状物呈粗砾状时，甚至用光学显微镜也能观察到它的存在，

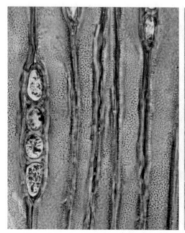 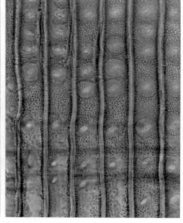

图 5.11　瘤状层（*Actinostrobus pyramidalis*）
（资料来源：IAWA，2004）

例如，在 *Actinostrobus pyramidalis* 和澳柏属的树种中，就可以用光学显微镜观察到轴向管胞内壁上较为粗糙的瘤状结构。瘤状物的平均直径在 100~500nm，极少数能达到 1μm，平均高度在 500nm~1μm。不同的树种，轴向管胞内壁上瘤状物的分布、尺寸、数量都有很大的区别。关于瘤状物为何形成及其作用，目前尚未有统一的定论。

尽管瘤状层存在于大多数针叶树中（Jansen et al.，1989），但显微观察结果显示，也有部分针叶树的轴向管胞内壁不具瘤状层结构。例如，松属的一部分树种，红豆杉科的东北红豆杉（*Taxus cuspidata*）、*Taxus floridana* 和日本榧树（*Torreya nucifera*），*Cephalotaxus harringtonii* var. *harringtonii*，罗汉松科的罗汉松（*Podocarpus macrophyllus*）和竹柏（*Nageia nagi*）（Frey-wyssling et al.，1955；Harada et al.，1968）。

瘤状层的存在对木材识别有一定的价值，例如，柱状美丽柏（*Callitris columellaris*）的管胞内壁上有尺寸较大且分布致密的瘤状物，在光学显微镜下就很容易观察到，而在雪松属的树种中，管胞内壁上的瘤状物通常小且少，需要借助电子显微镜才能得到可靠的观察结果（Ilic，1994）。根据已有的显微观察结果，瘤状层还存在于以下树种中，包括密叶杉属（*Athrotaxis*）、澳柏属、扁柏属（*Chamaecyparis*）、柳杉属、柏属、智利乔柏属（*Fitzroya*）、刺柏属、北美红杉属、巨杉属、香漆柏属（*Tetraclinis*）、崖柏属、罗汉柏属、*Widdringtonia* 属，松科的冷杉属、雪松属、白皮松（*Pinus bungeana*）和马尾松以及罗汉松科罗汉松属的一些树种。

树脂管胞是指心材中含有有机沉积物的管胞（图 5.12）。在心材管胞中的有机沉积物具有不同的名称，例如"树脂塞（resin plugs）""树脂轴（resin spools）""树脂板（resin plates）"，最适宜在纵切面进行观察。从成因上看，树脂塞通常是当正常类型的针叶树轴向管胞自边材转变为心材时，在管胞与射线相接触之处或邻近，树脂状物质积聚于这些细胞中。此类沉积物通常是淡红褐色或几乎是黑色的无定形状。在横切面上，如刚好遇到树脂富集的部位，它们会完全或部分充满管胞。在纵切面上，树脂状沉积物呈横条状横过管胞，如假的横向胞壁一样，或者呈块状附着于管胞的一侧或两侧。因而，将这类含有树脂状沉积物的管胞，以树脂管胞的名字来区别它。

在某些科属的树种中，经常可以观察到轴向管胞中树脂塞的存在，这一特征可作为此类树种的识别依据之一。据报道，南洋杉科的贝壳杉属和南洋杉属树种的轴向管

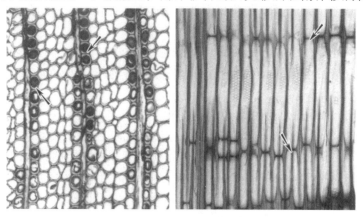

图 5.12 树脂管胞（*Agathis labillardieri*）
（资料来源：IAWA，2004）

胞中均可观察到树脂塞的存在。贝壳杉属的树种中树脂塞的形成量较南洋杉属的树种更多，且含有树脂塞的管胞多与木射线相邻（成俊卿，1985）。此外，轴向管胞中的树脂板如果非常薄，看起来与阔叶树中分隔木纤维的横隔较为相似，但是树脂板在偏光下无双折射现象，可以据此进行区分。需要注意的是，考古木材的细胞腔内常富集有种类多样的内含物、沉积物，这些物质的形成往往与树种本身关系不大，而是受到埋藏环境的影响，在进行解剖观察时需要仔细辨别。

还有一种管胞叫索状管胞（又称串行管胞或束状管胞），索状管胞为轴向管胞系列（即管胞束或轴向管胞和薄壁细胞混合系列中的一个管胞），每一系列起源自单个形成层原始细胞。它可被形容为一个管胞被分割成一长串的数个短管胞，尺寸短小且细胞壁薄，其形状看起来类似轴向薄壁细胞，但具有具缘纹孔，据此确定为管胞。索状管胞可被认为是轴向管胞与泌脂薄壁细胞或轴向薄壁组织之间的过渡分子，常存在于正常轴向树脂道的邻近，也会在创伤树脂道的邻近出现。这种管胞和薄壁细胞的混合系列，见于云杉属、黄杉属、落叶松属树种的晚材靠外侧区域，即生长轮末端（成俊卿，1985）。

5.1.1.2 轴向薄壁组织

轴向薄壁组织是由许多长方形或方形的具单纹孔的轴向薄壁细胞聚集串联而成，具有养分储藏与转化功能的组织，构成轴向薄壁组织的薄壁细胞由纺锤形原始细胞分生而来[图5.13(a)]。

针叶树中仅少数科属的树种具有轴向薄壁细胞，大部分树种中轴向薄壁细胞的含量甚低，分布类型少，平均仅占木材总体积的1.5%。仅在罗汉松科、杉科、柏科的树种中相对含量较多，为上述科属树种的重要特征。在松科中，除冷杉属、雪松属、油杉属、落叶松属、黄杉属、铁杉属及金钱松属的树种，有时含有少量的轴向薄壁细胞，或具树脂道树种在树脂道周围分布有轴向薄壁细胞外，其余树种均不具有。

（1）轴向薄壁组织的形态：轴向薄壁组织的组成细胞具有较薄的胞壁，短小的形体，两端水平，细胞壁上为单纹孔，细胞腔内常含有深色树脂、淀粉粒。横切面为方形或长方形[图5.13(b)~(d)]，常凭借内含树脂与轴向管胞来区别。纵切面为数个方形或长方形的细胞纵向相连成一串，位于组织末端的两个细胞的端部呈尖削状。

（2）轴向薄壁组织的分类：根据轴向薄壁细胞在针叶树横切面的分布状态，可分为以下三种类型（图5.13）。

①星散状（diffuse）：轴向薄壁细胞呈无规则状，较均匀地分布在生长轮内的管胞间[图5.13(b)]。例如杉科的杉木，柏科的台湾杉、落羽杉（*Taxodium distichum*）和罗汉松科的树种。

②弦向带状（tangentially zonate）：轴向薄壁细胞聚集成长短不一，或多或少平行于生长轮的弦向（或斜向）线，常出现在早晚材过渡区或晚材中[图5.13(c)]。常见于柏科的澳柏属、翠柏属（*Calocedrus*）、扁柏属、柏属、刺柏属、崖柏属、柳杉属、台湾杉属、落羽杉属的树种。

③轮界型：轴向薄壁细胞沿着生长轮边界分布，位于早材的起始处或晚材的终结处[图5.13(d)]。常见于北美红杉属，松科的冷杉属、雪松属、油杉属、落叶松属、黄杉属、铁杉属的部分树种，在幼龄材和成熟材中均可观察到，但在幼龄材中的比例更高（Noshiro et al.，1994）。

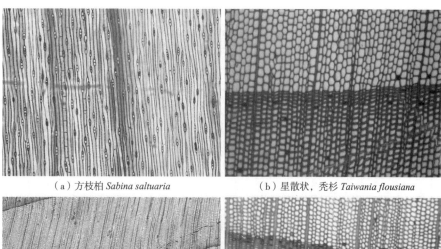

(a) 方枝柏 *Sabina saltuaria* (b) 星散状，秃杉 *Taiwania flousiana*

(c) 弦向带状，侧柏 *Platycladus orientalis* (d) 轮界状，干香柏 *Cupressus duclouxiana*

图 5.13 轴向薄壁组织形态

同一树种可能仅有一种薄壁组织类型，例如星散状或弦向带状，也有可能两种类型兼具。例如，在澳柏属、翠柏属、扁柏属、柳杉属、柏属、刺柏属、台湾杉属、落羽杉属和崖柏属的树种中，弦向带状的薄壁组织辨识度较高，但也有个别树种不甚明显或缺乏。当细胞中含有深色内含物时，在横切面上非常容易观察到轴向薄壁组织的存在，但是，要更加准确的判定是否具有轴向薄壁组织，还要在纵切面上进行观察，以薄壁细胞特征性的水平端壁为准。

轴向薄壁细胞的横向端壁可在弦切面和径切面上观察，分为平滑(smooth)、不规则加厚(irregularly thickened)、念珠状或节状(beaded or nodular)三种类型：

① 端壁平滑(smooth)[图 5.14(a)]：具有平滑端壁的轴向薄壁细胞的树种，包括柏科的澳柏属、黄扁柏、*Tetraclinis articulata*、北美香柏(*Thuja occidentalis*)、*Widdringtonia* sp.，罗汉松科的 *Dacrydium cupressinum*、罗汉松(*Podocarpus* sp.)。

② 端壁不规则加厚(irregularly thickened)[图 5.14(b)]：具有不规则加厚端壁的轴向薄壁细胞的树种有美国尖叶扁柏(*Chamaecyparis thyoides*)和日本柳杉。在具有平滑端壁的轴向薄壁细胞的大多数树种中，也能观察到一些端壁具不规则加厚或略加厚的轴向薄壁细胞。

③ 端壁呈念珠状或节状(beaded or nodular)[图 5.14(c)]：轴向薄壁细胞端壁上念珠状或节状加厚特征显著的树种包括落羽杉、北美翠柏、台湾翠柏(*Calocedrus macrolepis* var. *formosana*)、日本扁柏(*Chamaecyparis obtusa*)、日本花柏(*Chamaecyparis pisifera*)、日本香柏(*Thuja standishii*)、罗汉柏，刺柏属的多数树种，以及松科的冷杉属、银杉属、雪松属、油杉属、长苞铁杉属(*Nothotsuga*)、金钱松属、黄杉属、铁杉属。

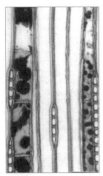
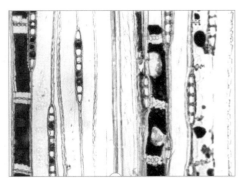

(a) 端壁平滑，秃杉 *Taiwania flousiana*　　(b) 端壁不规则加厚，日本柳杉 *Cryptomeria japonica*　　(c) 端壁念珠状或节状，落羽杉 *Taxodium distichum*

图 5.14　轴向薄壁细胞的端壁

（资料来源：IAWA，2004）

值得一提的是，在柏科的树种中，轴向薄壁细胞端壁上节状加厚的形成，严格来说并不是由于纹孔的存在，而是由于初生壁的局部增厚。但是，在冷杉属、银杉属、油杉属、落叶松属、云杉属、黄杉属、铁杉属树种的轴向薄壁细胞端壁上观察到的形貌相似的节状加厚，则是由于次生壁上单纹孔的存在而形成。节状加厚一般在弦切面上更明显，在端壁上通常是单个出现，例如大果柏木（*Cupressus macrocarpa*），或者两个至多个连续分布。

5.1.2　径向组织与构成细胞

射线细胞通常由形成层射线原始细胞发育而来，由这些在径向伸展的带状射线细胞构成的组织称为射线组织。以形成层为界，射线组织位于木质部内的部分称为木射线，位于韧皮部内的部分称为韧皮射线。下面将着重介绍木质部中射线组织的解剖特征，韧皮射线的相关内容将在其他章节另行阐述。

与阔叶树不同的是，针叶树的射线组织全部由横卧的射线细胞所构成。射线细胞为组成针叶树的主要分子之一，但含量较少，约占木材总体积的 7% 左右。在针叶树中，射线组织的构成方式仅有两种，一种是仅由射线薄壁细胞构成射线组织，另一种是由射线薄壁细胞和射线管胞共同构成射线组织。大部分针叶树的射线组织由射线薄壁细胞构成。在边材，活的射线薄壁细胞承担着贮藏营养物质和径向输导的功能。在心材，这些薄壁细胞已经死亡，失去了原有的生理机能。此外，有些树种的射线组织中还含有射线管胞，射线管胞是木材组织中唯一呈横向生长的厚壁细胞。

5.1.2.1　木射线的种类

根据针叶树木射线在弦切面上的形态，可分为单列木射线和纺锤形木射线（图 5.15）两种：

（1）单列木射线：仅有一列或偶有两个细胞成对组成的射线，称为单列木射线。不含树脂道的针叶树材的木射线几乎都是单列木射线［图 5.15(a)］。

（2）纺锤形木射线：在多列射线的中部，由于径向树脂道的存在而使木射线呈纺锤形，称为纺锤形木射线。常见于具有径向树脂道的树种，例如，松属、云杉属、落叶松属、银杉属和黄杉属［图 5.15(b)］。

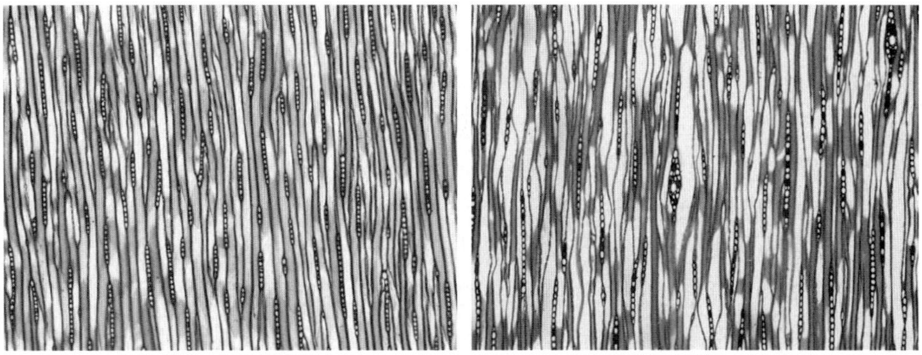

(a) 单列，急尖长苞冷杉
Abies georgei var. *smithii*

(b) 单列及纺锤形，大果红杉
Larix potaninii var. *macrocarpa*

图 5.15　木射线的种类

5.1.2.2　木射线的组成

如前所述，针叶树有两种射线组织，一种是完全由射线薄壁细胞组成；另一种由射线薄壁细胞和射线管胞共同组成，常见于松科的松属、云杉属、落叶松属、铁杉属、雪松属和黄杉属树种的射线组织中。

(1) 射线管胞：是木射线中与树木轴向大体成垂直方向排列的横卧管胞(图5.16)。射线管胞多数为不规则形状，长度较短，仅为轴向管胞长度的1/10，细胞内不含树脂，不具穿孔，细胞壁上的纹孔为具缘纹孔，但小而少。射线管胞是松科部分树种的重要特征，具有正常树脂道的松科树种普遍拥有射线管胞。在不具正常树脂道的松科树种中，射线管胞在雪松属和铁杉属较为常见，而在冷杉属和金钱松属则较为罕见。射线管胞在柏科的一些树种中也偶有发现，例如绿干柏(*Cupressus arizonica*)和罗汉柏，在这些树种中，仅少数射线组织中含有的射线管胞通常位于组织的边缘处，与射线薄壁细胞混生。值得一提的还有黄扁柏的射线组织，它们有的全由射线管胞构成，有的则全由射线薄壁细胞构成。

射线组织中的射线管胞可以是1至数列。例如，黄杉属和铁杉属的树种，其射线组织通常仅含单列射线管胞。落叶松属和云杉属的树种，其射线组织中的射线管胞为单列，偶见2~3列。而松属树种的射线组织通常不仅在其上下缘拥有数列射线管胞，射线管胞还可能出现在射线组织的中部。在一些特例中，例如美国南方松中的长叶松(*Pinus palustris*)，其射线组织全由射线管胞构成。

在径切面上，射线管胞的胞壁形态对木材鉴别和分类有重大作用。射线管胞的胞壁有光滑、齿状、网状几种形态，具体如下：

①胞壁光滑(smooth)：射线管胞的胞壁通常较薄，无附着物[图5.16(a)]。常见于软松类树种，例如，松属中的瑞士五针松(*Pinus cembra*)、糖松(*Pinus lambertiana*)、加州五针松(*Pinus monticola*)、北美乔松。

②胞壁呈齿状(dentate)：射线管胞的上下胞壁都具有不同厚度的齿状突起，这一特征较多出现在晚材区域的射线管胞中[图5.16(b)]。胞壁呈齿状突起这一特征在不同树种中的表现差异很大。例如，在松属的赤松(*Pinus densiflora*)、欧洲黑松(*Pinus nigra*)、多脂松(*Pinus resinosa*)、欧洲赤松、扭叶松(*Pinus contorta*)、海岸松(*Pinus pinaster*)、西黄松、辐射松(*Pinus radiata*)中，射线管胞胞壁的齿状突起非常显著。在松

属的 Pinus canariensis、叙利亚松（Pinus halepensis）、卡西亚松中，射线管胞的胞壁扭曲，齿状突起不太显著。而在个别云杉属的树种中，射线管胞内壁仅具非常小的齿状突起（Phillips，1948）。

③胞壁呈网状（reticulate）：射线管胞的胞壁通常较薄，从上到下分布着大量形态各异的齿状突起物，并通过横向的脊状突起互相连接，在细胞腔内呈网状结构[图5.16(c)]。常见于松属的北美短叶松、长叶松、火炬松（Pinus taeda）。

此外，在落叶松属、云杉属、黄杉属树种的射线管胞胞壁上还可能具有螺纹加厚，在进行解剖观察时，注意将齿状加厚与螺纹加厚进行区分。

一般认为，比较高等的针叶树中不存在射线管胞，射线管胞从形成层分生之后迅速失去原生质而死亡。

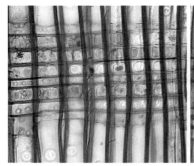
（a）胞壁平滑，华山松
Pinus armandi

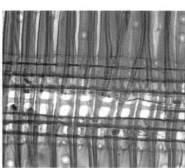
（b）胞壁呈齿状，云南松
Pinus yunnanensis

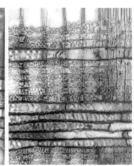
（c）胞壁呈网状，西黄松
Pinus ponderosa

图5.16 射线管胞的内壁

（资料来源：IAWA，2004）

（2）射线薄壁细胞：属于横向生长的薄壁细胞，是构成木射线的主体。

①形态：射线薄壁细胞的形体较射线管胞大，呈矩形、方形或不规则形，细胞壁薄，胞壁上具有单纹孔，胞腔内常含有树脂（图5.17）。射线薄壁细胞与射线管胞相连接的纹孔对为半具缘纹孔对。

②水平壁：在径切面观察，射线薄壁细胞水平壁的厚薄及有无纹孔，可作为识别木材的依据之一。射线薄壁细胞的上下水平壁可分为平滑（胞壁薄无纹孔）（smooth and unpitted）和胞壁厚具明显的纹孔（distinctly pitted）两类（图5.17）。仅松科的少数树种的射线薄壁细胞具有带纹孔的水平壁，这些树种见于冷杉属、银杉属、雪松属、油杉属、落叶松属、长苞铁杉属、黄杉属、铁杉属，其余针叶树的射线薄壁细胞大多具有平滑的水平壁。

③垂直壁（端壁）：端壁平滑（即端壁相对较薄，很少或几乎没有纹孔）是多数针叶树射线薄壁细胞的特征。端壁具有明显的纹孔（即前述的节状端壁）是松科冷杉属、落叶松属、云杉属、铁杉属、松属树种射线薄壁细胞的特征[图5.17(d)]，可见于瑞士五针松、糖松、加州五针松、北美乔松。同时，具纹孔的端壁也是柏科一部分树种中射线薄壁细胞的显著特征。例如，刺柏属的叉子圆柏（Juniperus sabina）和西班牙圆柏（Juniperus thurifera），翠柏属的北美翠柏和台湾翠柏，以及加利福尼亚柏木（Cupressus goveniana）。

④凹痕：在径切面上，凹痕是射线薄壁细胞水平壁上，与端壁连接处出现的凹陷，形状为类似纹孔的小洞[图 5.17(e)]（Peirce，1936）。除南洋杉科以外，针叶树所有其他科的树种的射线薄壁细胞中均可能观察到凹痕。在罗汉松科中，只有 *Podocarpus salignus* 和 *Podocarpus dacrydioides* 的射线薄壁细胞中存在凹痕（Phillips，1948）。在松科的雪松属、油杉属和松属树种的射线薄壁细胞中，凹痕发育不完全或缺乏（Yatsenko，1954）。但对于柏科的一些树种，射线薄壁细胞上的凹痕在木材识别上颇具价值，例如，刺柏属、北美乔柏、北美香柏。对于落羽杉属的树种、日本柳杉、台湾杉的识别也有一定意义，尤其后者的射线薄壁细胞中，凹痕十分明显且数量较多（Peirce，1936）。

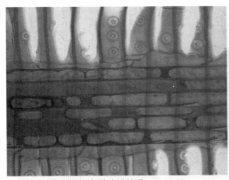

(a) 水平壁无纹孔，大果红杉 *Larix potaninii* var. *macrocarpa*

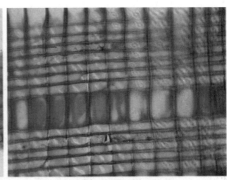

(b) 水平壁无纹孔，罗汉松 *Podocarpus macrophyllusc*

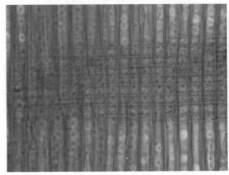

(c) 水平壁有纹孔，冷杉 *Abies* sp.

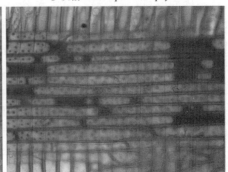

(d) 水平壁有纹孔，云杉 *Picea asperata*

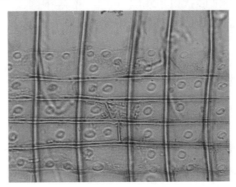

(e) 凹痕，日本柳杉 *Cryptomeria japonica*

图 5.17　射线薄壁细胞的内壁

5.1.2.3 交叉场纹孔

交叉场(cross-field)是指径切面上早材轴向管胞和射线薄壁细胞相交处的细胞壁区域，位于此区域的早材轴向管胞和射线薄壁细胞间的纹孔称为交叉场纹孔(cross-field pitting)。交叉场纹孔是针叶树最重要的鉴定依据之一，其识别特征包括纹孔类型、数量、排列、大小、纹孔口与纹孔缘的相对位置等。从类型上，交叉场纹孔可分为以下6种：窗格型、松木型、云杉型、杉木型、柏木型、南洋杉型(图5.18)。

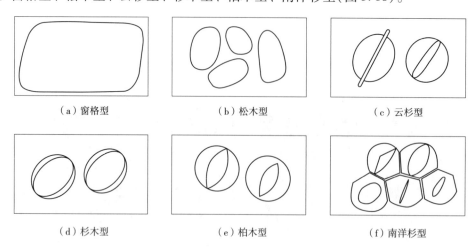

图 5.18　交叉场纹孔的类型示意图

(1)窗格型(window-like)：属于单纹孔或近似单纹孔，具有宽的纹孔口，呈窗格型，每个纹孔场有1~2个或仅1个较大的纹孔[图5.19(a)]。这种几乎占据整个交叉场的呈方形或矩形的大纹孔是松属树种的特征之一，以樟子松(*Pinus sylvestris* var. *mongolica*)、马尾松、华山松(*Pinus armandii*)、白皮松、乔松(*Pinus griffithii*)最为典型。有研究者认为，像卡西亚松和 *Pinus merkusii* 这类在交叉场具有2个以上大型单纹孔的树种，其交叉场纹孔类型也应归入窗格型(Rol，1932)。此外，据报道，陆均松属、叶枝杉属(*Phyllocladus*)、金松属的树种也具有窗格型交叉场纹孔(Phillps，1948)。

(2)松木型(pinoid)：属于单纹孔或具狭的纹孔缘，交叉场内的纹孔个数可以为1~6个。纹孔的大小不一，取决于纹孔场内纹孔的数量，与大体呈矩形的窗格型纹孔不同，松木型纹孔常为不规则形状[图5.19(b)]。松属中除了具有窗格型交叉场纹孔的树种外，其他所有树种都具有松木型交叉场纹孔。例如白皮松、长叶松、湿地松(*Pinus elliottii*)、火炬松。

(3)云杉型(piceoid)：纹孔的纹孔缘宽于纹孔口，纹孔口扁长形，常呈外扩的狭缝状，纹孔的形体较小[图5.19(c)]。常见于落叶松、云杉、黄杉、铁杉、雪松。

(4)杉木型(taxodioid)：纹孔具有较大的卵圆形至圆形的内含纹孔口，纹孔口最宽处超过了纹孔缘的宽度[图5.19(d)]。杉木型交叉场纹孔见于杉科的许多树种，在北美红杉属和落羽杉属的树种中，除了射线组织边缘以外的每个交叉场中，通常含有2~3行(极少到5行)的杉木型纹孔。此外，杉木型交叉场纹孔也见于冷杉属、雪松属、崖柏属和罗汉松科的部分树种中。

(5)柏木型(cupressoid)：纹孔具有椭圆形内含纹孔口，纹孔口窄于纹孔缘，即使是在同一树种中，纹孔口的轴向也较为多变，从垂直向至水平向皆有，纹孔场内纹孔的数目一般为 1~4 个[图 5.19(e)]。柏木型交叉场纹孔是大多数柏科树种的特征(崖柏属除外),但在松科雪松属、铁杉属、油杉属,罗汉松科和红豆杉科的一些树种中也可以观察到。

(6)南洋杉型(araucarioid):从单个纹孔的形状上看主要为柏木型,具有椭圆的内含纹孔口,纹孔口窄于纹孔缘,其特征在于这些纹孔在纹孔场内的排列方式。在纹孔场内,通常 3 行或以上的纹孔以互列的形式较为紧致的排布,单个纹孔常具有多边形的轮廓,类似于南洋杉科树种中轴向管胞间的互列纹孔[图 5.19(f)]。南洋杉型交叉场纹孔仅见于南洋杉科的树种,例如贝壳杉属、南洋杉属、恶来杉属。

在利用交叉场纹孔特征对针叶树进行识别时,有一些应用的特例值得关注。例如交叉场内纹孔的行数可用于以下树种的鉴定,北美红杉的交叉场具有多至 5 行的纹孔,水杉(*Metasequoia*)和落羽杉属树种的交叉场纹孔多至 4 行,而巨杉属树种交叉场内的纹孔至多 3 行(Chavchavadze,1979)。

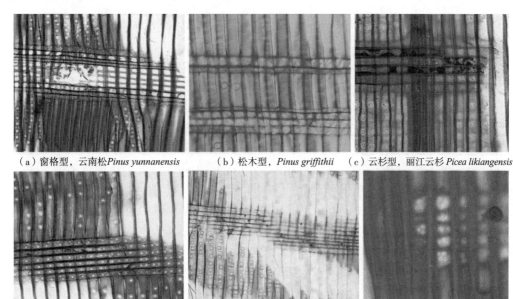

(a)窗格型,云南松 *Pinus yunnanensis*   (b)松木型,*Pinus griffithii*   (c)云杉型,丽江云杉 *Picea likiangensis*

(d)杉木型,杉木 *Cunninghamia lanceolata*   (e)柏木型,柏树 *Cupressus* sp.   (f)南洋杉型,贝壳杉 *Agathis* sp.

图 5.19 交叉场纹孔的类型

应压木中交叉场纹孔的纹孔口可能与正常木有较大的不同。例如,南洋杉科应压木交叉场内的纹孔数量可能减少,使其纹孔类型看起来更接近于柏木型。因此,在对交叉场纹孔类型进行判定时,对早材区域的交叉场进行充分的观察是非常必要的,然后,再在此基础上综合判定所观察树种最常见的交叉场纹孔类型。在某些树种中还存在介于云杉型和柏木型之间,或介于杉木型和柏木型之间,呈过渡态的交叉场纹孔类型。

5.2 阔叶树材的微观特征

阔叶树中的昆栏树科、无油樟科、林仙科的极少数树种无导管,被称为无孔材[图 5.20(a)],其他绝大部分树种都具有导管,故称为有孔材[图 5.20(b)]。与针叶树材相比，阔叶树材的构造特点是细胞种类多样、排列不规整、组织构成复杂、材质不均匀。阔叶树材的组成细胞和组织包括：导管、木纤维、轴向薄壁组织、木射线、管胞等，其中，导管约占 20%，木纤维约 50%，木射线约 17%，轴向薄壁组织占 2%~50%，各类细胞的形状、大小和壁厚相差悬殊[图 5.20(b)]。

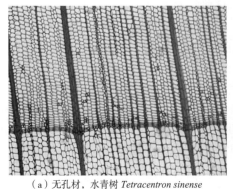 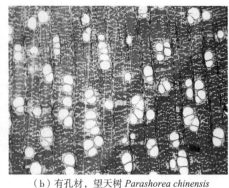

（a）无孔材，水青树 *Tetracentron sinense*　　（b）有孔材，望天树 *Parashorea chinensis*

图 5.20　阔叶树材的细胞与组织构成

5.2.1　轴向组织与构成细胞

5.2.1.1　导　管

导管是由一连串的导管分子沿轴向连接而成的，无一定长度的管状组织，构成导管的单个细胞称为导管分子，在横切面上导管的横截面呈孔状，被称为管孔。导管是由管胞演化而来的一种相对进化的组织，在树木中专司输导作用。导管分子发育的初期具初生壁和原生质，不具穿孔，在细胞分化的过程中直径逐渐增大，而长度增加不明显，待其体积发育到最大时，次生壁与纹孔均已产生，同时在细胞的两端形成穿孔。

（1）导管分子的形状：导管分子的形状随树种而不同，常见的有鼓形、纺锤形、圆柱形、矩形等（图 5.21），一般早材导管多为鼓形，而晚材导管多为圆柱形和矩形。若

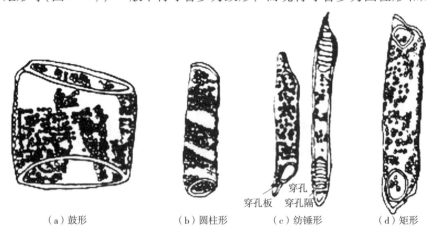

（a）鼓形　　（b）圆柱形　　（c）纺锤形　　（d）矩形

图 5.21　导管分子的形态

（资料来源：《木材学》第 2 版，2012）

树木仅具有较小的导管分子,则在早晚材中都呈圆柱形和矩形,若导管在木质部中单独分布,导管分子的形状一般呈圆柱形。

(2)导管分子的大小和长度:导管分子的大小不一,随树种及所在部位而异。大小以测量弦向直径为准,小者可小于25μm,大者可超过400μm。根据导管分子的平均弦向直径,将其划分为以下几等:甚小≤50μm、小50~100μm、中等100~200μm、大≥200μm(IAWA,2007)。通常情况下,树木中管孔的平均弦向直径多数在100~200μm,灌木中管孔的平均弦向直径大多数小于50μm。此处的弦向直径指的是平均直径,被测量管孔数不可低于25个。对于环孔材而言,弦向直径的测量主要针对的是尺寸较大的早材管孔,对于半环孔材而言,管孔弦向直径的测量需考虑整个生长轮范围,沿径向进行测量,被测管孔数在25个的基础上适当增加,测量结果更为可靠。

导管分子的长度即便在同一树种中,也会因树龄、部位的不同而产生差异,不同树种因遗传因子等的影响,导管分子长度的差异更大,短者可小于175μm,长者可超过1900μm。根据导管分子的平均长度,将其划分以下几等:短≤350μm、中等350~800μm、长≥800μm(IAWA,2007)。在测量导管分子的长度时,最好是在离析的状态下,选择至少25个导管分子进行测量,计算平均值。一般情况下,环孔材早材的导管分子较晚材导管分子短,散孔材的导管分子长度差异不明显。树木生长缓慢者比生长快者的导管分子短,较进化的树种的导管分子长度较短。

(3)管孔的分布:导管分子的横切面称为管孔,根据管孔的分布状态,可将木材分成散孔材、半环孔材(半散孔材)、环孔材三种类型(图5.22),具体如下:

①散孔材(wood diffuse-porous):在一个生长轮内,早晚材管孔的大小没有明显区别,分布也比较均匀[图5.22(a)]。例如,无患子科(Sapindaceae)的槭树、杜鹃花科的东国三叶杜鹃(*Rhododendron wadanum*)、连香树科(Cercidiphyllaceae)的连香树(*Cercidiphyllum japonicum*)、楝科的桃花心木、豆科的象耳豆(*Enterolobium* sp.)。绝大多数的热带树种和大多数的温带树种的管孔分布类型都属于散孔材。

②半环孔材(半散孔材)(wood semi-ring-porous):在一个生长轮内,早材管孔略大于或显著大于晚材管孔,但从早材到晚材的管孔直径逐渐变小,管孔大小的界线不明显[图5.22(b)]。例如,紫草科(Boraginaceae)的 *Cordia trichotoma*、胡桃科的黑胡桃(*Juglans nigra*)、千屈菜科(Lythraceae)的南洋紫薇(*Lagerstroemia siamica*)、楝科的洋椿(*Cedrela odorata*)、豆科的紫檀(*Pterocarpus indicus*)、蔷薇科的扁桃(*Amygdalus communis*)、玄参科的毛泡桐(*Paulownia tomentosa*)。

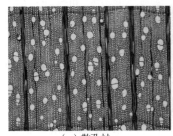
(a)散孔材,
深灰槭 *Acer caesium*

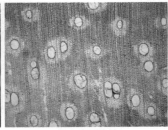
(b)半环孔材,
白花泡桐 *Paulownia fortunei*

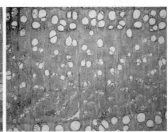
(c)环孔材,
朴树 *Celtis sinensis*

图5.22 管孔的分布

③环孔材(wood ring-porous)：在一个生长轮内，早材管孔比晚材管孔大得多，并沿生长轮呈环状排成一至数列[图 5.22(c)]。例如，壳斗科的夏栎、木犀科的欧梣(*Fraxinus excelsior*)、芸香科 Rutaceae 的黄檗(*Phellodendron amurense*)、山榄科的 *Bumelia lanuginosa*、榆科的美国榆(*Ulmus americana*)。

(4)管孔的排列：指管孔在木材横切面上呈现出的排列方式。管孔排列用于对散孔材的整个生长轮、环孔材晚材部分的特征进行描述。管孔的排列类型有以下几种(图 5.23)：

①星散状(vessels in diffuse pattern)：在一个生长轮内，管孔大多数为单管孔或短径列复管孔，呈均匀或比较均匀的分布，无明显的排列方式[图 5.23(a)]。例如桦木科的桦树、樟科的檫木。

②径列(vessels in radial pattern)：管孔排列成径向的长行列或短行列，与木射线的方向一致。其中，被称为溪流状(辐射状)的管孔径列，类似溪流一样穿过数个生长轮[图 5.23(b)]。例如，芸香科的 *Amyris sylvatica*、壳斗科的青冈属(*Cyclobalanopsis*)、柯属(*Lithocarpus*)的树种。

在径列管孔中，当早材管孔较大，类似火焰的基部，晚材管孔较小，形状好似火舌，管孔排列似火焰一样，又称为火焰状[图 5.23(d)]。常见于壳斗科的栎属、栗属、锥属(*Castanopsis*)的树种。

③斜列(vessels in diagonal pattern)：管孔排列成斜向的长行列或短行列，与木射线的方向成一定角度[图 5.23(c)~(e)]。例如，红原壳科(Calophyllaceae)的巴西红原壳(*Calophyllum brasiliense*)、*Calophyllum papuanum*、铁力木、桃金娘科的 *Eucalyptus diversicolor*、斜叶桉(*Eucalyptus obliqua*)、山榄科的 *Chloroluma gonocarpa*、鼠李科的药鼠李(*Rhamnus cathartica*)、漆树科的香漆(*Rhus aromatica*)、五加科的丁桐皮(*Kalopanax pictus*)。

管孔呈斜列排布的大类中，还可以根据排列形状的不同细分出一些小类。例如在一个生长轮中，管孔成"人"字形排列或呈"《"形排列[图 5.23(c)]。可见于漆树科的黄连木属(*Pistacia*)、五加科的刺楸、蒺藜科(Zygophyllaceae)的玉檀木。

在一个生长轮内，管孔大小差异不明显，一至数列呈不规则走向，又称为树枝状(交叉状、鼠李状)(vessels in dendritic pattern)[图 5.23(e)]。常见于鼠李科的药鼠李、漆树科的香漆、壳斗科的 *Castanea dentata*、木犀科的流苏树(*Chionanthus retusus*)、山榄科的 *Bumelia lanuginosa*。

④弦列(vessels in tangential bands)：在一个生长轮内，管孔大体沿弦向排列，略与生长轮平行或与木射线垂直，呈短的或长的带状，弦向带可以较为平直也可以呈波浪状[图 5.23(f)、(g)]。例如，五加科的丁桐皮、紫草科的 *Patagonula americana*、杜鹃花科的 *Enkianthus cornuus*、桑科的橙桑、海桐科(Pittosporaceae)的海桐(*Pittosporum tobira*)。

管孔呈弦列排布的大类中，也可以根据排列形状的不同细分出以下一些小类：

a. 花彩状(切线状)：在一个生长轮内，全部管孔排成数行链状，与生长轮平行，并在两条宽木射线间向髓心凸起，管孔的一侧常围以轴向薄壁组织层[图 5.23(f)]。例如，山龙眼科(Proteaceae)的银桦属(*Grevillea*)、山龙眼属(*Helicia*)、假山龙眼属 *Heliciopsis* 的树种。

b. 波浪状(榆木状)：管孔几个一团，排列成波浪形或倾斜状，略与生长轮平行。但有少数树种，例如槐的管孔在生长轮中部呈分散状，靠近生长轮边缘管孔排列呈切线状[图 5.23(g)]。常见于榆科的榆属和榉属(*Zelkova*)。

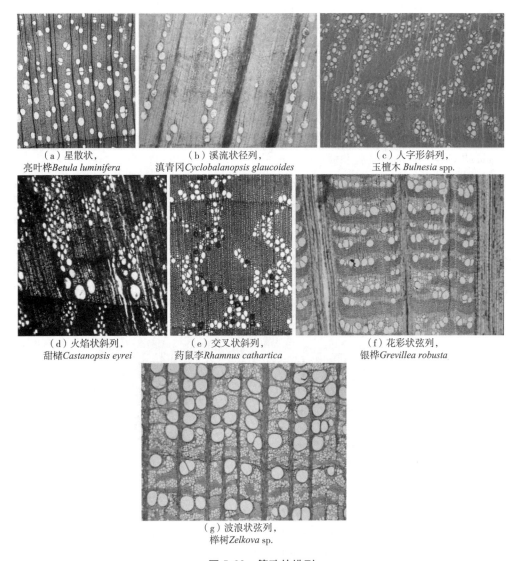

(a) 星散状，
亮叶桦*Betula luminifera*

(b) 溪流状径列，
滇青冈*Cyclobalanopsis glaucoides*

(c) 人字形斜列，
玉檀木*Bulnesia* spp.

(d) 火焰状斜列，
甜槠*Castanopsis eyrei*

(e) 交叉状斜列，
药鼠李*Rhamnus cathartica*

(f) 花彩状弦列，
银桦*Grevillea robusta*

(g) 波浪状弦列，
榉树*Zelkova* sp.

图 5.23 管孔的排列

(5)管孔的组合：管孔的组合可分为以下 4 种类型(图 5.24)：

①单管孔(vessels exclusively solitary)：管孔单独存在于木质部中，管孔周围全由其他组织包围，管孔彼此不相连[图 5.24(a)]。例如，夹竹桃科的 *Aspidosperma quebracho*、桃金娘科的王桉、蔷薇科的森林苹果(*Malus sylvestris*)、山茶科的西南木荷(*Schima wallichii*)。

②径列/弦列复管孔(vessels in radial/tangential multiples common)：由 2 至数个管孔相连成径向列或弦向列，除两端的管孔仍为圆形外，中间部分的管孔为扁平状[图 5.24(b)]。例如，桦木科的桦树、无患子科的槭树、夹竹桃科的 *Cerbera floribunda*、冬青科(Aquifoliaceae)的枸骨叶冬青(*Ilex aquifolium*)、杜英科(Elaeocarpaceae)的 *Elaeocarpus hookerianus*、马钱科（Loganiaceae）的马钱子（*Strychnos nux-vomica*）、芸香科的 *Amyris balsamifera*、山榄科的 *Gambeya excelsa*。

③管孔链：指一串管孔相互连接，呈径向链状，但每个管孔仍保持原来的形状[图 5.24(c)]。从某种意义上说，管孔链也可以归入径列复管孔的大类中，在本书中将其分为两种不同的类型，是考虑到组合中单个管孔的形态差异。管孔链可见于山榄科的铁线子。

④管孔团（vessel clusters common）：由 3 至数个管孔聚集在一起呈团状[图 5.24(d)、(e)]。例如，红树科（Rhizophoraceae）的竹节树（*Carallia brachiata*）、五加科的 *Polyscias elegans*、海桐科的锈叶海桐（*Pittosporum ferrugineum*）、豆科的三刺皂荚（*Gleditsia triacanthos*）、北美肥皂荚晚材部分的管孔、桑科的桑树、苦木科（Simaroubaceae）的臭椿、榆科的榆属和榉属等。

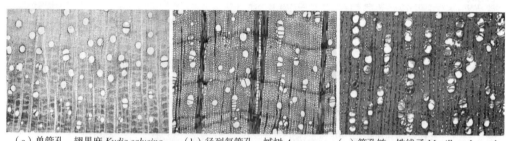

(a) 单管孔，翅果麻 *Kydia calycina*　　(b) 径列复管孔，槭树 *Acer* sp.　　(c) 管孔链，铁线子 *Manilkara hexandra*

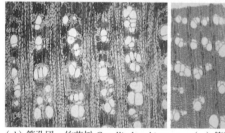

(d) 管孔团，竹节树 *Carallia brachiata*　　(e) 管孔团，榆树 *Ulmus* sp.

图 5.24　管孔的组合

(6) 导管分子的穿孔板：两个导管分子纵向相连时，两个分子间相互连接的细胞端壁被称为穿孔板，端壁上相通的孔洞被称为穿孔。穿孔板的形状随其倾斜度的不同而不同，如果穿孔板与导管分子的长轴垂直，则大体为圆形，随着倾斜度增加，穿孔板呈椭圆形、扁平形等多种形态。穿孔起源于导管分子发育过程中，纹孔膜的逐渐消失而形成各种形貌。基于此，根据纹孔膜消失的情况及细胞壁残余的状态，可将穿孔板分为以下两种类型（图 5.25）：

①单穿孔板（simple perforation plates）：从形成上而言，导管分子的端壁在发育初期为一个大的纹孔，当导管分子发育成熟后，分子两端的细胞壁大部分或全部消失，所形成的开口称为单穿孔，而具有这一圆形或椭圆形开口的细胞端壁即单穿孔板[图 5.25(a)]。绝大多数树种的导管分子端壁为单穿孔板，单穿孔的存在代表着相对进化的树种。可见于七叶树科（Hippocastanaceae）的欧洲七叶树（*Aesculus hippocastanum*）、楝科的天马楝、豆科的紫檀，榆科的榉树。

②复穿孔板（multiple perforation plates）：导管分子端壁上的纹孔在发育初期，为许

多平行排列的长纹孔或聚集分布的纹孔,当导管分子发育成熟后,纹孔膜消失,在端壁上留下的数个开口称为复穿孔,具有前述诸多开口的细胞端壁即复穿孔板。根据开口的形状和细胞壁残余的状态,复穿孔又可进一步分为以下三种类型。

a. 梯状穿孔板(scalariform perforation plates):穿孔板上具有平行排列的扁而长的开口,开口间的细胞壁称为横隔。根据穿孔板上横隔的数量可分为以下几类:

穿孔板上的横隔数≤10个[图5.25(b)],例如,桦木科的欧榛(*Corylus avellana*)、滇榛(*Corylus yunnanensis*)、尾瓣桂科(Goupiaceae)的尾瓣桂(*Goupia* sp.)、木兰科的北美鹅掌楸、铁青树科(Olacaceae)的 *Coula edulis*、红树科的 *Rhizophora mangle*。

穿孔板上的横隔数为10~20个[图5.25(c)],例如,桦木科的疣枝桦(*Betula verrucosa*)、亮叶桦、蕈树科(Altingiaceae)的细青皮(*Altingia excelsa*)、金缕梅科的北美枫香(*Liquidambar styraciflua*)、香膏木科(Humiriaceae)的(*Sacoglottis gabonensis*)、山茶科的西南木荷。

穿孔板上的横隔数为20~40个[图5.25(d)],例如,连香树科的连香树、金缕梅科的 *Dicoryphe stipulacea*、蓝果树科(Nyssaceae)的高山紫树(*Nyssa ogeche*)、省沽油科(Staphyleaceae)的羽叶省沽油(*Staphylea pinnata*)。

穿孔板上的横隔数>40个,例如,毒羊树科(Aextoxicaceae)的 *Aextoxicon punctatum*、金粟兰科(Chloranthaceae)的雪香兰(*Hedyosmum* sp.)、五桠果科(Dilleniaceae)的 *Dillenia triquetra*。

b. 网状穿孔板(reticulate perforation plates):穿孔板上有许多比穿孔尺寸更窄的由残余细胞壁形成的分隔,构成许多密集的开口,或者说残余细胞壁带有诸多不规则的

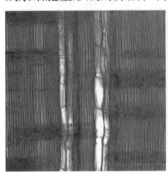
(a)单穿孔板,扇叶槭
Acer flabellatum

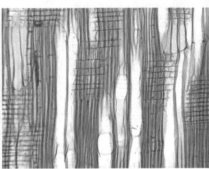
(b)穿孔板上的横隔数≤10个,滇榛
Corylus yunnanensis

(c)穿孔板上的横隔数10~20个,亮叶桦 *Betula luminifera*

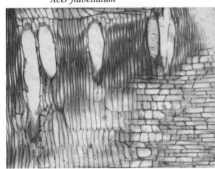
(d)穿孔板上的横隔数20~40个,鹅掌柴
Schefflera heptaphylla

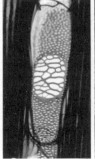
(e)网状穿孔板
Didymopanax morototoni

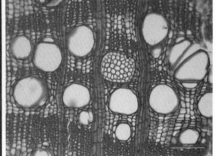
(f)筛状穿孔板,东京龙脑香
Dipterocarpus retusus

图5.25 导管分子的穿孔板(*Didymopanax morototoni*)

(资料来源:IAWA,2004)

分枝，构成网状形貌的开口[图 5.25(e)]。例如，五加科的 *Didymopanax morototoni*、肉豆蔻科的 *Iryanthera juruensis*、杨梅科(Myricaceae)的杨梅(*Myrica rubra*)、虎皮楠科(Daphniphyllaceae)的虎皮楠(*Daphniphyllum oldhami*)。

c. 筛状穿孔板(foraminate perforation plates)：穿孔板上具有许多圆形或椭圆形的开口，由残余细胞壁形成的分隔较网状穿孔板的分隔更厚[图 5.25(f)]，在横切面上可观察到。例如，龙脑香科的东京龙脑香、紫葳科的木蝴蝶(*Oroxylum indicum*)、桑科的榕树等。

此外，还有一些形貌复杂，难以归入上述几类的复穿孔板。例如图 5.26(a)所示为肉豆蔻科的 *Iryanthera paraensis* 树种中一个倾斜的复穿孔板，上面同时具有梯状穿孔和网状横隔。图 5.26(b)所示为 *Iryanthera elliptica* 树种中兼具网状穿孔和梯状穿孔的复穿孔板。网状穿孔出现于梯状穿孔板上，让后者呈现出更为复杂精细的形貌，这一特征常见于肉豆蔻科的臀果楠属(*Iryanthera*)、五加科的树参属(*Dendropanax*)、*Didymopanax* 属。桃金娘科的 *Myrceugenia estrellensis* 的导管分子兼具单穿孔板和复穿孔板，后者常被描述为不规则的梯状穿孔板、筛状穿孔板、甚至是网状穿孔板。图 5.26(c)所示为 *Cytharexylum myrianthum* 树种中具有辐射状分隔的复穿孔板。这一类型的复穿孔板由板中心残余的胞壁和连接中心胞壁与导管侧壁的辐射状分隔条构成。可见于马鞭草科(Verbenaceae)的 *Cytharexylum myrianthum* 和油桃木科(Caryocaraceae)的 *Caryocar microcarpum*。

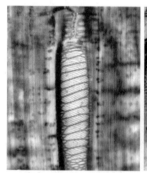 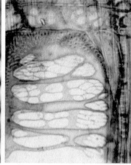 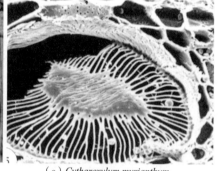

(a) *Iryanthera paraensis*　　(b) *Iryanthera elliptica*　　(c) *Cytharexylum myrianthum*

图 5.26　特殊的复穿孔板
(资料来源：IAWA, 2004)

在对导管分子的穿孔板类型进行判别时，主要从径切面进行观察或者在离析后进行观察，样本数量最好不低于 25 个。对于梯状穿孔板，在观察时还须记录下横隔的个数。

综合来看，单穿孔板是最常见的穿孔板类型，世界上 80%以上的树种中导管分子的穿孔板都为单穿孔板(Wheeler et al., 1986)。大多数树种的导管分子只具有单穿孔板，一些树种的导管分子同时具有单穿孔板和梯状穿孔板，或者同时具有单穿孔板及其他类型的复穿孔板，还有一些树种的导管分子仅具有梯状穿孔板。当树种具有不止一种穿孔板类型时，须对所有出现的穿孔板类型都进行记录，尤其是在进行木材识别时。例如，五加科的 *Didymopanax morototoni*、杜鹃花科的 *Oxydendron arboreum*、壳斗科的欧洲水青冈和悬铃木科(Platanaceae)的一球悬铃木(*Platanus occidentalis*)的导管分子就同时具有单穿孔板和梯状穿孔板。在这些兼具两种类型穿孔板的树种中，梯状穿孔板通常存在于尺寸较小的导管分子或晚材部分的导管分子中。另外，紫葳科的猫尾木属(*Markhamia*)和木蝴蝶属(*Oroxylum*)部分树种的导管分子中兼具单穿孔板和筛状穿孔板。

(7)导管间纹孔的排列：导管与导管间纹孔的排列形式是阔叶树重要的识别特征，主要有以下 3 种(图 5.27)。

①梯状管间纹孔式(intervessel pits scalariform)：为长条形纹孔，与导管长轴成垂直方向排列，纹孔的长度常和导管的直径几乎相等[图 5.27(a)]。例如，五桠果科的 *Dillenia reticulata*、木兰科的台湾含笑(*Michelia compressa*)、红树科的红树(*Rhizophora* sp.)，还有山玉兰(*Magnolia delavayi*)、月桂檫(*Laurelia* sp.)等。

②对列管间纹孔式(intervessel pits opposite)：纹孔呈上下左右基本对称的排布，形成或长或短的水平状纹孔列[图 5.27(b)]。例如，木兰科的鹅掌楸、蓝果树科的高山紫树、省沽油科的云南瘿椒树(*Tapiscia yunnanensis*)[图 5.27(b)]。

③互列管间纹孔式(intervessel pits alternate)：纹孔呈上下左右交错排布，形成斜向的纹孔列。若纹孔排列非常密集，其外缘常呈六边形，类似蜂窝状；若纹孔排列较稀疏，则纹孔外缘近似圆形[图 5.27(c)]。导管间互列纹孔的外缘形状，对于树种识别也有一定的意义，例如杨柳科和大部分豆科的树种，导管间互列纹孔的外缘就常呈多边形。总的来说，阔叶树中绝大多数树种的管间纹孔式为互列，除了前述的杨柳科、

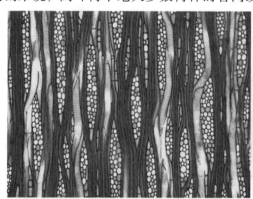

(a)管间纹孔式梯状，山玉兰*Magnolia delavayi*

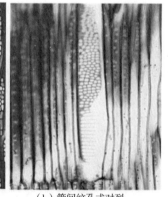

(b)管间纹孔式对列，云南瘿椒树*Tapiscia yunnanensis*

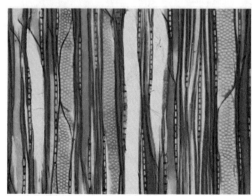

(c)管间纹孔式互列，毛白杨*Populus tomentosa*

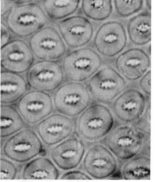

(d)附物纹孔，榄仁树*Terminalia* sp.

图 5.27　导管壁上纹孔的排列

(资料来源：IAWA，2007)

豆科，还有楝科、无患子科等。

在阔叶树部分科属的树种中，存在一种特殊的附物纹孔(vestured pits)。附物纹孔属于具缘纹孔，其名称来自于在纹孔腔或纹孔口上全域或局部分布的凸起物，这些凸起物被称为附物[图5.27(d)]。附物纹孔不但可见于导管间纹孔，也可见于导管与射线细胞间的纹孔、导管与轴向薄壁细胞间的纹孔、管胞间纹孔和纤维间纹孔。附物纹孔是鉴别阔叶树材所依据的特征之一，可见于使君子科(Combretaceae)、千屈菜科、桃金娘科、茜草科(Rubiaceae)以及大部分豆科的树种。当切片以水或甘油封片时，可以比较清楚的观察到附物，或者借助扫描电镜进行观察。对试样预先进行漂洗，除去容易引起误判的杂质后再进行观察，能够更加准确的把握附物纹孔的特征。

(8)导管壁上螺纹加厚：螺纹加厚为导管分子次生壁上的特征(图5.28)。有的树种螺纹加厚遍及全部导管[图5.28(a)、(b)]，例如，无患子科的槭树，七叶树科的七叶树(*Aesculus* sp.)、豆科的金雀儿(*Cytisus scoparius*)、蔷薇科的黑刺李(*Prunus spinosa*)、椴树科的椴树、卫矛科(Celastraceae)的大花卫矛(*Euonymus grandiflorus*)。有的树种中，螺纹加厚仅出现在小导管的内壁上[图5.28(c)]，例如，豆科的刺槐、榆科的美国榆。还有的树种，螺纹加厚仅出现在导管分子的尾端，例如，连香树科的连香树、蕈树科的北美枫香。

导管分子内壁上的螺纹加厚为阔叶树鉴定的重要依据之一，对螺纹加厚特征的描述包括高度、倾角、间距、是否分叉等，在进行观察时须加以注意。例如，槭树科的槭树与桦木科的桦树的区别特征之一是前者的导管分子具有螺纹加厚，后者则不具。在阔叶树的环孔材中，螺纹加厚一般常见于晚材导管。散孔材则早晚材导管均可能具有螺纹加厚。热带木材常缺乏螺纹加厚。螺纹加厚常存在于导管分子具有单穿孔的树种中，或导管分子兼具单穿孔和梯状穿孔的树种中。

 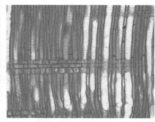 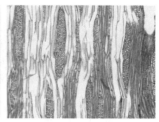

(a)螺纹加厚遍及整个导管，少脉椴*Tilia paucicostata*　　(b)螺纹加厚遍及整个导管，大花卫矛*Euonymus grandiflorus*　　(c)螺纹加厚仅出现在单管分子尾端，榉树*Zelkova* sp.

图5.28　导管壁上的螺纹加厚

(9)导管中的侵填体和内含物：侵填体(tyloses)产生于与射线薄壁细胞或轴向薄壁细胞相邻的导管中，它是在这些薄壁细胞尚具有生活机能时，经由导管壁上的纹孔进入导管内，在导管内生长、发育，以至于部分或全部填塞导管腔而形成(图5.29)。侵填体可见于以下科属的树种中：漆树科的腰果(*Anacardium occidentalis*)、五加科的五加(*Eleutherococcus* sp.)、连香树科的连香树、桃金娘科的*Eucalyptus acmenioides*、铁青树科的*Strombosia pustulata*、豆科的刺槐。

一般情况下，侵填体多见于木质部的心材部分，但一些侵填体极多的树种，无论心边材，几乎所有的导管都被侵填体充满，例如刺槐。对环孔材而言，侵填体的观察主要针对早材导管进行，因为尺寸较小的晚材导管通常不具侵填体。是否具有侵填体，

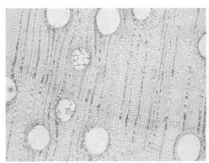 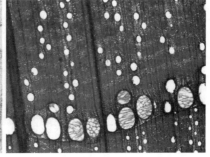

（a）多穗石栎 *Lithocarpus polystachyus*　　　　（b）栓皮栎 *Quercus variabilis*

图 5.29　导管中的侵填体

可用于区分一些结构相似的树种，例如壳斗科的橡木商品材分为红橡和白橡两类，除材色差别外，是否具有侵填体是其主要区别，红橡类不具侵填体，白橡类具侵填体，两类木材相应的用途、价格均不相同。

有一类侵填体被称为硬化侵填体，具有非常厚的、多层的、木质化的细胞壁（图 5.30）。可见于下列科属的树种中：大戟科（Euphorbiaceae）的 *Micrandra spruceana*、粗丝木科（Stemonuraceae）的 *Cantleya corniculata*、樟科的 *Eusideroxylon zwageri*、桑科的 *Brosimum guianense*。

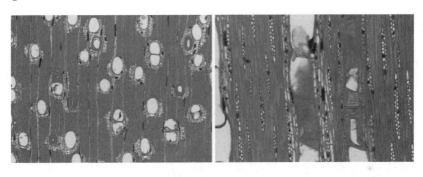

图 5.30　硬化侵填体（*Ocotea rodiei*）

总而言之，不同树种导管分子中的侵填体具有非常多样化的特征，有些树种的导管分子几乎遍布侵填体，也有的树种仅少数导管分子具有侵填体，侵填体可以是薄壁，也可以是厚壁，可以具有纹孔或不具，侵填体中还可能含有淀粉、晶体、树脂、树胶等物质。在对树木的导管分子是否具有侵填体进行判断时，注意将树木由于愈伤反应形成的侵填体与树种正常木质部中形成的侵填体加以区分，并注意不要将侵填体与导管分子中的泡沫状沉积物、菌体团块或其他沉积物相混淆。但无论是哪一类侵填体，由于它部分或全部堵塞了导管，所以木材的透水性变小，天然耐久性提高，适用于作桶材和船舶用材，但侵填体多的树种会导致木材防腐和改性处理困难。

在阔叶树心材的导管分子中除了侵填体以外，有时还会有树胶和其他沉积物（图 5.31）。这些沉积物由于含有不同种类的化学成分，会呈现出不同的颜色，有白色、黄色、红褐色、黑色等。例如，芸香科树种的导管分子中所含的树胶为黄色，柿树科的乌材（*Diospyros eriantha*）的导管分子中所含的树胶为黑色，楝科的楝和香椿等树种导管内含有红色至黑褐色的树胶。树胶在导管中呈不规则的块状，填充在导管细胞

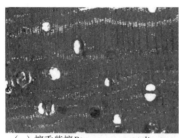  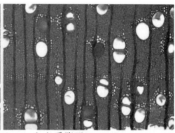

（a）檀香紫檀*Pterocarpus santalinus*　　（b）绒毛黄檀*Dalbergia frulescens* var. *tomentosa*　　（c）香脂豆*Myroxylon* sp.

图 5.31　导管中的树胶和其他内含物

腔中或成隔膜状填充在穿孔部分，将导管局部或全部封闭。在对导管分子的这类沉积物进行描述时，最好能对沉积物的颜色与含量做更为详尽的记载，并注意将上述沉积物与导管腔中浅色的菌丝团块区分开，也不要与硬化侵填体中的沉积物相混淆。

5.2.1.2　木纤维

木纤维是两端尖削，呈长纺锤形，腔小壁厚的细胞，是阔叶树木质部的主要组成分子之一，约占木材体积的50%。木纤维壁上的纹孔有具缘纹孔和单纹孔两类，根据胞壁上的纹孔类型，将有具缘纹孔的木纤维称为纤维状管胞[图 5.32(a)]，有单纹孔的木纤维称为韧型纤维[图 5.32(b)]。这两类木纤维可分别存在，也可同时存在于同一树种中。它们的功能主要是为树体提供力学支持，赋予木质部一定的力学强度。木质部中所含有的木纤维的类别、数量和分布与其强度、密度等物理力学性质有非常密

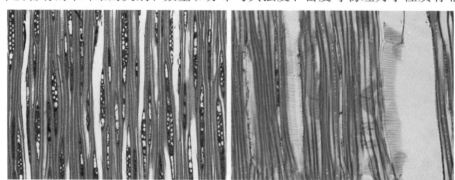

（a）纤维状管胞，八角*Illicium verum*　　（b）韧型纤维，黄连木*Pistacia chinensis*

（c）分隔木纤维，大叶山楝*Aphanamixis grandifolia*　　（d）胶质木纤维，加拿大杨*Populus euramericana*

图 5.32　木纤维的种类

（资料来源：Esau's plant anatomy）

切的关系。在某些树种中，还可能存在着构造特殊的木纤维，例如分隔木纤维[图 5.32(c)]和胶质木纤维[图 5.32(d)]。木纤维通常明显长于形成层纺锤形原始细胞，长度为 200~500μm，直径为 10~50μm，壁厚为 1~11μm。

(1) 纤维状管胞：纤维状管胞是标准的木纤维细胞，腔小壁厚，两端尖削，细胞壁上具有呈透镜形或裂隙状纹孔口的具缘纹孔，纹孔室的直径>3μm。纤维状管胞在冬青科的冬青、五桠果科的五桠果（*Dillenia* sp.）、八角科（Illiciaceae）的八角（*Illicium* sp.）、远志科（Polygalaceae）的黄叶树（*Xanthophyllum* sp.）、山茶科的山茶（*Camellia* sp.）、金缕梅科的树种中极为显著，为组成木材的主要成分。

纤维状管胞次生壁的内层平滑或有螺纹加厚，但具有螺纹加厚的纤维状管胞仅为少数树种所特有（图 5.33），例如，冬青科的灰冬青（*Ilex cinerea*）和冬青（*Ilex chinensis*）、卫矛科的欧洲卫矛、金缕梅科的日本金缕梅（*Hamamelis japonica*）、蔷薇科的 *Cercocarpus ledifolius*、木犀科的丁香（*Syringa* sp.）、榆科的榉树等。具有螺纹加厚的纤维状管胞，往往呈叠生状排列。

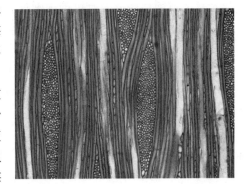

图 5.33 具螺纹加厚的纤维状管胞
（尾叶冬青 *Ilex wilsonii*）

一般情况下，木纤维壁上具有螺纹加厚的树种，其导管分子壁上也会有螺纹加厚出现，但相反的情况却不一定成立，即导管分子壁上具有螺纹加厚的树种，其木纤维壁上未必会有螺纹加厚出现。螺纹加厚在具有具缘纹孔的纤维状管胞中出现的概率，要比在具有单纹孔或具有微缘纹孔的韧型纤维中的概率要高。此外，在温带树种中，螺纹加厚在木纤维壁上出现的概率也比在热带树种中出现的概率要高。

(2) 韧型纤维：韧型纤维为细长的纺锤形，胞壁较厚，胞腔较窄，外形与纤维状管胞略相似，但内壁平滑，绝大多数情况下不具螺纹加厚，细胞末端略尖削，偶呈锯齿状或分歧状。韧型纤维通常具单纹孔，或具有具缘纹孔但纹孔室的直径<3μm，通常韧型纤维壁上纹孔的排列是比较均匀的，但径面壁上纹孔数量较多。韧型纤维可见于楝科的桃花心木、豆科的印加树（*Inga* sp.）、木犀科的梣（*Fraxinus* sp.）、杨柳科的杨树等，韧型纤维可单独存在或与纤维状管胞混合共生。

(3) 分隔木纤维：具有比侧壁更薄的不具纹孔的横隔的木纤维，被称为分隔木纤维（septate fibres），常出现于具有较大单纹孔的韧型纤维中。分隔木纤维一般见于热带树种，是热带木材的典型特征。横隔是在木纤维次生壁沉积后才形成的，因而横隔不会延伸至相邻木纤维细胞间的复合胞间层，通常未木质化，且比较薄（Parameswaran et al.，1969）。分隔木纤维可见于漆树科的 *Spondias mombin*、橄榄科的 *Aucoumea klaineana*、使君子科的 *Buchenavia capitata*、杜英科的杜英（*Elaeocarpus* sp.）、楝科的大叶桃花心木（*Swietenia macrophylla*）、非洲楝（*Khaya senegalensis*）、米仔兰（*Aglaia* sp.）。

在一些树种中，所有的木纤维都是分隔木纤维，例如，漆树科的 *Lannea welwitschii* 和 *Spondias mombin*、橄榄科的 *Canarium schweinfurthii*。而另一些树种中，则兼有常规的木纤维和分隔木纤维，例如，使君子科的 *Buchenavia capitata*、杜英科的杜英、楝科的大叶桃花心木。

分隔木纤维在木质部中的分布可以是无规则星散状分布，也可以紧邻导管或射线存在，还可以呈弦向带状分布。在部分树种中具有交替分布的厚壁纤维带与薄壁纤维带，后者中薄壁的木纤维细胞类似于轴向薄壁细胞。具体而言，薄壁纤维带的组成细胞通常为分隔木纤维，而厚壁纤维带的组成细胞可不具分隔，例如，卫矛科的 *Cassine maurocenia*、*Maytenus obtusifolia*；也可以具有分隔，例如，千屈菜科的绒毛紫薇（*Lagerstroemia tomentosa*）。树种不同，分隔木纤维中横隔的数量为1至数条不等，观察时注意横隔数量的范围与均值，对树种识别具有一定的参考意义。

（4）胶质木纤维：是指细胞壁最内层为胶质状的，尚未木质化的韧型纤维或纤维状管胞。胶质木纤维具有复杂多样的壁层结构，胶质层可以附着在正常木质化的次生壁 S_3 层上，也可以代替 S_3 层附着于 S_2 层上，并且次生壁 S_1 层和 S_2 层的结构并无变化，还有一种情况是胶质木纤维的壁层数量减少，较厚的胶质层附着于 S_1 层上。通常出现胶质层的韧型纤维较纤维状管胞要多。

作为一种特殊的纤维细胞，胶质木纤维常见于阔叶树的应拉木中。胶质层吸水膨胀，失水收缩，常导致与次生壁接合处的分离。木材中胶质木纤维集中分布的部位，在干燥过程中，其弦向和径向的收缩均比正常材大，易造成木材的扭曲和开裂。在木材锯解时，常产生夹锯现象，材面易起毛刺，需锋利的刀刃才能使切削面光滑。关于胶质木纤维与应拉木材性的关系，将在应力木章节另行讨论。

木纤维的长度、直径和壁厚不仅因树种而异，即使同一树种的不同部位，这些解剖参数的差异也很大。在生长轮明显的树种中，通常晚材木纤维的长度较早材长得多，但在生长轮不明显的树种中，木纤维长度就没有如此明显的差别。在树干的横切面上，木纤维平均长度沿径向的变异趋势为：髓心周围木纤维的长度最短，在未成熟材区域，木纤维的长度向着形成层方向逐渐增加，进入成熟材区域后，木纤维的伸长速度迅速减缓，长度也渐趋稳定。木纤维的长度可分为以下7级：极短，500μm 以下；短，500~700μm；稍短，700~900μm；中，900~1600μm；稍长，1600~2200μm；长，2200~3000μm；极长，3000μm 以上。

木纤维的壁厚是其重要的解剖参数之一，通常用胞腔尺寸与壁厚的比值作为分级标准。当木纤维细胞的胞腔为椭圆形时，从不同方向测量的胞腔尺寸与壁厚的比值将有较大差异，此时当以径向测量的胞腔尺寸作为计算的依据。根据这一分级指标，木纤维的壁厚可分为以下3级（需要注意的是，在许多树种中，木纤维的壁厚都表现出较大的变异，因此，同一个树种的木纤维壁厚可能不仅仅包括1个级别）：

①薄壁：木纤维的细胞腔尺寸是其双壁厚的3倍及以上［图5.34（a）］。例如，橄榄科的 *Bursera simaruba*、白头树（*Garuga forrestii*）、四数木科（Tetramelaceae）的四数木（*Tetrameles nudiflora*）、椴树科的华东椴（*Tilia japonica*）。

②薄至厚壁：木纤维的细胞腔尺寸小于其双壁厚的3倍，但不呈闭合态［图5.34（b）］。例如，五列木科（Pentaphylacaceae）的思茅厚皮香（*Ternstroemia simaoensis*）、冬青科的冬青、木兰科的台湾含笑、杨柳科的白柳（*Salix alba*）。

③厚壁：木纤维的细胞腔几乎是全闭合的［图5.34（c）］。例如，金莲木科 Ochnaceae 的铁莲木（*Lophira* sp.）、铁青树科的 *Strombosia pustulata*、鼠李科的 *Krugiodendron ferreum*、红树科的 *Rhizophora mangle*。

通常情况下，木材的密度和强度随着木纤维胞腔变小，胞壁变厚而显著提高。对于

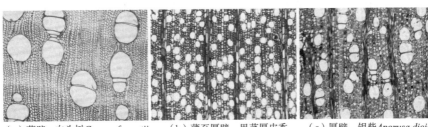

(a)薄壁,白头树*Garuga forrestii*　　(b)薄至厚壁,思茅厚皮香 *Ternstroemia simaoensis*　　(c)厚壁,银柴*Aporusa dioica*

图 5.34　木纤维壁厚的分级

纤维板和纸浆等纤维用材,纤维长度和直径的比值(长宽比)越大,产品质量相应提高。

5.2.1.3　轴向薄壁组织

轴向薄壁细胞由形成层纺锤形原始细胞分化而来,由两个及两个以上的轴向薄壁细胞纵向串联而成的组织称为轴向薄壁组织,其功能主要是转化、分配、贮藏养分(图 5.35)。大多数阔叶树都或多或少的含有轴向薄壁组织,但也存在一些不具轴向薄壁组织或含量极低的特例,可见于杨柳科的 *Homalium foetidum*、海桑科(Sonneratiaceae)的海桑(*Sonneratia* sp.),以及小檗科(Berberidaceae)、石榴科(Punicaceae)的部分树种。

在一串轴向薄壁细胞中只有两端的细胞为尖削形,中间的细胞呈圆柱形或多面体形,在纵切面观察呈长方形或近似长方形。构成轴向薄壁细胞串链的细胞个数在同一树种中相对稳定,或有变化。一般而言,在具有叠生构造的树种中,每一薄壁细胞串链中的细胞个数较少,有 2~4 个细胞;在不具叠生构造的树种中,每一串链中的细胞个数较多,有 5~12 个细胞,此特征在木材鉴别时有一定参考价值。根据树种的不同,轴向薄壁细胞可能含有油、黏液或晶体,分别被称为油细胞、黏液细胞和含晶细胞,因含有各类物质造成细胞特别膨大时,又统称为巨细胞或异细胞(图 5.36)。

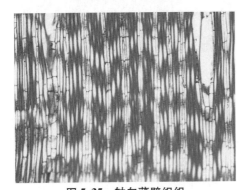 

图 5.35　轴向薄壁组织
(痄腮树 *Heliciopsis terminalis*)

图 5.36　轴向薄壁组织中的油细胞、黏液细胞
(闽楠 *Phoebe bournei*)

阔叶树中的轴向薄壁组织远比针叶树发达,分布形态多种多样,是鉴定阔叶树材的重要特征之一。根据轴向薄壁组织与导管的邻接关系,分为离管型(图 5.37)和傍管型(图 5.38)两大类。

(1)离管型薄壁组织(apotracheal axial parenchyma):即轴向薄壁组织不与导管相邻接,具体分以下几种类型。

①轮界状：轴向薄壁组织在生长轮交界处形成连续的带状、不规则的断续带状或短线状分布[图 5.37(a)]，温带树种中多出现轮界状的轴向薄壁组织。例如豆科的印茄(*Intsia bijuga*)、胡桃科的胡桃、樟科的 *Cryptocarya moschata*、木兰科的北美鹅掌楸和台湾含笑、楝科的洋椿(*Cedrela* sp.)、桃花心木、肉豆蔻科的 *Horsfieldia subglobosa*、椴树科的椴树。

轮界状又可进一步分为两类：第一类为轮末状，在每个生长周期的末期，1 至数个细胞宽的轴向薄壁细胞构成连续的或断续的带状或短线状排列。例如，杨柳科的柳属和杨属、无患子科的槭属、桑科的桑属、豆科的刺槐属(*Robinia*)的树种。第二类为轮始状，轴向薄壁细胞分布在每个生长周期的初始，形成如前所述的带状或短线状排列。例如胡桃科的胡桃。

②星散状(diffuse)：在横切面上，轴向薄壁组织单独或成对的无规则分散于木质部中[图 5.37(b)]。例如，夹竹桃科的 *Aspidosperma polyneuron*、桦木科的欧洲桤木(*Alnus glutinosa*)、山茱萸科(Cornaceae)的欧洲山茱萸(*Cornus mas*)、茶茱萸科(Icacinaceae)的柴龙树(*Apodytes dimidiata*)、蔷薇科的山楂(*Crataegus* sp.)、檀香科(Santalaceae)的檀香(*Santalum album*)。

③短切线状/星散—聚合状(diffuse-in-aggregates)：横切面上，轴向薄壁组织聚集成宽 1~3 个细胞的断续状弦向或斜向短带[图 5.37(a)]。例如，锦葵科(Malvaceae)的榴莲(*Durio* sp.)、大戟科的响盒子(*Hura crepitans*)、铁青树科的 *Ongokea gore* 和 *Strombosia pustulata*、山柚子科(Opiliaceae)的 *Agonandra brasiliensis*、豆科的 *Dalbergia stevensonii*、锦葵科的翅子树(*Pterospermum* sp.)、椴树科的椴树。

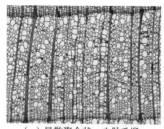 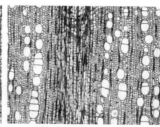 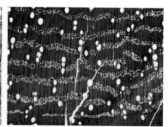

(a) 星散聚合状，少脉毛椴
Tilia paucicostata var. *yunnanensis*

(b) 星散状，辽东桤木
Alnus hirsuta

(c) 带状，铁力木
Mesua ferrea

图 5.37 离管型轴向薄壁组织

需要注意的是，在具有大量星散状或星散—聚合状轴向薄壁组织的树种中，有时会出现个别薄壁组织与导管相邻的现象，不应凭此偶现性特征就将该树种的薄壁组织类型归入傍管型。

④离管带状：横切面上，轴向薄壁组织宽数个细胞，大体呈带状排列[图 5.37(c)]，例如红厚壳科的铁力木。

(2)傍管型薄壁组织(paratracheal axial parenchyma)：轴向薄壁组织与导管或导管状管胞有不同程度的邻接，具体分为以下几种类型。

①稀疏傍管状(scanty paratracheal)：横切面上，轴向薄壁组织零星分布于导管周围或形成稀疏的鞘状围绕于导管周围[图 5.38(a)]。例如，漆树科的阿月浑子(*Pistacia vera*)、五桠果科的 *Dillenia pulcherrima*、古柯科(Erythroxylaceae)的 *Erythroxylum mannii*、樟科的月桂。

②单侧傍管状(unilateral paratracheal)：横切面上，轴向薄壁组织较为集中的分布于导管的一侧，形如帽状，若轴向薄壁组织沿弦向或斜向继续延伸，则成为翼状、聚翼状或带状[图 5.38(b)]。例如，夹竹桃科的 *Aspidosperma desmanthum*、豆科的 *Peltogyne confertiflora*、红厚壳科的 *Mammea bongo*、山龙眼科的 *Dilobeia thouarsii*、山茶科的厚皮香(*Ternstroemia gymnanthera*)、鼠李科的枣(*Ziziphus jujuba*)。

③环管状(vasicentric)：横切面上，轴向薄壁组织将单个导管或导管团完全包覆，形成圆形或椭圆形的鞘状[图 5.38(c)]。例如，豆科的象耳豆(*Enterolobium cyclocarpum*)、黑金檀(*Anadenanthera* sp.)、四数木科的八数木(*Octomeles sumatrana*)、樟科的 *Phoebe porosa*、楝科的大叶仙伽树(*Khaya grandifoliola*)、木犀科的木犀榄(*Olea europaea*)、桃金娘科的桉、梧桐科(Sterculiaceae)的梧桐。

④翼状(aliform)：横切面上，轴向薄壁组织环绕导管周围或主要聚集于一侧，并且向双侧或单侧延伸，形成长短不一的翼状排列。翼状薄壁组织又可进一步分为菱形翼状和长翅翼状两种类型。

a. 菱形翼状薄壁组织(lozenge-aliform)：轴向薄壁组织环绕导管周围或主要聚集于一侧，并且向双侧或单侧延伸，呈较短的翼状排列，近似于菱形[图 5.38(d)]。例如，豆科的印度合欢(*Albizia lebbek*)、*Parkia gigantocarpa*、*Microberlinia brazzavillensis*、*Ormosia flava*，桑科 Moraceae 的野树波罗(*Artocarpus chama*)，萼囊花科(Vochysiaceae)的 *Qualea rosea*。

b. 长翅翼状薄壁组织(winged-aliform)，轴向薄壁组织环绕导管周围或主要聚集于一侧，并且向双侧或单侧延伸，形成窄长形拖尾[图 5.38(e)]。例如，紫葳科的 *Jacaranda copaia*、使君子科的艳榄仁(*Terminalia superba*)、桑科的蛇桑(*Brosimum* sp.)、苦木科的苦木(*Quassia amara*)、瑞香科的膝柱木(*Gonystylus* sp.)等。

横切面上，环管状薄壁组织或翼状薄壁组织相联结，向导管或导管团的侧向延伸，常形成无规则的带状，称为聚翼状薄壁组织(confluent)[图 5.38(f)]。例如，紫葳科的吊灯树(*Kigelia africana*)、豆科的铁架木(*Caesalpinia ferrea*)、*Peltogyne confertiflora*、*Parkia pendula*、桑科的 *Chlorophora tinctoria*。

⑤带状(banded)：横切面上，轴向薄壁组织聚集成弦向或斜向的带状排列，根据轴向薄壁组织带细胞宽度的不同，又可分为以下几类。

a. 轴向薄壁组织为 1~3 个细胞宽的窄带状[图 5.38(g)]。例如，豆科的 *Dialium guiaensis*、大戟科的 *Endospermum malaccensis*、玉蕊科(Lecythidaceae)的巴西栗(*Bertholletia excelsa*)、楝科的 *Dysoxylum fraseranum*、山榄科的 *Autranella congolensis*、苦木科的 *Hannoa klaineana*。

b. 轴向薄壁组织为宽 3 个细胞以上的带状(Bands more than three cells wide)[图 5.38(h)、(j)]。例如，豆科的黄檀属(*Dalbergia*)和紫檀属(*Pterocarpus*)的部分树种、楝科的 *Entandrophragma candollei*、桑科的榕树、金莲木科的 *Lophira alata*。

c. 轴向薄壁组织网状(reticulate)：轴向薄壁组织呈连续的弦向带状排列，薄壁组织带间的距离和木射线间的距离几乎相等，有规律的间隔呈现出网状结构[图 5.38(i)]。例如，番荔枝科的闭鞘木(*Cleistopholis* sp.)，柿树科的台湾柿(*Diospyros discolor*)，玉蕊科的巴西栗、翅玉蕊(*Cariniana* sp.)、*Couratari guianensis*、帽玉蕊(*Eschweilera* sp.)。

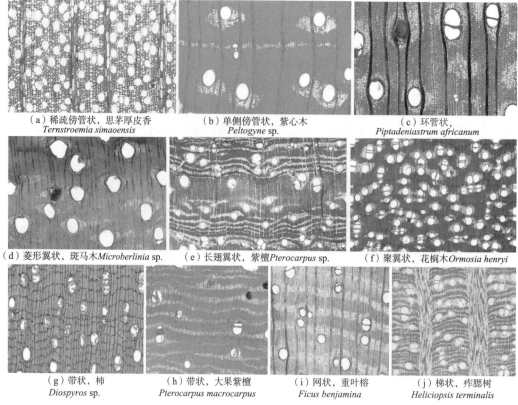

图 5.38 傍管型轴向薄壁组织

(a) 稀疏傍管状，思茅厚皮香 *Ternstroemia simaoensis*
(b) 单侧傍管状，紫心木 *Peltogyne* sp.
(c) 环管状，*Piptadeniastrum africanum*
(d) 菱形翼状，斑马木 *Microberlinia* sp.
(e) 长翅翼状，紫檀 *Pterocarpus* sp.
(f) 聚翼状，花榈木 *Ormosia henryi*
(g) 带状，柿 *Diospyros* sp.
(h) 带状，大果紫檀 *Pterocarpus macrocarpus*
(i) 网状，重叶榕 *Ficus benjamina*
(j) 梯状，痄腮树 *Heliciopsis terminalis*

d. 轴向薄壁组织梯状（scalariform）：轴向薄壁组织呈连续的弦向带状排列，形成有规律的间隔，且薄壁组织带间的距离窄于木射线间的距离，呈现出梯状结构[图 5.38 (j)]。例如，异叶木科（Anisophylleaceae）的异叶木（*Anisophyllea* sp.），番荔枝科的爪瓣木（*Onychopetalum* sp.），山龙眼科的 *Cardwellia sublimis*、*Embothrium mucronatum*、痄腮树，龙眼茶科（Sphaerosepalaceae）的龙眼茶（*Rhopalocarpus* sp.）。

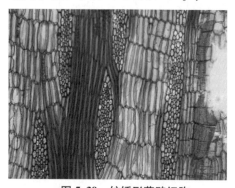

图 5.39 纺锤形薄壁细胞
（翅果刺桐 *Erythrina subumbrans*）

轴向薄壁组织的构成方式有两种，一种由纺锤形薄壁细胞构成（图 5.39），另一种由薄壁细胞链（图 5.40）构成。

(1) 纺锤形薄壁细胞（fusiform parenchyma cells）：由形成层纺锤形原始细胞分化而来，没有经历次级分裂和尖端生长，形状类似于短纤维。例如，山柑科（Capparaceae）的山柑（*Capparis* sp.），豆科的 *Aeschynomene elaphroxylon*、刺桐（*Erythrina* sp.）、醉鱼豆（*Lonchocarpus* sp.），蒺藜科的玉檀木、驼蹄瓣（*Zygophyllum* sp.）。

(2) 薄壁细胞链（parenchyma strand）：由薄壁细胞构成的轴向链是由单个形成层纺锤形原始细胞经横向分裂形成，根据薄壁细胞链中细胞的个数又可细分为以下几类。

①每个薄壁细胞链由 2 个薄壁细胞构成[图 5.40(a)、(b)]，例如，豆科的黄檀、

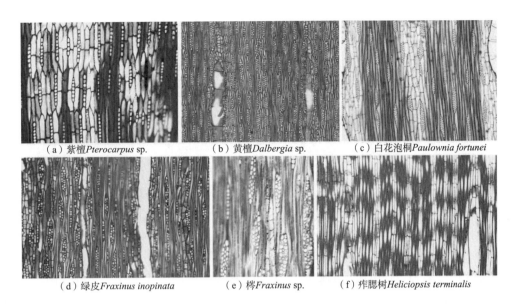

(a) 紫檀 *Pterocarpus* sp.　(b) 黄檀 *Dalbergia* sp.　(c) 白花泡桐 *Paulownia fortunei*

(d) 绿皮 *Fraxinus inopinata*　(e) 梣 *Fraxinus* sp.　(f) 痄腮树 *Heliciopsis terminalis*

图 5.40　薄壁细胞链

醉鱼豆、紫檀。

②每个薄壁细胞链由 3~4 个薄壁细胞构成[图 5.40(c)、(d)]，例如，使君子科的榄仁树(*Terminalia* sp.)，木犀科的女贞(*Ligustrum* sp.)、丁香，玄参科的泡桐。

③每个薄壁细胞链由 5~8 个薄壁细胞构成[图 5.40(e)]，例如，夹竹桃科的夹竹桃(*Nerium oleander*)、大戟科的血桐(*Macaranga* sp.)、木犀科的梣。

④每个薄壁细胞链由 8 个以上薄壁细胞构成[图 5.40(f)]，例如，卫矛科的膝柄木(*Bhesa* sp.)，金莲木科的铁莲木，铁青树科的乳檀榛(*Minquartia* sp.)。

上述轴向薄壁组织的构成方式，即由纺锤形薄壁细胞构成还是由薄壁细胞链构成，主要在弦切面进行观察。纺锤形薄壁细胞较为少见，通常存在于具有叠生构造和短的轴向细胞的树种中。某些树种可同时具有上述两种薄壁组织的构成方式，例如轴向薄壁组织兼有纺锤形薄壁细胞，和由 2 个薄壁细胞构成的薄壁细胞链，或者轴向薄壁组织由不同高度的薄壁细胞链构成。同一生长轮的早材和晚材部分，傍管状和离管状薄壁组织，其细胞链的长度都可能有差别。在观察时，注意不要将单列射线、分隔木纤维与轴向薄壁细胞链混淆，在统计薄壁细胞链的细胞数量时，尽量避免选择带有分室含晶细胞的薄壁细胞链。

5.2.1.4　管　胞

管胞是组成针叶树的最主要的细胞，阔叶树中虽然也有不少科属的树种具有管胞，但仅在少数树种中占据一定的比例。阔叶树管胞的长度较针叶树管胞要短得多，且形状不规则，包括环管管胞(图 5.41)和导管状管胞(图 5.42)两类。

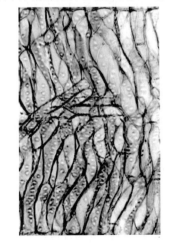

图 5.41　环管管胞
(欧洲板栗 *Castanea sativa*)
(资料来源：IAWA, 2007)

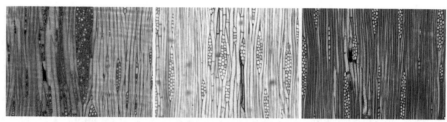

（a）槭树 *Acer* sp.　　　（b）黄皮 *Clausena lansium*　　　（c）黄檗 *Phellodendron amurense*

图 5.42　导管状管胞

（1）环管管胞（vasicentric tracheids）：环管管胞共生于导管周围，两端略钝，不具穿孔，径面壁及弦面壁上遍布具缘纹孔，通常情况下形态不规则，略带扭曲，长度略短，平均长 500~700μm。需注意的是，形态不规则及长度较短这两个特征，并非所有环管管胞都具有的共性，例外者如桃金娘科的桉树（Ilic，1987）。环管管胞与导管一样起输导作用，受到导管内压力的影响，环管管胞有时被压成扁平状。环管管胞可见于下列科属的树种中：壳斗科的栗树（*Castanea* sp.）、栎树、龙脑香科的娑罗双、桃金娘科的桉树。

（2）导管状管胞（vascular tracheids）：导管状管胞常与导管团共生，尤其是在晚材区域。在尺度、形态、纹孔、细胞壁特征等方面类似于小导管，但两端略尖削，不具穿孔，以具缘纹孔相接，侧壁具缘纹孔直径常大于导管间纹孔直径，部分具有螺纹加厚。导管状管胞属于由管胞至导管的一种过渡态，在晚材中同样起疏导作用。如果对木材试样进行离析，会发现不少树种都具有导管状管胞，但对于木材识别而言，仅在导管状管胞较为常见，或者说木质部拥有一定量的导管状管胞时才具有参考价值。导管状管胞可见于下列科属的树种中：忍冬科的西洋接骨木（*Sambucus nigra*）、豆科的 *Sophora arizonica*、芸香科的黄檗、茄科的欧洲枸杞（*Lycium europaeum*）、榆科的美洲朴（*Celtis occidentalis*）。

环管管胞与导管状管胞的主要差别在于，前者两端为渐细但尾端圆钝，首尾并不一定相接。然而环管管胞通常形状扭曲，从纵切面很难观察到其尖端，因此，确认环管管胞的办法之一是把木材离析，以观察管胞的形态。需要指出的是，在一些科属的树种中，当导管状管胞与导管混生，且位于导管周围时，它们也可被定义为环管管胞。

5.2.2　径向组织与构成细胞

木射线是木质部中沿径向延展的由射线薄壁细胞构成的带状组织。阔叶树的木射线比较发达，含量较多，为阔叶树木质部的主要组成部分，约占木材总体积的17%。木射线根据其来源的不同，有初生木射线和次生木射线之分。初生木射线源于初生组织，从维管形成层所衍生的木射线，称为次生木射线。木质部中绝大多数射线均为次生木射线。

5.2.2.1　木射线的尺度

木射线的尺度主要指木射线的宽度与高度，其长度难以测定。木射线宽度和高度的测定主要在弦切面上进行，宽度测量射线组织中部最宽处，高度测量射线组织上下两端间的距离。宽度和高度既可以用实际的尺寸表示，也可以用细胞个数来表示。

木射线的宽度是树种识别与鉴定的重要依据之一，根据木射线的宽度和组织构成可将阔叶树的木射线组织分为以下 3 类：

（1）单列射线（uniseriate ray）：射线组织仅一个细胞宽，即全部为单列射线（图 5.43）。例如，卫矛科的 *Lophopetalum beccarianum*、使君子科的艳榄仁、大戟科的响盒子、壳斗科的欧洲板栗（*Castanea sativa*）、杨柳科的杨树。

（2）多列射线（multiseriate ray）：射线组织的宽度为 1 至多个细胞不等，均称为多列射线（图 5.44），根据多列射线的宽度范围，又可进一步分为以下几级。

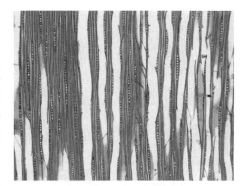

图 5.43　单列射线组织
（杨树 *Populus* sp.）

①射线组织为 1~3 个细胞宽[图 5.44（a）]，例如，橄榄科的 *Aucoumea klaineana*、豆科的 *Dialium guianense*、樟科的毛叶油丹（*Alseodaphne andersonii*）、*Alseodaphne costalis*、蔷薇科苹果（*Malus pumila*）。

②射线组织为 4~10 个细胞宽[图 5.44（b）]，例如，无患子科的槭树、漆树科的 *Spondias mombin*、楝科的 *Khaya anthotheca*、榆科的朴树（*Celtis sinensis*）、豆科的大鱼藤树（*Derris robusta*）。

③射线组织宽 10 个细胞以上[图 5.44（c）]，例如，壳斗科的栎树，茶茱萸科的 *Poraqueiba guianensis*，紫金牛科（Myrsinaceae）的密花树，悬铃木科的悬铃木，山龙眼科的 *Cardwellia sublimis*、银桦，柽柳科（Tamaricaceae）的无叶柽柳（*Tamarix aphylla*）。

④射线组织的多列部分与单列部分等宽[图 5.44（d）]，例如，油桃木科的 *Anthodiscus amazonicus*、油桃木（*Caryocar costaricense*），铁青树科的 *Strombosia pustulata*，茜草科的心叶木（*Haldina cordifolia*），杨柳科的栀子皮（*Itoa orientalis*），以及夹竹桃科、山榄科、大戟科的诸多树种。

总体而言，全为单列的射线组织和宽度在 10 个细胞以上的射线组织并不常见。此外，上述针对射线组织类型的描述，不适用于含有径向胞间道的射线组织，也不适用于聚合射线组织。因此，如果说某个树种的射线组织全为单列，指的是不含径向胞间道的射线组织全为单列。

（3）聚合射线（aggregate ray）：许多射线组织近距离分布，射线组织彼此间被轴向细胞分隔开，但从宏观上看，汇聚在一起的射线组织好似一条宽的多列射线，称为聚合射线[图 5.44（e）、（f）]。可见于下列科属的树种中：桦木科的桤木属（*Alnus*）、鹅耳枥属（*Carpinus*）、榛属（*Corylus*），木麻黄科的木麻黄属、大戟科的 *Necepsia afzelii*，壳斗科的锥属、柯属以及栎属的常绿树种，还有樟科的丛花厚壳桂（*Cryptocarya densiflora*）。

聚合射线中射线组织的宽窄不一，有的树种的聚合射线由较窄的射线组织构成，例如，桦木科的鹅耳枥（*Carpinus* sp.），有的树种的聚合射线由较宽的射线组织构成，例如，茶茱萸科的 *Emmotum orbiculatum*。此外，即便是含有聚合射线的树种，其聚合射线的比例可能也不会太高，如果试样较小的话，有可能观察不到聚合射线的存在，在进行解剖观察时这一点需引起注意。

与宽度一样，射线组织的高度也是在弦切面进行测定，体量较大的射线组织常常

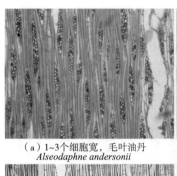
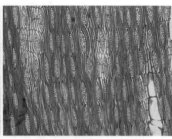
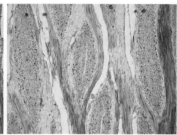
(a) 1~3个细胞宽，毛叶油丹 *Alseodaphne andersonii*　　(b) 4~10个细胞宽，大鱼藤树 *Derris robusta*　　(c) 10个以上细胞宽，银桦 *Grevillea robusta*

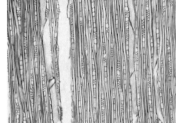
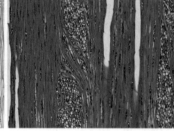
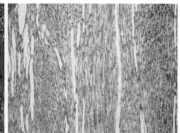
(d) 多列部分与单列部分几乎等宽，栀子皮 *Itoa orientalis*　　(e) 聚合射线，川滇高山栎 *Quercus aquifolioides*　　(f) 聚合射线，尼泊尔桤木 *Alnus nepalensis*

图 5.44　多列射线组织

高于 1mm，例如，番荔枝科的 *Guatteria schomburgkiana*、玉蕊科的滨玉蕊（*Barringtonia asiatica*）、悬铃木科的一球悬铃木。射线组织的高度在某些树种中变异非常大，特别是带有异型射线的树种，但在具有叠生构造的树种中，射线组织的高度则展现出较高的一致性。

在有些树种中，存在着两种不同宽度和高度的射线组织，既有单列的射线组织，也有极宽的射线组织。例如，无患子科的糖枫（*Acer saccharum*）、异叶木科的 *Poga oleosa*、冬青科的枸骨叶冬青、五桠果科的小花五桠果（*Dillenia pentagyna*）、壳斗科的栎树、茶茱萸科的 *Dendrobangia boliviana*、锦葵科的胖大海（*Scaphium wallichii*）、山茶科的厚皮香（*Ternstroemia* sp.）。

5.2.2.2　木射线的组成

阔叶树的木射线由射线薄壁细胞组成，按照径切面上射线薄壁细胞的形态和细胞轴向可将其分为以下 3 种类型（图 5.45）：

（1）横卧细胞（procumbent cell）：在径切面上看，射线薄壁细胞的长轴与树木的轴向垂直，细胞呈水平状横卧[图 5.45(a)]。有些树种的射线组织全由横卧细胞构成，例如，无患子科的槭树、紫葳科的粉铃木（*Tabebuia* sp.）、豆科的合欢（*Albizia* sp.）、苦木科的 *Hannoa klaineana*。

（2）直立细胞（upright cell）：在径切面上看，射线薄壁细胞的长轴与树木的轴向平行，呈直立状排列[图 5.45(b)]。例如，杜英科的樱叶杜英（*Elaeocarpus prunifolioides*）。

（3）方形细胞（square cell）：在径切面上看，射线薄壁细胞近似方形[图 5.45(c)]，例如，杜鹃花科的露珠杜鹃（*Rhododendron irroratum*）。

有些树种的射线组织全由直立细胞或方形细胞构成，例如，金粟兰科的 *Hedyosmum scabrum*、山茱萸科的青木（*Aucuba japonica*）。

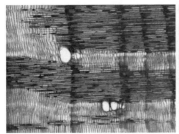 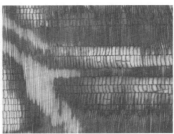 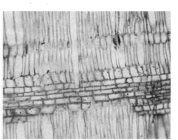

（a）横卧细胞，槭树 *Acer* sp. （b）直立细胞，樱叶杜英 *Elaeocarpus prunifolioides* （c）方形细胞，露珠杜鹃 *Rhododendron irroratum*

图 5.45　射线组织的构成细胞

在判定射线组织的细胞构成时，通常在径切面上进行观察，如果射线组织由横卧细胞、直立细胞或方形细胞共同构成，直立细胞或方形细胞通常位于横卧细胞的上下侧。即便在同一树种中，单列射线与多列射线的构成细胞也不一定相同，单列射线可仅由直立细胞构成，而多列射线由直立细胞和横卧细胞共同构成。

5.2.2.3　木射线的类型

根据射线薄壁细胞的类型和组合方式，可将阔叶树的射线组织分为同形射线和异形射线两类（图5.46）。其中，同形射线仅由一种射线细胞构成，而异形射线由两种或两种以上的射线细胞构成。

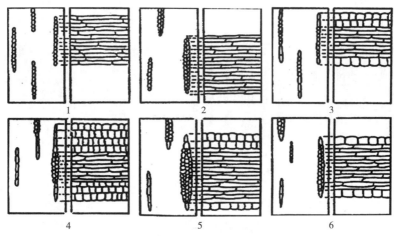

1、2—同形木射线；3~6—异形木射线。

图 5.46　同形木射线与异形木射线示意图

（资料来源：《木材学》第1版，2004）

为了对射线组织的类型进行更为细致的描述，研究者在Kribs(1968)射线分类的基础上，进行了修正和补充，成为目前射线组织分类应用最广泛的方法。根据这一分类法，Kribs同形射线指的是射线组织的所有射线细胞均为横卧细胞；Kribs异形射线Ⅰ型指的是射线组织由横卧细胞和4排以上直立或方形细胞组成；Kribs异形射线Ⅱ形指的是射线细胞由横卧细胞和2~4排直立或方形细胞组成，Kribs异形射线Ⅲ型指的是射线细胞由横卧细胞和1排直立或方形细胞组成。

（1）同形射线：射线组织全部由横卧细胞组成，同形射线又分为以下两种（图5.47）。

①同形单列：射线组织全为单列射线或偶见 2 列射线，且全由横卧细胞组成[图 5.47(a)]，例如杨柳科的杨属。

②同形单列及多列：射线组织由单列射线和多列射线共同构成，且单列射线和多列射线全由横卧细胞组成[图 5.47(b)]。例如，芸香科的黄檗、桦木科的桦木属、豆科的合欢属(*Albizia*)。

(2)异形射线：射线组织全部或部分由方形细胞或直立细胞组成，异形射线又分为以下两种。

①异形单列：射线组织全为单列射线或偶见 2 列射线，且由横卧细胞与直立细胞或方形细胞组成[图 5.47(c)]。例如，杨柳科的柳属，大戟科的木油桐(*Aleurites montana*)、山乌桕(*Triadica cochinchinensis*)、*Ostodes paniculatus*。

②异形单列及多列：射线组织由单列射线和多列射线共同构成，且单列射线和多列射线由横卧细胞与直立细胞或方形细胞组成。例如，马桑科(Coriariaceae)的马桑(*Coriaria nepalensis*)、紫金牛科的密花树。异形多列射线又分以下 3 种。

a. 异形I型：射线组织由单列射线和多列射线组成，单列射线由直立细胞和方形细胞构成；多列射线的单列尾部由直立细胞构成，多列部分由横卧细胞构成，且单列尾部较多列部分要长[图 5.47(d)]。例如，合椿梅科的 *Weinmannia descendens*、大风子科的 *Homalium foetidum*、香膏木科的香膏木(*Humiria* sp.)、茶茱萸科的 *Ottoschulzia* sp.、茜草科的咖啡(*Coffea* sp.)、省沽油科的山香圆(*Turpinia* sp.)、大戟科的银柴(*Aporusa dioica*)。

b. 异形 II 型：射线组织由单列射线和多列射线组成，与异形 I 型的区别为多列射线的单列尾部较多列部分要短[图 5.47(e)]。例如，金缕梅科的北美枫香、楝科的

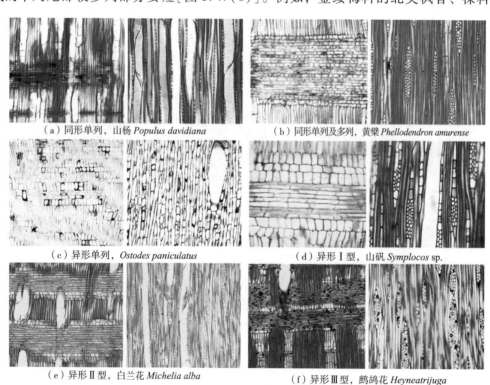

(a) 同形单列，山杨 *Populus davidiana*　　(b) 同形单列及多列，黄檗 *Phellodendron amurense*

(c) 异形单列，*Ostodes paniculatus*　　(d) 异形 I 型，山矾 *Symplocos* sp.

(e) 异形 II 型，白兰花 *Michelia alba*　　(f) 异形 III 型，鹧鸪花 *Heyneatrijuga*

图 5.47　不同的射线组织类型

Carapa guianensis、桑科的 *Treculia africana*、茜草科的 *Alseis peruviana*、省沽油科的野鸦椿(*Euscaphis* sp.)、梧桐科翻白叶树(*Pterospermum heterophyllum*)、木兰科的白兰(*Michelia alba*)。

c. 异形Ⅲ型：射线组织由单列射线和多列射线组成，单列射线全为横卧细胞或由直立细胞与横卧细胞共同组成。多列射线的单列尾部通常为一排方形细胞或直立细胞，多列部分则由横卧细胞组成[图 5.47(f)]。例如，五加科的丁桐皮，橄榄科的 *Aucoumea klaineana*，楝科的鹪鸪花(*Heynea trijuga*)。

5.2.2.4 木射线的特殊构造

阔叶树射线组织的特殊排列和射线组织内含有的特殊细胞，常成为木材识别的重要依据，这些独特的解剖学特征包括射线叠生、鞘细胞、瓦形细胞、乳胶管、单宁管、油细胞等。

(1)射线叠生(rays storied)：射线组织叠生是指在弦切向上，射线组织的高度基本一致，沿水平向或斜向整齐排列或带有一定的起伏(图 5.48)。叠生构造有时在肉眼下亦可见，即宏观构造中的波痕。通常情况下，射线叠生的热带树种多于温带树种，尤其在豆科的树种中非常普遍，而单位距离内叠生组织的层数对于树种的识别与鉴定也有一定参考价值。

由于阔叶树的射线组织类型多样，其呈现出的叠生特征也各不相同。有的树种是矮射线叠生，而高射线非叠生，例如，锦葵科的胖大海(*Scaphium* sp.)、伞白桐(*Triplochiton scleroxylon*)，豆科的加拿大紫荆(*Cercis canadensis*)。有的树种是所有射线均叠生[图 5.48(a)~(c)]，例如，豆科的黄檀属、紫檀属、苦木科的苦木。还有的树种中射

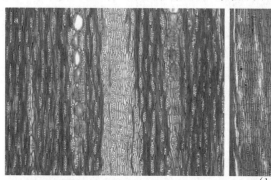
(a) 水平叠生，阔叶黄檀 *Dalbergia latifolia*

(b) 水平叠生，大果紫檀 *Pterocarpus macrocarpus*

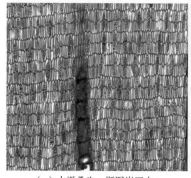
(c) 水平叠生，斯图崖豆木 *Millettia laurentii*

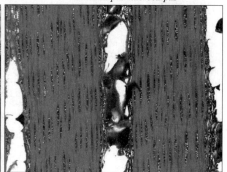
(d) 斜叠生，格木 *Erythrophleum fordii*

图 5.48 叠生构造

线组织的叠生并非呈水平状,而是具有一定的起伏或者沿斜向叠生,或者是仅在局部区域呈现出叠生特征[图 5.48(d)]。例如,楝科的 *Entandrophragma cylindricum*、木犀科的 *Fraxinus alba*、山榄科的猴子果(*Tieghemella* sp.)。

(2)鞘细胞(sheath cells):在弦切面上观察,鞘细胞通常位于宽射线(宽 3 个细胞以上)的外缘侧,形体比其内侧的射线细胞大或略大(图 5.49)。鞘细胞可见于下列科属的树种中:木棉科(Bombacaceae)的吉贝(*Ceiba pentandra*)、紫草科的蒜叶破布木(*Cordia alliodora*)、忍冬科的西洋接骨木、龙脑香科的 *Dipterocarpus lowii*、粗丝木科的吕宋毛蕊木(*Gomphandra luzoniensis*)、苦木科的臭椿、梧桐科的 *Sterculia oblonga*、锦葵科的毛果扁担杆(*Grewia eriocarpa*)。

(3)瓦形细胞(tile cells):属于中空的直立射线细胞(较少为方形),通常与射线组织中的横卧细胞混生在一起,间杂在水平排列的射线组织中(图 5.50),单列射线通常不具瓦形细胞。瓦形细胞主要出现于锦葵目(Malvales)的植物中,可见于下列科属的树种内:锦葵科的榴莲、瘤果麻(*Guazuma* sp.)、鹧鸪麻(*Kleinhovia hospita*)、翅子树,杨柳科的栀子皮。根据形态的不同,瓦形细胞又可进一步分为两类,第一类瓦形细胞的高度与横卧细胞相同,另一类瓦形细胞比横卧细胞高。但在某些树种中,上述形态区别并不是那么明显,例如,锦葵科瘤果麻属(*Guazuma*)和锦葵科扁担杆属(*Grewia*)的树种。

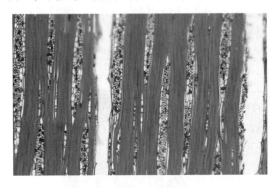

图 5.49 鞘细胞
(毛果扁担杆 *Grewia eriocarpa*)

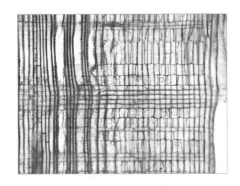

图 5.50 瓦形细胞
(栀子皮 *Itoa orientalis*)

观察时注意不要将鞘细胞与瓦形细胞混淆,前者通常在弦切面上观察,后者在弦切面和径切面上均可观察到,在分布位置上,鞘细胞通常位于射线组织的外缘侧,瓦形细胞在射线组织的内部和外缘侧均可存在。

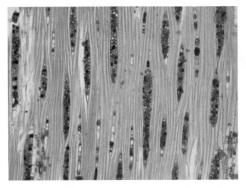

图 5.51 乳胶管(*Brosimum rubescens*)

(4)乳胶管(laticifer):是含有无色或浅黄色至褐色乳胶的细胞或不定长度的细胞串,可以沿径向延伸,也可沿轴向延伸(图 5.51)。沿径向延伸者可位于射线组织内,例如,夹竹桃科盆架树属(*Winchia*)、桑科蛇桑属、榕属、见血封喉属(*Antiaris*),以及萝藦科(Asclepiadaceae)、桔梗科(Campanulaceae)、番木瓜科(Caricaceae)、大戟科的部分属种。沿轴向延伸者可混杂于木纤维间,目前仅见于桑科的树种中。

（5）单宁管（tanniniferous tubes）：是含有单宁的细胞，形状与乳胶管相似，也存在于射线组织中，其管道甚长，管壁无纹孔，内含的红褐色物质以单宁为主（图 5.52）。目前仅见于肉豆蔻科的树种中。

尽管乳胶通常颜色较浅，而单宁的颜色较深，但是用内含物的颜色来区分乳胶管和单宁管通常不太可靠，通过化学分析来判定管内内含物的种类是比较可取的做法。由于乳胶管和单宁管在结构上的区别很小，在描述射线组织的特殊构造时，也可将两者合起来描述（Fujii，1988）。此外，单宁管从弦切面上往往难以辨认，因为其形态、尺度与射线细胞较为相近，在径切面上观察，单宁管通常比射线细胞要长。

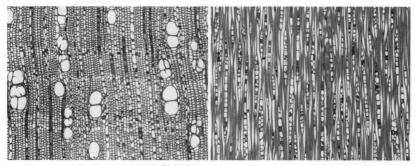

（a）假广子 *Knema erratica*

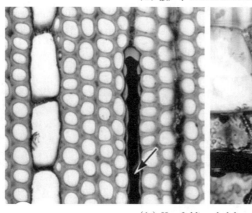
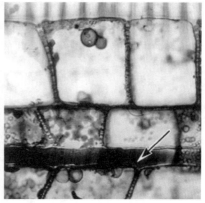

（b）*Horsfieldia subglobosa*

图 5.52　单宁管

（资料来源：IAWA，2007）

（6）油细胞和黏液细胞（oil and mucilage cells）：油细胞是含有油分的薄壁异细胞，多数情况下形体膨大，呈圆形，有时轴向较长，呈椭圆形（图 5.53）。常见于樟科的树种，例如 *Nectandra grandis*、*Ocotea glaucinia*、*Ocotea tenella*、*Phoebe porosa*，还有木兰科盖裂木（*Talauma* sp.）。黏液细胞是含有黏液的薄壁异细胞，通常具有膨大的形体，呈圆形，有时轴向明显较长，类似于木纤维。射线组织中具有黏液细胞的树种可见于樟科的鳄梨属（*Persea*）。

油细胞和黏液细胞通常出现在射线组织中或轴向薄壁组织中，也可能出现在木纤维中。这两类细胞在形态上非常相似，差别仅在于细胞内含物的不同，但油分和黏液类的内含物在显微观察试样的制片过程中极易被清除或破坏，需要引起注意。总体而言，油细胞和黏液细胞都不是阔叶树普遍具有的特征，仅出现在少数木本双子叶植物的科属中。

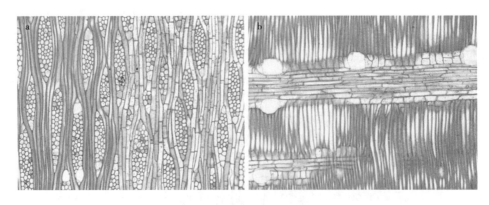

图 5.53 油细胞和黏液细胞(含笑 *Michelia* sp.)

（7）具穿孔的射线细胞(perforated ray cells)：该射线细胞的形体与其相邻的细胞相同或大于相邻细胞，侧壁上具有穿孔，通过穿孔与其两侧的导管分子相邻接(图5.54)。具穿孔的射线细胞可见于使君子科的 *Combretum leptostachium*、铁青树科的 *Chaunochiton breviflorum*。该类射线细胞壁上的穿孔类型可以是单穿孔、梯状穿孔、网状穿孔或筛状穿孔，与同一树种中导管分子的穿孔类型不一定一致。例如，杜英科的 *Sloanea monosperma*，其导管分子具有单穿孔，而前述的特殊射线细胞壁上具有梯状穿孔。此外，具穿孔的射线细胞壁上还有类似于管间纹孔式的具缘纹孔。在木质部中，具穿孔的射线细胞的分布可以是单独的，也可以呈径向或弦向排列。弦面壁上具有穿孔的此类射线细胞沿径向排列在一起时，又被称为径向的导管(Van Vliet，1976)。

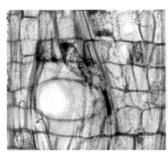 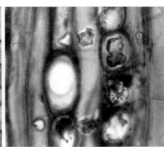 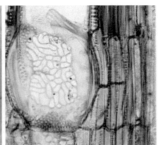

（a）*Chaunochiton breviflorum*　　（b）*Combretum leptostachium*　　（c）*Richeria racemosa*

图 5.54 具穿孔的射线细胞

（资料来源：IAWA，2007）

5.2.2.5 无射线组织的植物

有一部分植物，仅含有轴向的细胞或组织，缺乏径向的细胞或组织(图5.55)，例如，苋科的 *Arthrocnemum macrostachyum*、车前科(Plantaginaceae)的 *Hebe salicifolia* 和 *Veronica traversii*。无射线组织的植物仅存在于少量的科属中(Carlquist，1988)。需要指出的是，在一些具有木间韧皮部的无射线植物中，与木间韧皮部相连的薄壁细胞彼此联结，形成类似射线的结构。这些类似于射线的组织形态多样，尺度不一，在径向上从较短的楔状到长带状以及接近于多列射线的形态均有发现(Fahn et al.，1986)。因此，对于具有此类径向结构的树种进行解剖特征描述时，是否可以将其定义为无射线组织的植物须仔细斟酌。

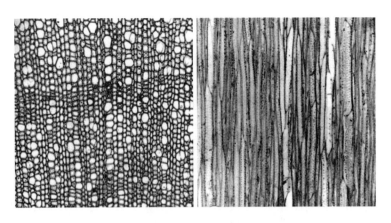

图 5.55　无射线组织的树种（*Veronica traversii*）
（资料来源：IAWA，2007）

5.3　胞间道

管状的胞间道(intercellular canals)由上皮细胞环绕而成，通常含有由上皮细胞分泌的次生代谢产物，例如树脂、树胶。根据胞间道延伸的方向，可将其分为轴向胞间道和径向胞间道；根据其内含分泌物的不同，胞间道又分为针叶树的树脂道和阔叶树的树胶道两类。

5.3.1　针叶树的胞间道

针叶树的胞间道通常称为树脂道。树脂道是由薄壁的上皮细胞环绕而成的孔道，是具有分泌树脂功能的一种组织，为针叶树的构造特征之一，平均占木材体积的 0.1%~0.7%。根据树脂道产生的机制，可将其分为正常树脂道和创伤树脂道，但并非所有针叶树都具有正常树脂道，仅存在松科的 6 个属，即松属、云杉属、落叶松属、黄杉属、银杉属和油杉属的树种中。

(1)树脂道的形成：树脂道是由尚具生理机能的薄壁组织的幼小细胞相互分离形成的。轴向和横向的泌脂细胞即上皮细胞，分别由形成层纺锤形原始细胞和射线原始细胞分裂形成，这两种原始细胞均可形成簇集的子细胞，子细胞未能以正常的方式分化为轴向细胞和射线细胞。每个子细胞进行有丝分裂产生许多排列成行的小细胞，平行于形成树脂道的轴。随后在靠近细胞簇中心细胞间的胞间层分离，在其中心形成一个细胞间隙通道，称为树脂道。围绕树脂道为一层完整的 1 至数层薄壁的泌脂细胞，称为泌脂细胞层。松属树种的泌脂细胞壁上无纹孔，未木质化，因而分泌树脂能力极强，是松属树种作为采脂树种的主要原因。

(2)树脂道的组成：树脂道由泌脂细胞即上皮细胞、死细胞、伴生薄壁细胞和管胞所组成(图 5.56)。具体而言，在细胞间隙的周围，由一层具有弹性，且分泌树脂能力很强的泌脂细胞组成，它是分泌树脂的源泉。在泌脂细胞外层，另有一层已丧失原生质，并已充满空气和水分的木质化死细胞层，它是泌脂细胞生长所需水分和气体交换的主要通道。在死细胞层外是活的伴生薄壁细胞层，在伴生薄壁细胞的外层是属于厚壁细胞的管胞。伴生薄壁细胞与死细胞之间，有时会形成细胞间隙，但在泌脂细胞与死细胞之间，却没有这种细胞间隙存在。

泌脂细胞这一概念指围绕在胞间道周围的特殊薄壁细胞，特指位于树脂道最内层的上皮细胞，不能用于指代围绕在胞间道周围，构成多层鞘状结构的轴向薄壁细胞。树脂由泌脂细胞产生，并向胞间道内分泌。

泌脂细胞的胞壁有弹性，当树脂道充满树脂时，将泌脂细胞压向死细胞层，泌脂细胞完全展平。当割脂和松脂外流时，孔道内压力下降，薄壁泌脂细胞就向树脂道内伸展，可能堵塞整个或局部树脂道，树脂道内的充填物称拟侵填体[图5.56(a)]，它有碍松脂的外流及木材防腐剂的渗透，但具有拟侵填体的木材天然耐久性较强。拟侵填体与侵填体的区别在于，前者的发育与形成不经过纹孔腔，可能出现于所有具有薄壁或略厚壁的泌脂细胞的树种中，例如松属，因而这一特征没有明显的识别价值。

泌脂细胞通常是方形或矩形，排列在一起形成连续的上皮细胞孔道。泌脂细胞的特征随树种而异，分为厚壁和薄壁两种。在云杉属、落叶松属、黄杉属、银杉属和油杉属的树种中，泌脂细胞的胞壁通常较厚，具有一定的刚性，而松属的所有树种中都存在典型的薄壁泌脂细胞。云杉属的树种中厚壁与薄壁的泌脂细胞共存。

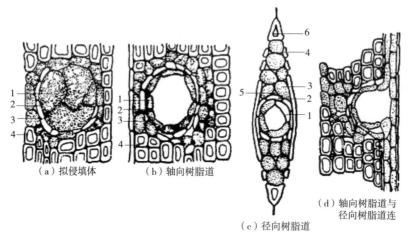

1—泌脂细胞；2—死细胞；3—伴生薄壁细胞；4—管胞；5—胞间隙；6—射线管胞。

图5.56 树脂道的结构

（资料来源：《木材学》第2版，2012）

泌脂细胞的个数也常作为区别不同属的特征之一，例如，黄杉属树种的径向树脂道有6个或更少的泌脂细胞，云杉属的树种有7~9个，落叶松属的树种超过12个。如果是大的创伤树脂道，泌脂细胞可达30~60个，但不能作为识别的依据。

(3)树脂道的大小：在具有正常树脂道的6个属中，松属树种的树脂道最多也最大，其直径为60~300μm；落叶松属的树种次之，直径为40~80μm；云杉属树种的树脂道直径为40~70μm；银杉属和黄杉属树种的树脂道直径为40~45μm；油杉属树种树脂道的直径最小。树脂道的长度平均为50cm，最长可达1m，它随树干的高度而减小。

5.3.1.1 轴向树脂道

轴向树脂道仅存在于松科的6个属中，即松属、云杉属、落叶松属、黄杉属、银杉属和油杉属(图5.57)。轴向树脂道通常出现于晚材区域，但在亚热带和热带的一些属的树种中分布较均匀，常是单独或偶尔成对出现，例如黄杉属和落叶松属的树种，或者沿弦向方向成组出现。

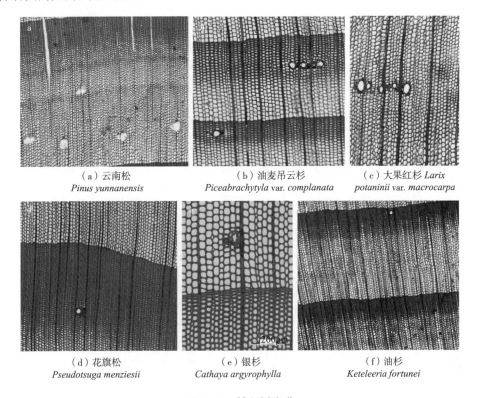

(a) 云南松
Pinus yunnanensis

(b) 油麦吊云杉
Piceabrachytyla var. *complanata*

(c) 大果红杉 *Larix potaninii* var. *macrocarpa*

(d) 花旗松
Pseudotsuga menziesii

(e) 银杉
Cathaya argyrophylla

(f) 油杉
Keteleeria fortunei

图 5.57 轴向树脂道

5.3.1.2 径向树脂道

上述具有正常轴向树脂道的 6 个属中，除了油杉属之外，都具有径向树脂道（图 5.58）。径向树脂道只存在于射线组织中，包含径向树脂道的木射线又称为纺锤木射线。它与轴向树脂道相互沟通，形成连通的树脂道网络。目前，尚未发现只存在径向树脂道的针叶树。

5.3.1.3 创伤树脂道

对针叶树而言，任何破坏树木正常生长的因素，都可能导致创伤树脂道的形成。创伤树脂道通常直径较大，形状不规则。针叶树的创伤树脂道也可分为轴向和横向两种，但除了雪松外，很少有轴向和径向创伤树脂道同时存在的情况。轴向创伤树脂道在横切面上呈弦列分布于早材区域，通常在生长轮开始处较常见（图 5.59），而正常轴向树脂道通常单独存在，多分布于早晚材交界处和晚材区域。径向创伤树脂道与正常径向树脂道一样，仅存在于纺锤形木射线中，但形体更大。

具有正常树脂道的松科 6 属以及其他科不具有正常树脂道的树种，例如雪松、红杉（*Larix potaninii*）、冷杉、铁杉（*Tsuga chinensis*）和水杉（*Metasequoia glyptostroboides*）树种，在受到外源刺激时都会形成创伤树脂道。具体而言，银杉属、落叶松属、云杉属、松属和黄杉属的树种具有正常的径向和轴向树脂道，在受到外部创伤时，则会形成创伤轴向和创伤径向树脂道；油杉属只形成正常轴向和创伤轴向树脂道。冷杉属和铁杉属不具有正常的树脂道，但偶尔可形成创伤轴向树脂道。在北美红杉中偶尔也存在创伤树脂道。

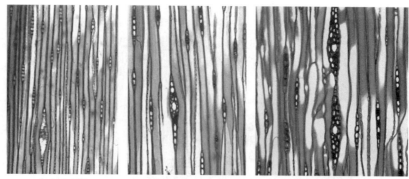

(a) 云南松 Pinus yunnanensis　　(b) 油麦吊云杉 Piceabrachytyla var. complanata　　(c) 大果红杉 Larix potaninii var. macrocarpa

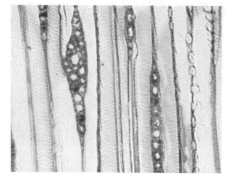 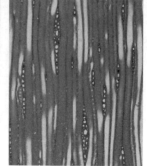

(d) 花旗松 Pseudotsuga menziesii　　(e) 银杉 Cathaya argyrophylla

图 5.58　径向树脂道

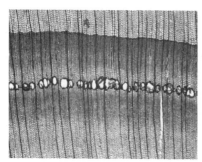 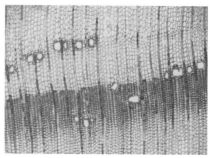

(a) 大果红杉 Larix potaninii var. macrocarpa　　(b) 油杉 Keteleeria fortunei

图 5.59　创伤树脂道

5.3.2　阔叶树的胞间道

阔叶树中的胞间道通常称为树胶道。阔叶树的树胶道和针叶树的树脂道一样，也分为轴向和径向两种，仅限于漆树科、龙脑香科、金缕梅科、豆科等科属的少数树种。根据形成原因的不同，阔叶树中也有正常树胶道和创伤树胶道之分。

5.3.2.1　轴向树胶道

正常轴向树胶道为龙脑香科、豆科等科属树种的特征。在横切面上观察，有星散状、短弦列状和长弦列状三种分布类型：①单个树胶道呈星散状分布[图 5.60(a)]，可见于龙脑香科的东京龙脑香、异翅香(*Anisoptera* sp.)、毛药香(*Cotylelobium* sp.)、长隔香(*Upuna* sp.)、*Vateria macrocarpa*、青梅(*Vatica* sp.)。②短弦列状,即 2~5 个轴向树胶道弦向排列[图 5.60(b)],可见于龙脑香科的羯布罗香、龙脑香(*Dipterocarpus* sp.)。③长弦列状,即 5 个以上的轴向树胶道沿弦向排列,可见于豆科的香漆豆(*Copaifera* sp.)、油楠(*Sindora* sp.),龙脑香科的冰片香(*Dryobalanops* sp.)、坡垒(*Hopea* sp.)、柊果香(*Neobalanocarpus* sp.)、柳安(*Parashorea* sp.)、白柳安(*Pentacme* sp.)、娑罗双。

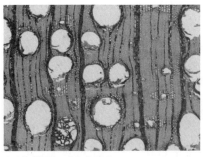 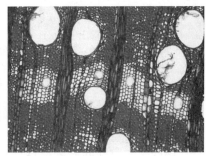

(a)星散状,东京龙脑香 *Dipterocarpus retusus*　　(b)弦列状,羯布罗香 *Dipterocarpus turbinatus*

图 5.60　轴向树胶道

5.3.2.2　径向树胶道

径向胞间道[图 5.61(a)~(c)]常含有树胶。其为漆树科、橄榄科、龙脑香科某些属种所具有的特征。可见于漆树科的胶漆树(*Gluta* sp.)、清香木、斑纹漆(*Astronium* sp.)、黄连木(*Pistacia* sp.)、*Tapirira guianensis*、橄榄科的 *Bursera gummifera*、白头树,龙脑香科的娑罗双属(*Shorea*)。

 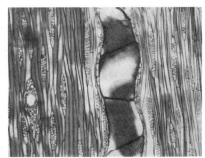

(a)胶漆树 *Gluta* sp.　　(b)白头树 *Garuga forrestii*

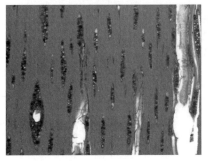 

(c)清香木 *Pistacia weinmannifolia*　　(d)斑纹漆 *Astronium* sp.

图 5.61　径向树胶道

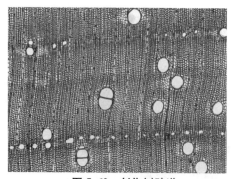

图 5.62 创伤树胶道
（油楠 *Sindora glabra*）

5.3.2.3 创伤树胶道

创伤树胶道也是由于树木生长时受到病虫侵害或外伤而产生，在横切面上常呈弦向带状分布，外形一般不规则，间距较密（图 5.62），可见于豆科的油楠，使君子科的榄仁树（*Terminalia catappa*），金缕梅科的北美枫香，楝科的卡巴拉（*Carapa procera*），蔷薇科的野黑樱桃（*Prunus serotina*），芸香科的 *Balfourodendron riedelianum*、九里香（*Murraya exotica*），苦木科的苦木。

5.4 针叶树与阔叶树微观构造的比较

针叶树、阔叶树木质部的微观构造存在明显差异，前者组成细胞的种类少；后者种类多，且进化程度高。主要表现在：针叶树木质部的主要组成分子——管胞，既有输导功能，又有对树体的机械支持机能。而阔叶树木质部的各组成分子则各司其职，例如导管负责输导，木纤维为树体提供机械支持。针叶树、阔叶树木质部最大的差异是前者通常不具导管，而后者绝大多数都具有导管。此外，阔叶树的射线组织比针叶树的宽，射线组织和薄壁组织的类型更加丰富，且含量多。因此阔叶树在木质部构造和材性上比针叶树要复杂、多变。

综上，将针叶树和阔叶树木质部微观构造上的主要差异总结于表 5.1。

表 5.1 针叶树和阔叶树木质部微观构造上的主要差异

组成分子	针叶树	阔叶树
导管	不具有	具有
管胞木纤维	管胞是主要分子，不具韧型纤维。管胞横切面呈四边形或六边形。早晚材的管胞差异较大	具有环管管胞和导管状管胞。木纤维（纤维状管胞和韧型纤维）是主要分子，细胞横切面形状不规则，早晚材之间差异不大
木射线	具射线管胞，组成射线的细胞都是横卧细胞，多数是单列。具有径向树脂道的树种会具有纺锤形木射线	不具射线管胞。组成射线的细胞也有都是横卧的，一般是横卧细胞、直立或方形细胞一起组成的较多。射线仅为单列的树种少，多数为多列射线，有些含聚合射线
胞间道	仅松科某些属具有正常的树脂道，分布多为星散状或短弦列状（轴向正常树脂道常为两个树脂道隔着木射线并列，而创伤树脂道常呈短弦列状排列）	具有树胶道。某些树种具有轴向和横向两种。有些仅有轴向，而多数仅有横向。轴向树胶道的排列有星散状、短弦列状和长弦列状
矿物质	仅少数树种的细胞含有草酸钙结晶，不含二氧化矽	在不少树种的细胞中含有草酸钙结晶，结晶形状多样。有些热带树种的细胞中含有二氧化矽

第 6 章
木材的超微构造

在电子显微镜开始普及以前，人们对木材构造的认知仍存在一定的局限性。运用偏光显微镜虽然可以获知木材细胞壁具有不同的层数，但并不了解不同壁层间的区别。运用光学显微镜虽然可以观察到细胞壁上的纹孔、螺纹加厚等特征，但并不了解这些特征的微细结构与差异。在1950年以后，电子显微技术的广泛运用，才迅速揭开木材细胞主要是细胞壁上更加细微的结构特征，研究者将其称为木材的超微构造。在本章中，针对木材细胞壁的超微构造主要从两个方面进行阐释，一部分为细胞壁的超微结构，另一部分为细胞壁主要成分的超微分布。

6.1 木材细胞壁的层次结构

绝大多数成熟的木材细胞是由其实体物质——细胞壁构成的空腔结构，因此，对木材细胞的研究实际上集中于木材细胞壁的研究。根据不同的堆积阶段，通常将木材细胞壁分为初生壁(P)、次生壁(S)以及两细胞间的胞间层。

6.1.1 胞间层

胞间层(middle lamella)是细胞分裂后最早形成的分隔部分，接下来将在其两侧沉积形成初生壁。胞间层主要由一类无定形、胶体状物质所组成，呈各向同性。光学显微镜下，很难将成熟细胞的胞间层与初生壁区分开，因此通常将胞间层和其两侧的初生壁合在一起称为复合胞间层。

6.1.2 初生壁

初生壁(primary wall)是细胞分裂后，随着细胞体积的不断增大，逐渐在胞间层两侧沉积形成的壁层。细胞停止增大后沉积的壁层为次生壁。因此，可以将是否"在细胞体积增大时沉积形成的壁层"作为初生壁的判定标准。初生壁的木质素浓度高于其他壁层。初生壁的厚度通常只占细胞壁厚度的1%或略多。

6.1.3 次生壁

次生壁(secondary wall)是细胞停止增大以后，在初生壁上沉积的壁层。初生壁形成后细胞体积不再增大。随着细胞腔内原生质的活动，次生壁不断沉积。一直到原生质停止活动，次生壁停止沉积，此时细胞腔变成中空。通常次生壁占细胞壁厚度的95%以上。

6.1.4 瘤状层

瘤状层(warty layer)是包含木质素等的一类无定形物质，在木材细胞壁内表面形成的结壳层，其表面呈微细凸起。瘤状层呈各向同性，瘤状物的大小和结构随树种而异。瘤状物平均直径为100~500nm，平均高度为500nm~1μm，形状多为圆锥形，亦有其他形状。瘤状层常出现在厚壁细胞中。目前尚未在轴向薄壁细胞和射线薄壁细胞中发现瘤状层。

6.2 木材细胞的壁层结构

木材是由不同种类的细胞组成的。针叶树木质部主要包括轴向管胞、射线薄壁细胞和轴向薄壁细胞等；阔叶树木质部主要包括木纤维、导管、管胞、射线薄壁细胞和轴向薄壁细胞等。不同种类的细胞，其细胞壁的壁层结构也不尽相同。

6.2.1 管胞的壁层结构

针叶树管胞初生壁微纤丝排列相对松散，呈交织的网状，但总体趋向横向排列(与细胞轴略呈直角)。这主要是因为初生壁微纤丝是在细胞不断生长过程中沉积的。最初微纤丝的沉积方向非常有规则，与细胞轴略呈直角，围绕细胞轴呈横向一圈圈平行排列，这样可以限制细胞的横向生长，主要沿轴向伸长。随着细胞的轴向伸长，微纤丝排列方向逐渐改变，出现松散的交织网状，但整体仍趋向横向排列。微纤丝的这种排列状态有利于细胞以轴向为主的生长。

根据微纤丝排列方向的不同可将管胞次生壁分为3层：次生壁外层(S_1)、次生壁中层(S_2)、次生壁内层(S_3)。与初生壁不同，次生壁的微纤丝排列比较有规律，各壁层都呈螺旋取向，但倾斜度不同。S_1层微纤丝排列平行度较好，与细胞轴呈50°~70°夹角；S_2层微纤丝排列平行度最好，与细胞轴呈10°~30°夹角；S_3层微纤丝排列平行度一般，与细胞轴呈60°~90°夹角。由此可见，S_1层和S_3层微纤丝排列倾向于与细胞轴垂直；而S_2层微纤丝排列倾向于与细胞轴平行。管胞胞壁的这种壁层结构，不仅赋予了管胞横向和轴向的受力性能，也使管胞的细胞壁更加稳固。次生壁S_3层表面为无定向瘤状层。

典型的针叶树轴向管胞的壁层结构见图6.1(Hirakawa et al., 1981)。管胞次生壁S_1层的厚度为细胞壁厚度的9%~21%；次生壁S_2层的厚度为细胞壁厚度的70%~90%；次生壁S_3层的厚度为

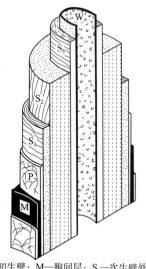

P—初生壁；M—胞间层；S_1—次生壁外层；S_2—次生壁中层；S_3—次生壁内层；W—瘤状层。

图6.1 针叶树轴向管胞的壁层结构

细胞壁厚度的 0~8%。因此，管胞细胞壁的厚度主要由 S_2 层的厚度决定。

下面以台湾杉和多脂松为例，对针叶树管胞壁层的超微结构进行阐释。图 6.2 左为台湾杉经 2%高锰酸钾染色的管胞胞壁超薄横切片，用透视电子显微镜（TEM）观察和拍摄的照片。在其次生壁形成的过程中，无数表面附着有半纤维素的微纤丝，互相平行地层层铺积在原有的初生壁上面。微纤丝的层积产生了微空隙（micropores），这些微空隙多为细长形，其长向基本同于微纤丝的走向。在细胞壁木质化时，木质素的前驱体（lignin precursors）渗入微空隙里，再经木质素酶的作用，就地互相聚合成为木质素，因此木质素在细胞壁内也多为细长形。未被木质素填满的微空隙，则在心材形成时，部分由水溶性的抽提物填塞。用高锰酸钾水溶液染色木材试样的时候，高锰酸钾仅与木质素和苯酚类抽提物相作用，使电子密度大的锰原子附着在木质素和苯酚类抽提物上。木材细胞壁各层微纤丝的倾角不同，所显示的由木质素染色造成的电子密度影像也不同，因此，经由木质素染色即可显示出细胞壁层次，并依此估计各壁层的厚度。

图 6.2 右为多脂松径面壁碳复型模（carbon replica）的照片，显示了管胞不同壁层的形态。图中左下角为该管胞的边缘，黑色部分为胞间层，可以此确定管胞的轴向。图中左上角大部分区域为 S_3 层表面，S_3 层的微纤丝排列与纵轴形成接近 90°的夹角。部分 S_3 层在制样时被剥离，露出其下的 S_2 层与 S_3 层的界面，该处的微纤丝走向约与纵轴形成 50°的夹角。上述观察结果表明，运用超薄切片和碳膜复型技术，结合透射电子显微镜观察，可以较好地揭示出管胞胞壁的层次、各层的厚度以及各层微纤丝的走向。

左：台湾杉（*Taiwania cryptomerioides*）经2%高锰酸钾染色的管胞横切片TEM照片；
右：多脂松（*Pinus resinosa*）管胞径面壁碳复型膜的TEM照片。

图 6.2 两种针叶树管胞壁的壁层结构

6.2.2 导管的壁层结构

根据前人的研究，阔叶树导管的初生壁按照微纤丝排列特征可以分成外层、中层和内层。初生壁外层微纤丝与细胞轴几乎呈直角，初生壁中层的微纤丝排列呈无序状态，初生壁内层微纤丝排列则呈直角、倾斜、平行 3 个方向。次生壁根据微纤丝排列方向的不同，可分为以下 3 种情况：有的树种导管的次生壁只有 1 个壁层；有的树种导管次生壁可分为 3 个壁层；还有的树种导管次生壁甚至可以分为多个壁层。导管次生壁可分为 3 层者和管胞及木纤维次生壁的构造基本相同（岸恭二，1984）。

6.2.3 薄壁细胞的壁层构造

薄壁细胞对木材强度的影响远不及各种厚壁细胞，因此对其细胞壁结构的研究较少，其中又以射线薄壁细胞为主，对轴向薄壁细胞的研究更少。与管胞、木纤维、导管等厚壁细胞相比，木质部薄壁细胞的壁层构造相对复杂，存在多层交叉构造。木射线薄壁细胞分为薄壁和厚壁两种，前者仅具初生壁且没有纹孔，细胞间通过多孔的原生质区进行物质交流与信息沟通（图6.3），后者具有木质化的次生壁且有单纹孔。具有次生壁的射线薄壁细胞的胞壁厚度仍小于管胞胞壁的厚度，但也具有 $P+S_1+S_2+S_3$ 的结构。下面将对针叶树和阔叶树中薄壁细胞的壁层结构分别进行阐释。

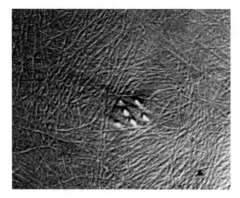

图6.3 射线薄壁细胞的初生壁及其上的原生质区（北美红杉 *Sequoia sempervirens*）

针叶树射线薄壁细胞的细胞壁构成可分为两种类型：一种类型只包含初生壁和保护层，另一种类型包含初生壁、次生壁和保护层。其中，初生壁也可分为3层：微纤丝和细胞轴几乎呈平行排列的 P_1 层、网状排列的 P_2 层、交叉多层构造的 P_3 层。次生壁按照微纤丝排列方向的不同可分成2层。两种类型的细胞壁最内层都是保护层。这层微纤丝排列的特点是呈网状。轴向薄壁细胞除了 P_1 层外，其细胞壁构造和射线薄壁细胞相同（Fijikawa et al., 1975；Harada et al., 1976）。

阔叶树射线薄壁细胞和轴向薄壁细胞的壁层结构基本相同。这两种薄壁细胞的初生壁都呈交叉多层构造，有些树种的次生壁存在无定形层（英文缩写AL，也称保护层或同性层）。无定形层中半纤维及木质素含量丰富，同时含有少量果胶和纤维素。所有阔叶树的薄壁细胞中都存在定向层（英文缩写CL），定向层是一些研究者根据壁层中微纤丝排列的整齐度来定义的，亦即前述的次生壁，因其微纤丝排列整齐有序，故称为定向层。阔叶树薄壁细胞的次生壁构造分为3类：3CL（类似管胞和木纤维次生壁构造）；3CL+AL（AL层位于CL层朝向细胞腔一侧）；3CL+AL+1CL（这里的1CL是位于AL层内侧的CL层）。其中，3CL是标准的阔叶树射线薄壁细胞次生壁构造；3CL+AL是与导管相邻的具有纹孔的薄壁细胞壁层的标准构造（Fujii et al., 1979；Fujii et al., 1980；Fujii et al., 1981）。

6.3 木材细胞壁的堆积

6.3.1 纤维素及微纤丝的合成

细胞壁的增厚即微纤丝在细胞壁上的堆积，主要是在细胞壁与细胞质膜的邻接处进行，这一观点基于以下事实：①在细胞质里从未发现有高分子的葡萄糖聚合体，而仅有核酸葡萄糖 UDP-Glucose；②休眠中的细胞的细胞膜表面平滑，且不经常紧贴细胞壁，而分化中的细胞的细胞膜紧贴细胞壁并有无数的褶皱（图6.4 左）（Cronshaw,

1965);③源自内质网和高尔基体(golgi apparatus)的小囊泡(vesticles)不断融入细胞膜;④与细胞壁紧贴的细胞膜表面上有无数有组织的及零散的粒状体,且有新形成的微纤丝直接连在有组织的粒状体上(图6.4中)(Muhlethaler,1965)。根据Muhlethaler的说法,细胞膜里有组织的粒状体负责组编微纤丝,零散的粒状体则负责半纤维素的制造。微纤丝的结晶区里纤维素排列紧密,半纤维素只能分布在非结晶区里以及附着在微纤丝的表面,此外,半纤维素还会扩散到已形成的次生壁的空隙里(Roberts et al.,1969)。在1980年以后,分布在细胞膜里有组织的纤维素及微纤丝合成结构被证实,并被定名为纤维素合成复合体(cellulose synthase complex,CSC)(Mueller et al.,1980)。纤维素合成复合体是由六块纤维素酶组成,称为六瓣玫纹复合体,简称玫瓣体(rosette)(Giddings et al.,1988)。玫瓣体的直径为25~30nm,在形成初生壁时玫瓣体零星分布,在形成次生壁时则紧密聚集(图6.4右)(Giddings et al.,1988)。

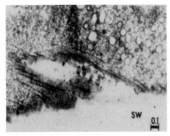

左:细胞膜紧贴现有的细胞壁(SW)并有褶皱,褶皱邻近有许多微管和小囊泡;
中:细胞膜上有组织的和零散分布的粒状体;
右:次生壁形成时在细胞膜上有组织的纤维素酶玫瓣体。

图6.4 胞壁堆积过程中细胞膜上的微细结构

(左:引自Cronshaw,1965;中:引自Muhlethaler,1965;右:引自Giddings & Staehelin,1988)

玫瓣体是由高尔基体以好几种糖基转移酶(glycosyltransferase)组成,然后沿着肌动蛋白(actin)输送到细胞膜里。玫瓣体每个瓣由6个纤维素酶组成,每个纤维素酶合成一条纤维素大分子链,因而每个玫瓣体可以同时合成平行的36条纤维素大分子链,形成一根原纤丝(elementary fibril)(Doblin et al.,2002;Ding et al.,2006)。但是,也有研究者提出每个玫瓣体仅合成18根和24根纤维素分子链(Hill et al.,2014;Kumar et al.,2015)。玫瓣体合成纤维素分子链数目的差异,可能与初生壁和次生壁的形成有关。纤维素合成复合体中的纤维素酶有许多异型(Isoforms),纤维素酶CESA1、3、6和与CESA6相似的CESA2、5、9主导初生壁的形成,纤维素酶CESA4、7、8则涉及次生壁的形成(Kumar et al.,2015;Lei et al.,2012)。利用荧光蛋白标记配合激光共聚焦显微技术(fluorescence confocal microscopy,FCM),能够观察活细胞的动态细胞壁形成。组成纤维素合成复合体的纤维素酶是在内质网合成,再由高尔基体沿着微丝(microfilament)输送到细胞膜里(Wightman et al.,2010)。纤维素酶CESA3和6在形成初生壁时以270~350μm/min的速度移动,相当于每分钟组合300~1000个葡萄糖单元(Paredez et al.,2006),纤维素酶CESA7在形成次生壁时则以7μm/s的速度合成纤维素,约1000倍于初生壁的合成速度(Wightman et al.,2009)。

6.3.2 微纤丝走向的调控

关于微纤丝走向的调控机制,有以下两种观点:①由微管控制;②由细胞质回流控制。下面分别进行阐释。

6.3.2.1 微管控制说

在初生壁里，微纤丝的走向没有规律，在次生壁 S_1、S_2 及 S_3 层里则有一定的规律。在细胞壁形成的过程中，细胞如何控制这个规律至今尚无定论，但一般都认为与微管（microtubules）和微丝（microfilaments）有关。微管是由微管蛋白（tubulin）构成，其外径约为25nm，中空内径约为7nm。微管在细胞质内不时分解和重聚，在形成次生壁期间，经常平行聚积在细胞膜内边缘（图6.4左）而被称为周边微管（cortical microtubules），并且其排列经常与微纤丝的走向平行。微丝由肌动蛋白 F-actin 构成，直径约7nm，长可达数百 nm，一般认为微丝为细胞质回流（cytoplasmic streaming）提供动力。电子显微镜的观察结果显示，微丝与内质网有密切的关系，因此，有可能是由于微丝与内质网的联结机制，即微丝把内质网沿着微丝的长轴向带动，因而引起细胞质流动（Rachar et al.，1988）。微管与微丝共同组成细胞骨架（cytoskeleton）。

自从电子显微技术被广泛应用到细胞壁形成的观察中，周边微管的排列一再被证实与微纤丝的走向吻合，因而被认为是控制微纤丝走向的重要因素（Funada，2003）。但是，细胞壁的形成是动态的过程，电子显微技术仅能观察整个动态过程中静态的一点，因此，细胞如何控制微纤丝的走向，很难仅仅从静态的显微观察结果得到切实的结论。有研究者曾用除草剂 Oryzalin 解散微管，但发现在长时间无外设微管的情况下，并未改变或扰乱微纤丝走向，因而怀疑微纤丝的走向是直接由周边微管控制（Wasteneys，2004）。此外，由蛋白质组成的周边微管和多种蛋白质有密切的关系，研究者进一步提出，周边微管的主要功能是向细胞质内的合成酶复合体输送核酸葡萄糖单元，而与微纤丝走向无关。

还有研究者用不同的抗体分别进行荧光标记，以便同时观察拟南芥分化中细胞的纤维素合成酶复合体和周边微管的移动情况（Paredez et al.，2006）。观察结果表明，合成酶复合体与周边微管虽然同向移动，但周边微管以合成酶复合体4倍的速度较快地移动，同时在周边微管分解与重组期间，合成酶复合体并不改变其移动方向。这一结果显示，微纤丝的走向也不一定直接由周边微管控制。要把微纤丝沉积于现有的细胞壁上，合成酶复合体必须移动，可是其驱动力的来源至今仍不十分明了。有研究者提出合成酶复合体的移动动力，来自合成纤维素期间添加葡萄糖单元时发生顶力所造成的抽丝作用（Diotallevi et al.，2007）。

综上，虽然多数研究者认为微纤丝的走向与周边微管的排列有关，但微管与移动动力无关，细胞质内与动力有关的蛋白质是组成微丝的肌动蛋白 F-actin。

6.3.2.2 细胞质回流控制说

如前所述，要使微纤丝有序地堆积到现有的细胞壁上，合成酶复合体必须移动，但驱动合成酶复合体移动的动力绝非微管，因为微管自身并不具驱动力，控制微纤丝走向的机制也有可能是由细胞质回流主导。图6.5左为一列北美红杉边材里的轴向薄壁细胞，图中细胞腔内的淀粉粒呈斜纵向排列，间接表明了细胞质的流动方向。细胞质回流可带动细胞质内的细胞器（图6.5右），也同时驱动了细胞膜和其内负责组编微纤丝的纤维素合成酶复合体。

子细胞刚分裂出来时，即发生横向膨胀和轴向伸长，细胞内充满细胞质及无数的小液泡，细胞骨架（cytoskeleton）也许是网状，此时细胞质回流缓慢且整体来说没有一定的方向，所以此时形成的初生壁的微纤丝堆积没有一定的走向。在形成次生壁的 S_1 层时，小液泡互相融合成为较大的液泡并且继续增大。细胞内空间的改变也改变了细胞骨架形态，使细胞质的回流变成较大液泡间横向加速的流动，导致细胞膜上纤维素合成复合体以所谓的 S 形螺旋在细胞壁上排列微纤丝。S_1 层的堆积完成时，液泡继续互相聚合，增大到细胞内只有两个大液泡，把细胞质全部挤到周边。由于细胞内空间的改变，狭窄的细胞质流从缓和的 S 形螺旋转变成快速沿着细胞纵轴的陡峭 S 形螺旋。在此期间，纤维素合成复合体如图 6.5 右所示，沿着细胞纵轴方向移动，因而也把合成出来的 S_2 层微纤丝沿着细胞纵轴方向堆积在细胞壁上面。微管为长条形，此时自然因快速的细胞质斜纵向流动，而使其长向在周边互相平行的排列。换而言之，微管在周边细胞质的排列与微纤丝走向一致。S_2 层堆积完成后，大液泡开始分解，使得细胞质再度呈横向减速流动，微纤丝则沿着 Z 形螺旋方向排列而形成 S_3 层。最后，细胞死亡之前细胞质不再流动，合成复合体则把残余的物质堆集到微纤丝的末端形成瘤状层（Kuo et al.，1986）。

细胞质为水性溶液，而细胞膜为黏度较高的油质胶液，所以在细胞质内的周边微管和其他细胞器（organelles）的流动速度一定会比细胞膜上纤维素合成复合体的流动要快得多，况且合成复合体还同时受到向细胞壁上堆集微纤丝的牵制。这也是为什么前节所述，有研究者观察到周边微管以 4 倍于纤维素合成复合体的速度移动的原因（Paredez et al.，2006）。

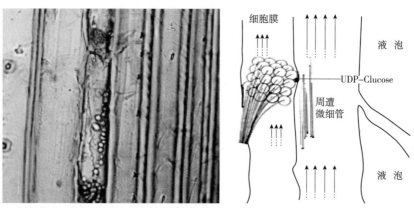

左：轴向薄壁细胞内因细胞质回流致使淀粉粒整齐地沿对角线排列；
右：细胞次生壁形成示意图，微纤丝的走向由细胞质流向决定。

图 6.5 细胞质回流

6.4 木材细胞壁的结构特征

木材细胞壁上的结构特征主要包括：纹孔、澳柏型加厚、螺纹加厚、瘤状层等。

6.4.1 纹 孔

纹孔（pit）是指木材细胞次生壁沉积加厚时，初生壁上未被增厚的部分，即次生壁上的凹陷。在活立木中，纹孔是相邻细胞间水分和养分的交流通道；在加工利用过程中,纹孔的大小及数量对木材干燥、胶黏剂渗透和化学试剂浸注等均有较大的影响;同时,纹孔也是木材识别的重要依据。根据纹孔的结构,可将纹孔分为单纹孔和具缘纹孔。

6.4.1.1 单纹孔的结构

单纹孔(simple pit)是指当细胞次生壁加厚时,所形成的纹孔腔宽度保持不变的纹孔。单纹孔的结构较简单,只有一个纹孔口,无纹孔塞。单纹孔通常存在于薄壁细胞和韧型纤维中。单纹孔与具缘纹孔最基本的区别是,单纹孔次生壁上不具拱形隆起。在极厚的细胞壁上存在一种特殊的单纹孔,纹孔腔是由许多细长的孔道呈分枝状连接起来通向细胞腔,这种纹孔被称为分歧纹孔(branched pit or ramiform pit),多见于树皮中的石细胞(图6.6、图6.7)。

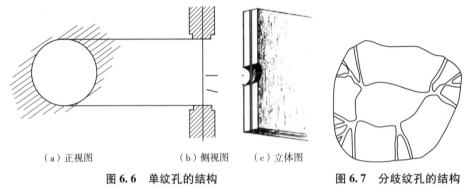

(a)正视图　　(b)侧视图　　(c)立体图

图6.6　单纹孔的结构　　　　　　　　　**图6.7　分歧纹孔的结构**

(资料来源:《木材学》第2版,2012)

6.4.1.2 具缘纹孔的结构

具缘纹孔(bordered pit)是指当细胞次生壁加厚时,在其纹孔膜上方形成拱形纹孔缘的纹孔,其结构相对复杂。具缘纹孔主要存在于各种厚壁细胞中,例如针叶树的轴向管胞、索状管胞及射线管胞;阔叶树的导管、纤维状管胞及环管管胞。在不同种类细胞的胞壁上,具缘纹孔的形状和结构不同,通常可分为以下2种:

(1)针叶树与阔叶树中典型的具缘纹孔:针、阔叶树中厚壁细胞上具缘纹孔的结构基本相似。通常由以下几部分组成(图6.8、图6.9)。

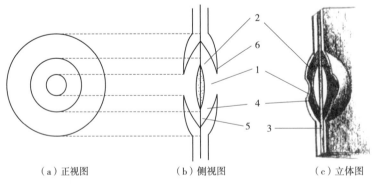

(a)正视图　　(b)侧视图　　(c)立体图

1—纹孔口;2—纹孔塞;3—纹孔环;4—纹孔腔;5—塞缘;6—纹孔缘。

图6.8　针叶树轴向管胞的具缘纹孔

(资料来源:《木材学》第2版,2012)

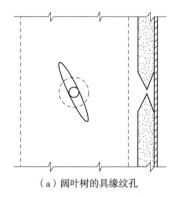 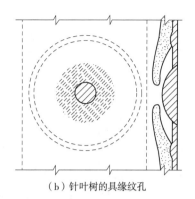

（a）阔叶树的具缘纹孔　　　　　　（b）针叶树的具缘纹孔

图 6.9　阔叶树和针叶树具缘纹孔的区别

纹孔膜（pit membrane）：分隔两个相邻细胞壁上纹孔的隔膜称为纹孔膜（即复合胞间层），纹孔膜具一定的通透性。

纹孔缘（pit border）：次生壁在纹孔上方形成的拱形隆起，称为纹孔缘。

纹孔环（pit annulus）：纹孔膜周围的加厚部分。

纹孔室（pit chamber）：纹孔缘与初生壁之间的空腔称为纹孔室。

纹孔道（pit canal）：纹孔室与细胞腔之间的孔道称为纹孔道。

纹孔腔（pit cavity）：由纹孔膜到细胞腔的全部空隙，称为纹孔腔。

纹孔口（pit aperture）：纹孔室通向细胞腔的开口称为纹孔口。纹孔道向着细胞壁的开口称为纹孔外口，纹孔道向着细胞腔的开口，称为纹孔内口。针叶树的早材管胞由于胞壁薄，具缘纹孔通常不存在纹孔道，只有一个纹孔口。阔叶树的纤维状管胞通常有 2 个纹孔口。如图 6.10、图 6.11 所示，纹孔外口多呈圆形，其直径小于纹孔环直径。而纹孔内口可呈椭圆形、透镜形或裂隙形，其直径有时小于或等于纹孔环，形成内含纹孔口；有时其直径大于纹孔环，形成外延纹孔口。

纹孔塞（torus）：在某些针叶树轴向管胞壁上的具缘纹孔膜有一个圆盘状的增厚区域，称为纹孔塞，纹孔塞通常为圆形或椭圆形。阔叶树细胞的纹孔膜通常不具纹孔塞。

塞缘（margo）：纹孔塞周围的纹孔膜称为塞缘，塞缘为多孔结构，具有较好的通透性。

（a）纤维状管胞间的具缘纹孔(内含纹孔口)　　（b）纤维状管胞间的具缘纹孔(外延纹孔口)

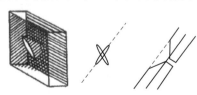

（c）韧型纤维间的单纹孔

图 6.10　阔叶树纤维状管胞的纹孔

（资料来源：《木材学》第 2 版，2012）

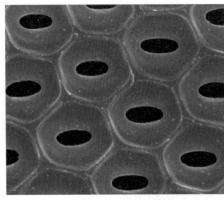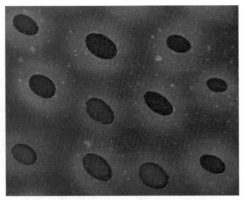

（a）从阔叶树导管分子外壁拍摄的纹孔　　　（b）从阔叶树导管分子内壁拍摄的纹孔

图 6.11　阔叶树导管分子的纹孔

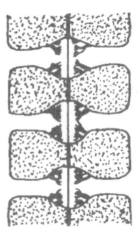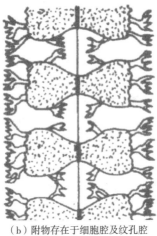

（a）附物只存在于纹孔室　　（b）附物存在于细胞腔及纹孔腔　　（c）导管分子的附物纹孔

图 6.12　阔叶树的附物纹孔

（资料来源：《木材学》第 2 版，2012）

（2）阔叶树的附物纹孔（vestured pit）：这是一种特殊的具缘纹孔，在纹孔缘、纹孔膜等部位存在一些凸起物，称为"附物"（图 6.12）。附物的分布可从细胞的纹孔膜一直延伸到纹孔缘，甚至到纹孔周围的细胞腔。许多阔叶树种都具有附物纹孔，尤其是豆科。纹孔上的附物是细胞发育末期，由细胞腔和纹孔腔内的细胞质形成，其基本形态及化学性质与瘤状层的瘤状节相似（Schmid，1965）。附物纹孔常见于导管壁上的具缘纹孔，有时也可见于纤维状管胞壁上的具缘纹孔。它可存在于某些属的全部树种，或该属的某一树种，因此是鉴别阔叶树的特征之一。

6.4.1.3　纹孔对

纹孔是相邻细胞间水分、养分和气体的交换通道，因此纹孔多数成对。纹孔对（pit-pair）即细胞壁上的一个纹孔与其相邻细胞的另一个纹孔成对形成通道。典型的纹孔对有以下几种（图 6.13）：①单纹孔对（simple pit-pair）：由两个单纹孔形成的纹孔对。多数存在于薄壁细胞之间，有时也可存在于厚壁细胞之间。②具缘纹孔对（bordered pit-pair）：由两个具缘纹孔形成的纹孔对。存在于厚壁细胞之间。③半具缘纹孔对（half-bordered pit-pairs）：由一个单纹孔和一个具缘纹孔形成的纹孔对。

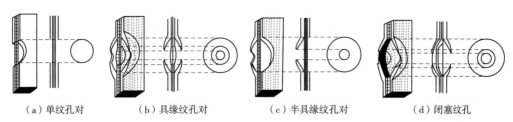

（a）单纹孔对　　　　（b）具缘纹孔对　　　　（c）半具缘纹孔对　　　　（d）闭塞纹孔

图 6.13　各种类型的纹孔对

（资料来源：《木材学》第 2 版，2012）

针叶树的具缘纹孔，由于相邻细胞内压力不均衡，易导致纹孔塞侧向位移，从而将一个纹孔口堵住，呈闭塞状态的纹孔称闭塞纹孔（aspirated pit）。

一般而言，输导组织细胞间的纹孔形成具缘纹孔对，管胞与薄壁细胞间的纹孔形成半具缘纹孔对，薄壁细胞间的纹孔形成单纹孔对。针叶树管胞的具缘纹孔的结构如图 6.14 左所示，包括两个相邻管胞共享的纹孔膜（pit membrane），两面对称的从管胞次生壁延伸而来的纹孔缘（pit border），两组纹孔缘内的纹孔室（pit chamber）以及圆形至椭圆形的纹孔口（pit aperture）。纹孔膜中央部位为圆盘形不透水和气的纹孔塞（torus），被称为纹孔塞缘（margo）的纹孔膜外缘区域则由放射状微纤丝组成。纹孔塞缘通常为多孔性结构，得以让水、液体及气体进出纹孔。图 6.14 左是北美红杉早材的未闭塞纹孔，可见纹孔缘内外的胞壁表面的瘤状层。图 6.14 右为台湾杉管胞纹孔缘的结构，图片显示纹孔缘来自初生壁向纹孔口的延伸，然后又在细胞腔壁（外）和纹孔腔壁（内）的表面添附了更多的次生壁层，即纹孔缘的增厚源自分别从细胞腔表面和从纹孔腔表面添附的胞壁物质。此外，纹孔腔壁的表面也分布了一层木质素。

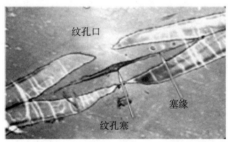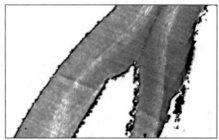

左：北美红杉（*Sequoia sempervirens*）早材的未闭塞纹孔；
右：台湾杉（*Taiwania cryptomerioides*）边材管胞的具缘纹孔。

图 6.14　针叶树管胞的具缘纹孔的结构

6.4.1.4　纹孔的超微构造

下面以结构相对复杂的具缘纹孔为例来阐释纹孔的形成。细胞在发育初期已具有纹孔场（pit-field）。在细胞壁形成 S_1 层的过程中，相邻的细胞壁在纹孔场的边缘分离形成纹孔缘，之后又在细胞腔壁（外）和纹孔腔壁（内）表面添附更多的次生壁层（图 6.14 右）。图 6.15 左所示为经过氢氧化钠和亚氯酸钠处理，除掉瘤状层后的多脂松管胞腔壁表面，图片显示纹孔缘外缘的微纤丝走向与细胞壁的微纤丝走向一致。而图 6.15 右所示为经过去木质素处理的多脂松管胞纹孔腔壁，图片显示纹孔缘内缘的微纤丝走向是呈同心圆弧状排列，同样呈同心圆状排列的还有纹孔塞的微纤丝走向。因此，以原先的 S_1 层为界，向着细胞腔的纹孔缘壁的微纤丝走向与细胞壁微纤丝走向一致，而向着纹孔腔的纹孔缘壁的微纤丝走向为同心圆弧状。纹孔缘壁内外迥异的微纤丝走向，可能与细胞腔

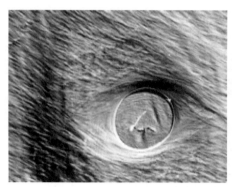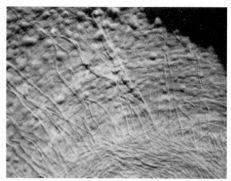

左：多脂松（*Pinus resinosa*）管胞腔壁表面，纹孔缘壁上的微纤丝走向与细胞壁S_3层微纤丝走向一致；
右：多脂松管胞纹孔腔壁表面，显示出同心圆弧状的微纤丝走向。

图 6.15　纹孔区域的微纤丝

内和纹孔腔内的细胞质流向有关。此外，纹孔缘壁内外表面均具有瘤状层。

纹孔膜的形成是以胞间层为基础，先在其中央部位沉积密集的同心圆弧状微纤丝，并在塞缘形成较为稀疏的放射状微纤丝。纹孔膜形成的后期，中央部位密集的微纤丝间的微空隙由木质素填塞，形成不透气的纹孔塞，而塞缘部位的胞间层则完全被溶去，变成多孔性的微纤丝网。在生长季初期，形成层原始细胞快速分裂产生许多子细胞，但每个子细胞经过较短时间的分化即死亡，仅能形成较薄的次生壁。到了生长季的中末期，原始细胞的分裂减缓，子细胞分化时间延长，因而形成较厚的次生壁。基于此，早材管胞因分化时间短，塞缘上的微纤丝细薄且疏松（图 6.16 左），生长季中末期形成的管胞纹孔膜的微纤丝较粗且致密，因而孔隙少且小（图 6.16 中）。抽提物含量高的树种的管胞纹孔膜孔隙常被抽提物堵塞（图 6.16 右），甚至整个纹孔腔都填满抽提物，导致木材的渗透性降低，甚至完全失去渗透性。

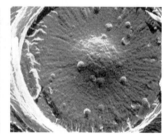

左：*Libocedrus decurrens*早材管胞的纹孔膜，塞缘部分的放射状微纤丝细且疏松；
中：*Libocedrus decurrens*早/晚材交界区管胞的纹孔膜，放射状微纤丝粗且孔隙较少；
右：*Libocedrus decurrens*心材管胞的纹孔膜完全被抽提物阻塞。

图 6.16　管胞壁上纹孔的微细结构

图 6.17 左为大桉（*Eucalyptus grandis*）导管壁上的具缘纹孔，不似针叶树的纹孔膜有纹孔塞和塞缘之分。阔叶树的纹孔膜通常是均质的，整个纹孔膜形同透气和透液的一张滤纸（图 6.17 中），如果没有抽提物阻塞，即使纹孔口被纹孔膜填塞也不会阻断气体及液体的流通。但是，阔叶树纹孔膜的结构根据树种的不同是非常多样的，有些是均质的但中央具有穿孔，有些是具有孔隙的均质膜，也有少数具有类似于针叶树的纹孔塞（Sano et al., 2006；Sano et al., 2013）。大桉导管间的具缘纹孔在纹孔口附近具有附物，又称为附物纹孔。

阔叶树具缘纹孔的纹孔缘外壁的微纤丝走向与细胞壁微纤丝走向一致，但纹孔缘

 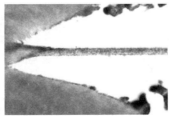 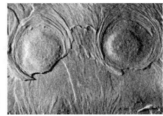

左：大桉（*Eucalyptus grandis*）导管壁上的具缘纹孔，纹孔膜不具纹孔塞；
中：大桉（*Eucalyptus grandis*）导管的均质纹孔膜；
右：径向劈裂的美国白栎（*Quercus alba*）表面，显露出导管间具有同心圆弧状微纤丝的纹孔缘内壁。

图 6.17　导管壁上纹孔的微细结构

外壁远薄于纹孔缘内壁，因而纹孔被劈裂时，往往显露出极厚的具有同心圆弧状微纤丝的纹孔缘内壁（图 6.17 右）。图 6.17 右图中，还可观察到因纹孔膜的紧贴而显现出的纹孔口的轮廓，可见阔叶树纹孔膜具有较好的柔弹性。导管状管胞和环管管胞胞壁上许多具缘纹孔的结构与导管壁上的纹孔相似，纤维状管胞和韧型纤维胞壁上纹孔的数量不多，在此不展开论述。

管胞与射线薄壁细胞、轴向薄壁细胞间的纹孔对是半具缘纹孔对，在管胞的一侧具有纹孔缘，在薄壁细胞的一侧则不具纹孔缘，中间的纹孔膜由管胞和薄壁细胞一起提供。在针叶树里，由管胞提供的纹孔膜不具纹孔塞，而由薄壁细胞提供的纹孔膜则根据该细胞的特性而异。对于具有次生壁的薄壁细胞，因这些细胞在边材里存活了较长的时间，纹孔膜也和细胞壁一样不断增厚，形成微纤丝走向各不相同的多层结构。在这些多层结构中，微纤丝的走向有些是平行排列的，夹杂着微纤丝交错分布的层次。如果薄壁细胞不具次生壁，所提供的纹孔膜则是具有许多小孔状胞间连丝（plasmodesmata）的初生壁（图 6.3）。薄壁细胞间的纹孔对为单纹孔对，其相互间的物质交换与信息交流则是依靠胞间连丝中的小孔。

6.4.2　澳柏型加厚

在针叶树管胞径面壁上具缘纹孔的上下边缘有弧形加厚的部分，形似眼眉，称为澳柏型加厚（callitroid thickenings）（图 6.18），其功能是加固初生纹孔场的刚性。常见于柏科澳柏属的树种中（*Callitris macleayana* 除外）。有研究表明，澳柏型加厚也可以出现在交叉场纹孔的周围（Heady et al., 2000）。

6.4.3　内壁加厚

6.4.3.1　螺纹加厚

螺纹加厚（helical thickenings）是细胞次生壁内表面上，由微纤丝聚集形成的屋脊状凸起，呈螺旋状围绕细胞内壁的加厚组织（图 6.19）。螺纹加厚是由平行的微纤丝聚集而成，覆盖于 S_3 层表面，多数情况下与 S_3 层微纤丝的走向一

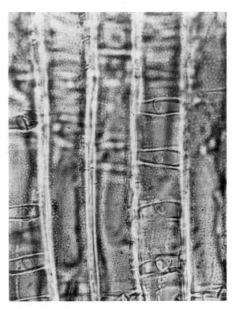

图 6.18　澳柏型加厚（美柏木 *Callitris preissii*）
（资料来源：IAWA，2004）

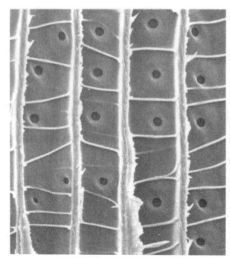 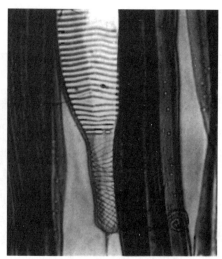

(a) 遍及管胞内壁的螺纹加厚，红豆杉 *Taxus* sp.　　(b) 仅存在于导管末端的螺纹加厚，连香树 *Cercidiphyllum japonicum*

图 6.19　螺纹加厚

(资料来源：IAWA，2007)

致。一般而言，螺纹加厚的倾斜角度与细胞腔直径成反比。螺纹加厚的宽度、间距随树种而异。有的螺纹加厚呈纤细的条纹，有的呈显著的加厚；有的螺纹加厚紧密靠拢，有的比较松散。在针叶树的轴向管胞、射线管胞，阔叶树的导管、木纤维、导管状管胞中均可能出现螺纹加厚。螺纹加厚可能出现于整个细胞，也可能只存在于细胞末端。

6.4.3.2　齿状或网状加厚

射线管胞内壁的次生加厚为齿状突起的，称为齿状加厚。齿状加厚只存在于针叶树松科的树种中，是识别松科树种的重要特征。齿状加厚的高度可分为 3 级(图 6.20)：①内壁平滑(smooth)，几乎无加厚；②内壁呈齿状加厚(dantate)，齿状加厚又可细分为内壁齿高 ≤2.5μm；内壁齿高 >2.5μm，直至细胞腔中部；③内壁呈网状加厚(reticulate)。由于细胞内壁的加厚通常在晚材中较发达，因此观察射线管胞内壁齿状加厚的高度，多以晚材与早材管胞之间的射线组织最外缘的射线管胞内壁的锯齿状加厚为准。

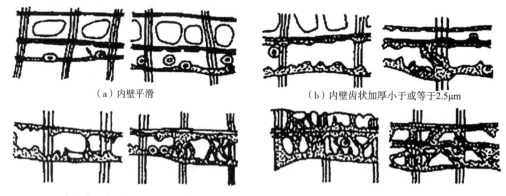

(a) 内壁平滑　　　　　　　　　　　(b) 内壁齿状加厚小于或等于2.5μm

(c) 内壁齿状加厚超过2.5μm　　　　　(d) 内壁呈网状加厚

图 6.20　射线管胞内壁的加厚

(资料来源：《木材学》第 2 版，2012)

6.4.4 螺纹裂隙

螺纹裂隙(spiral groove)是针叶树应压木中一种非正常的构造特征，是其管胞壁上贯穿细胞内壁至胞间层的螺旋状裂隙(图6.21)。在光学显微镜下，螺纹裂隙和螺纹加厚有时不易区分。两者的主要区别如下：螺纹加厚是细胞次生壁上脊状的局部凸起；见于某些特定科属树种的正常材；其倾斜角度常与细胞腔大小有关，若细胞壁厚细胞腔窄，则螺纹加厚的倾斜度较陡；螺纹距离较均匀。螺纹裂隙是贯穿整个细胞壁的裂隙；常见于针叶树的应压木；其倾斜角度一般较大（取决于S_2层微纤丝的排列方向）；裂隙距离也不等。螺纹裂隙可作为中幼龄林抚育间伐的依据，对森林抚育采伐具有重要的指导作用。

图6.21 螺纹裂隙

6.4.5 瘤状层

瘤状层(warty layer)是指细胞壁内表面微细的隆起物和其附加层，作为针叶树和阔叶树各种管胞胞壁上最后形成的部分，瘤状层通常存在于细胞腔和纹孔腔内壁(Liese，1965)，主要见于轴向管胞的内壁，轴向薄壁细胞和射线薄壁细胞内尚未发现瘤状层。各树种的瘤状层有两个基本形态：一种是整个管胞的腔壁包括瘤节被一薄层木质素完全覆盖，例如，杉木、台湾杉和北美红杉的瘤状层；另一种是大部分细胞腔表面未被木质素薄层覆盖，例如多脂松和 *Libocedrus decurrens* 的瘤状层(图6.22)。多脂松的瘤状层因为没有完全被木质素层覆盖，开放的S_3层表面可观察到具一定走向的微纤丝。

无论是哪一种形态，上述图例均显示瘤节基部的质地与S_3层相同。由此可见，瘤节是S_3层的延续，换而言之，瘤节是管胞死亡前，在S_3层表面微纤丝末端形成的最后一部分。覆盖瘤节和S_3层的木质素薄层，不像是以正常的木质化程序来合成，而是在细胞死亡前从细胞质直接添附到S_3层表面。有研究者在观察多脂松时，先用亚氯酸钠把S_3层表面的木质素清除，再用2%氢氧化钠水溶液溶掉瘤节内的半纤维素，露出瘤节基部粗糙的微纤丝末端(图6.22)(Kuo et al.，1986)。上述观察结果显示，多脂松在细胞死亡前，先在S_3层微纤丝末端堆集半纤维素，之后又在瘤节的表面分布了一层木质素。

各树种的瘤状层，无论是瘤节的形状、大小、分布以及S_3层表面是否开放，都有非常大的差异。然而，尽管各树种的瘤状层形态存在差异，但这些超微构造上的差别较不易观察，目前尚未进行系统的研究，因此其对树种鉴别的价值也尚未有定论。下面仅通过部分实例，对不同树种中瘤状层的不同形态进行说明。北美红杉瘤状层的瘤节为圆锥形，大小颇为均匀，在腔壁密集分布，且S_3层的表面完全被木质素薄层覆盖。*Libocedrus decurrens* 瘤状层的瘤节大小颇为不一致，形状也不规则，瘤节的顶端平钝且粗糙，S_3层表面未完全被木质素覆盖。美国白栎导管壁上的瘤节分为大小两种类型，尺寸大者稀疏分布，尺寸小者较为平均的密布，S_3层表面被木质素覆盖，而纤维状管胞的瘤状层瘤节稀疏，S_3层未被木质素完全覆盖。美洲朴纤维状管胞瘤状层的瘤节稀

 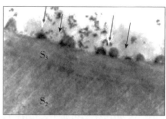 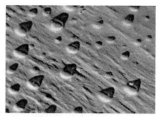

左：台湾杉（*Taiwania cryptomerioides*）的瘤状层由瘤节及全面覆盖S_3层的木质素薄层组成；
中：多脂松（*Pinus resinosa*）的S_3层未全部由木质素覆盖，瘤节的质地与S_3层相同，部分瘤节表面分布有木质素（箭头）；
右：多脂松（*Pinus resinosa*）管胞腔壁的碳复型模，可见圆锥形瘤节和大部分开放的S_3层表面，右上角分布着非常薄的木质素。

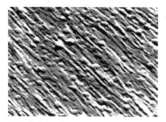  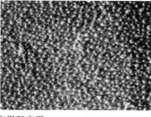

左：多脂松（*Pinus resinosa*）管胞壁S_3层表面的木质素被清除，圆锥形的瘤节变得稍扁平；
中：多脂松（*Pinus resinosa*）管胞壁溶去瘤节基部的半纤维素后，露出瘤节表面的微纤丝；
右：北美红杉（*Sequoia sempervirens*）的瘤节呈圆锥形，大小及分布较均匀。

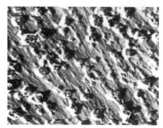 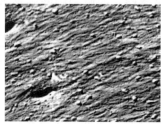 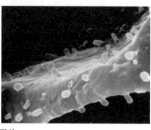

左：*Libocedrus decurrens*的瘤状层具形状不规则的瘤节，S_3层未被木质素完全覆盖；
中：美国白栎（*Quercus alba*）纤维状管胞的瘤状层瘤节稀疏，S_3层未被木质素完全覆盖；
右：美洲朴（*Celtis occidentalis*）纤维状管胞瘤状层的瘤节稀少，但从S_3层表面向细胞腔突出甚高。

图 6.22 瘤状层的微细结构

少，但从腔壁表面向细胞腔突出甚高（图 6.22）。

6.5 木材成分在细胞壁里的分布

6.5.1 碳水化合物的分布

纤维素是许多葡萄糖基以 β-1-4 苷键联结成的线形聚合物，木材纤维素的聚合度大约是 7000~10 000。每个葡萄糖单元上各有 3 个羟基，分别是 C-6 位上的伯醇羟基和 C-2 位与 C-3 位上的仲醇羟基。纤维素不溶于水和一般的有机溶剂，在形成木材细胞壁的过程中，纤维素分子链成束地被排列在先已形成的细胞壁表面，这些成束的纤维素称为微纤丝（micrifibrils），其结构如图 6.23 所示。

纤维素分子链同向紧密平行排列的结果，产生了因氢键结合而形成的结晶区（crystalline region），但也有部分区域的分子链排列较为疏松，形成了非结晶区或称为无定形区（amorphous region）。结晶区的平均长度约为 60nm（图 6.23 左上）（Panshin et al., 1980），木材纤维素的结晶度（crystallinity）通常不超过 70%（Rydhholm, 1965）。微纤丝的厚度大约是 3nm，但文献里对其宽度的观点不一，7nm、10.5nm 及 14nm 都有研究者

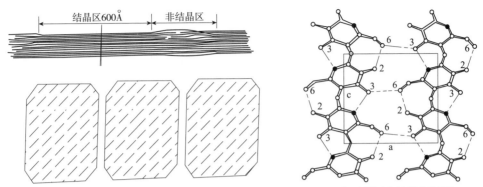

左上：微纤丝分为结晶区和非结晶区；左下：微纤丝由3个原纤丝组成；右：纤维素氢键形成示意图，方格表示单晶胞。

图 6.23　微纤丝的超微结构

提出证据。还有一些研究者提出了原纤丝的概念，认为微纤丝是由数个原纤丝组成，而原纤丝的横断面尺寸是厚 3nm，宽 3.5nm。微纤丝可能是由 2 个、3 个或 4 个原纤丝横向聚合而成（图 6.23 左下）（Muhlethaler，1965）。基于此，微纤丝的厚度为 3nm，而宽度则可能是 3.5nm 的 2~4 的倍数。幼龄植株最初形成的微纤丝由 2 个原纤丝组成，成熟后所形成的微纤丝也许由 3~4 个原纤丝组成。因此，初生壁里微纤丝的宽度约是 7nm，而次生壁里的微纤丝较宽，约 10.5nm 或 14nm。

结晶区内平行排列的纤维素分子链，可形成两个分子内（intra-molecular）氢键和一个分子间（inter-molecular）氢键。如图 6.23 右所示，两个分子内氢键分别由 C-3 上的 OH 和 C-5 上的 OH，以及 C-2 上的 OH 和 C-6 上的 OH 形成，而分子间氢键则由 C-6 上的 OH 和其邻近分子 C-3 上的 OH 形成。图 6.23 右中的方格即所谓的单晶胞（unit cell）。结晶区的纤维素分子链组织紧密，水分或其他液体极难渗入，强酸和强碱等具有极强膨胀性的液体，则能分解氢键而破坏结晶结构。通常情况下，影响纤维素性质和形态的外界因子或化学作用都是由非结晶区开始。

微纤丝因纤维素分子链平行紧密的排列而具有双折射性（birefringence），半纤维素及木质素则不具有这种特性。细胞壁各层的微纤丝走向和纤维素含量均不相同，因此，借助偏光显微镜（polarizing microscope）能够分辨出细胞壁的不同层次。从 20 世纪 60 年代，即有研究者利用偏光显微镜辨识并分离出不同生长期细胞壁的层次，然后分析这些壁层的碳水化合物成分（Mier，1964）。结果显示，纤维素由胞间层向 S_3 层逐渐增加，而阿拉伯半乳聚糖则相反地逐渐降低。针叶树半纤维素里的甘露聚糖和阔叶树半纤维素里的木聚糖的含量，则由胞间层向 S_3 层逐渐增加。

图 6.24 左显示纤维素微纤丝与半纤维素在次生壁里的关系。以阔叶树为例，木聚糖和甘露聚糖以氢键附着在微纤丝的表面，而半乳聚糖以共价键连接到木聚糖或甘露聚糖上。在复合胞间层里，果胶质（pectin, rhamnogalacturonan）又以共价键连接到半乳聚糖分子上。附着有半纤维素的微纤丝，在细胞壁各层里以不同的走向围绕着细胞腔，形成无数的同心薄层（concentric lamellae）。在湿润状态下，微纤丝同心薄层间并不是完全紧密的，各个薄层之间也有径向裂缝相通（Scallan，1974；Kerr et al.，1975）。图 6.24 右为次生壁 S_2 层超显微结构示意图，由图可知，微纤丝薄层的径向裂缝形成了物质进出细胞壁的通道，而微纤丝薄层间的微空隙则成为堆集木质

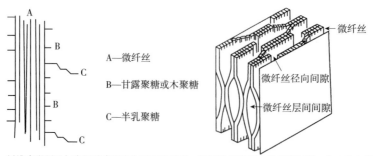

左：纤维素微纤丝与半纤维素在次生壁里的关系，微纤丝的表面由半纤维包覆；右：次生壁S_2层超显微结构示意图，微纤丝间的径向空隙可容物质进出细胞壁，微空隙可容木质素和抽提物沉积。

图 6.24　次生壁的构成与主成分分布

素和抽提物的地方。

6.5.2　木质素的分布

木质素在细胞壁里的分布可以运用不同的显微技术来揭示，例如紫外光显微镜及电子显微镜，都可以显示木质素在各壁层里的大致浓度。图 6.25 左是未经任何染色的北美红杉边材超薄横切片的透视电子显微镜照片，该照片只能显示没有细节的细胞壁外形。2%高锰酸钾水溶液是常用的木材电子显微试样染色剂，因为高锰酸钾与木质素作用产生二氧化锰沉淀，二氧化锰的电子密度高，从而显示出木质素的位置。图 6.25 右是经过 2%高锰酸钾水溶液染色的北美红杉边材超薄横切片，用电子密度扫描能够显示出木质素在细胞壁里半定量的分布状况。胞间层的木质素浓度最高，约占总量的 70%，在次生壁里，木质素的浓度向外逐渐降低。木质素是在细胞壁骨架形成之后才渗入微纤丝间隙，所以它并不像半纤维素那样完全遮蔽微纤丝，而仅在微空隙里与微纤丝接触。图 6.25 右显示 S_1 层和 S_3 层内木质素浓度很低，但这不是因为该处木质含量低，而是由 S_1 层和 S_3 层的微纤丝走向与 S_2 层的差异所造成，S_3 层的表面还有一连续的木质素薄层。如图 6.25 右所示的木质素分布，大致与所知的细胞壁木质化程序相符合。

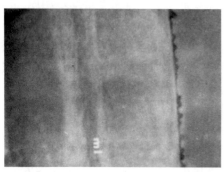 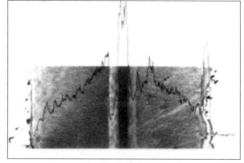

左：北美红杉（*Sequoia sempervirens*）边材未经染色的超薄横切片，显示不出细胞壁各层木质素浓度的差别；
右：经2%高锰酸钾水溶液染色的北美红杉边材超薄横切片，显示出细胞壁各层不同浓度的木质素。

图 6.25　木质素在细胞壁中的分布

如果估计木质素在复合胞间层、S_1、S_2 及 S_3 各层的含量分别为 75%、35%、20% 及 15%，而纤维素和半纤维素的含量采用 Mier(1964) 的资料，则 3 种主要成分在细胞壁各层里的百分率可计算出来，见表 6.1。

表 6.1　纤维素、半纤维素和木质素在细胞壁各层里的分布

碳水化合物	CML①	S_1	S_2	S_3
桦木				
半纤维素	14.7(7.6+0.8+6.3)②	30.0(1.8+1.7+26.5)	41.6(1.8+1.7+38.1)	34.0(0.0+4.3+29.7)
纤维素	10.3	35.0	38.4	51.0
木质素	75.0	35.0	20.0	15.0
松木				
半纤维素	16.7(11.4+2.0+3.3)	26.9(5.5+10.8+10.6)	28.6(0.6+19.5+8.5)	30.9(0.0+20.1+10.8)
纤维素	8.3	38.1	51.4	54.1
木质素	75.0	35.0	20.0	15.0
云杉				
半纤维素	16.1(12.4+1.9+1.8)	23.1(3.5+10.1+9.5)	26.8(1.2+19.7+5.9)	44.3(4.7+23.1+16.5)
纤维素	8.9	41.9	52.2	40.7
木质素	75.0	35.0	20.0	15.0

注：①CML＝复合胞间层＝Middle lamella+primary wall。
②括号内的半纤维素分别为阿拉伯半乳聚糖、甘露聚糖、木聚糖。

6.5.3　抽提物的分布

边材里的抽提物含量较低，且多数是无色或浅色的物质，例如糖类、淀粉粒、松脂酸及脂肪酸等，因此边材颜色较浅。心材可分为浅色的非特性心材(facultative heartwood)及颜色相对较深的特性心材(cbligatory heartwood)两类(Bosshard，1968)。浅色非特性心材的抽提物含量不但低，且通常不具颜色或色浅，例如松脂酸和脂肪酸等非极性抽提物，大多堆集在薄壁细胞或树脂沟里。在形成非特性心材时，非极性的和大分子量的抽提物都不能扩散，也不能渗入细胞壁里，因此这些抽提物都堆积在胞间道、细胞腔、纹孔腔或细胞间隙等空隙内。颜色相对较深的特性心材形成时，许多具颜色的小分子量抽提物，例如各种酚类物质，不但可以广泛扩散，还能大量渗入细胞壁里。薄壁细胞所形成的大分子量抽提物，例如鞣酐和酚酸等，则聚集在薄壁细胞腔内。渗入细胞壁里的抽提物，在木材干燥时有阻碍细胞壁收缩的作用，致使木材的收缩率降低。

木材主要空隙里的抽提物，不但可以用光学显微镜观察，还可以用不同的染色法将之确定。例如亚硝基染色法(nitroso staining)可使酚类抽提物着色，低分子量者呈淡黄色，高分子量者例如单宁及鞣酐等则呈暗红色。尼罗蓝染色法(nile blue staining)可将精油和油脂染成粉红至红色，酸性油脂例如脂肪酸和松脂酸则被染成蓝色。二价铁化合物如与酚类物质作用，会产生暗蓝色沉淀，因而也可与细胞壁内的酚类物质作用产生沉淀。木质素是高分子酚类聚合物，不易与二价铁离子作用，因此，二价铁离子染色法可用来处理电子显微镜试样，用于观察抽提物在细胞壁里的分布。

图 6.26 显示北美红杉的边材和经不同试剂抽提的心材切片，试样都经过亚硝基染

色处理以显示酚类抽提物的分布。边材显然不含酚类抽提物（图6.26左上），心材虽然经过热水抽提，薄壁细胞腔和管胞细胞壁内仍然残存不少非水溶性聚酚类抽提物（图6.26右上）。图6.26左下显示大部分的非水溶性聚酚类抽提物可溶于甲苯/乙醇，这些被甲苯/乙醇抽提的聚酚类物质可能是鞣酐。残留在细胞壁里和薄壁细胞腔内的高分子抽提物可溶于1%氢氧化钠水溶液。图6.26右下显示经过1%氢氧化钠水溶液抽提，细胞仍被染成浅黄色，可见有些酚类抽提物已与细胞壁里的木质素产生聚合作用，以致不能被抽提出来。

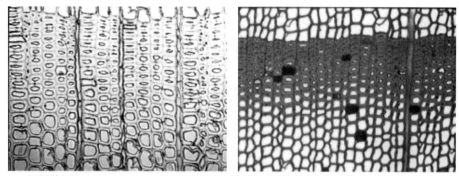

左：北美红杉（*Sequoia sempervirens*）边材经亚硝基法染色，显示不含酚类抽提物；
右：经热水抽提的北美红杉（*Sequoia sempervirens*）心材仍有许多酚类抽提物留存于管胞细胞壁和薄壁细胞腔里。

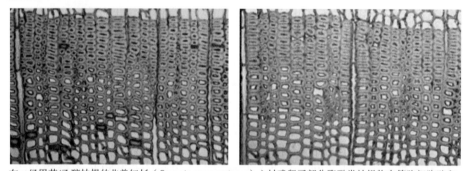

左：经甲苯/乙醇抽提的北美红杉（*Sequoia sempervirens*）心材残留了部分聚酚类抽提物在管胞细胞壁和薄壁细胞腔里；
右：经1%氢氧化钠水溶液抽提的北美红杉（*Sequoia sempervirens*）心材显示大部分聚酚类抽提物被移除。

图6.26 心边材中的抽提物

图6.27左是经过2%硫酸铁染色的北美红杉心材超薄片的透射电子显微镜照片，图中次生壁S_2层被染色，涂布在腔壁上的一层物质也被染色。由于铁离子和酚类抽提物可螯合而形成沉淀，因此电子密度高的铁离子的分布即代表了酚类抽提物在细胞壁里的分布。图6.27右为上述横切片的电子密度扫描图，显示了酚类抽提物在细胞壁里的半定量分布。管胞腔壁表面分布有一层酚类抽提物，次生壁S_3层因微纤丝走向的关系，显示出浓度较低的酚类抽提物分布，但进入次生壁S_2层以后，酚类抽提物的浓度随即增高。在次生壁S_2层里，酚类抽提物的浓度朝S_1层的方向逐渐降低。在次生壁S_1层里又因微纤丝走向的关系保持偏低，但接近胞间层时浓度急速增高。由于胞间层的无机盐含量高，它本身的电子密度较高，因此并不能证明该层存有酚类抽提物。综上，图6.27右揭示了酚类抽提物在细胞壁里的浓度是由次生壁S_3层向胞间层方向逐渐递减，说明北美红杉心材形成时，酚类抽提物是由次生壁S_3层表面向细胞壁渗入，与细胞壁木质化的方向正好相反。

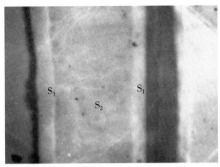 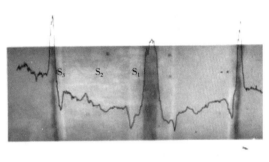

左：经2%硫酸铁染色的北美红杉（*Sequoia sempervirens*）心材超薄切片显示了酚类抽提物在细胞壁表面和细胞壁内的分布；
右：电子密度扫描结果显示了北美红杉（*Sequoia sempervirens*）心材细胞壁内酚类抽提物的半定量分布。

图 6.27　抽提物在细胞壁中的分布

第7章
木材识别技术

木材识别的传统方法，主要是借助光学显微技术来辨识木材细胞、组织的解剖结构，据此构造特征来鉴定木材，它是准确识别木材的常用手段之一。现今，随着仪器分析技术的不断发展，在木材识别领域也涌现了许多新的方法和手段，归纳起来有以下几类：第一类是精细显微结构识别法——仍主要是基于构造特征的识别技术，但对木材构造中的各类精细结构，诸如纹孔特征、胞壁加厚特征、细胞内含物等，运用了荧光显微观察、偏光显微观察，以及基于扫描电子显微镜的图像分析技术等更具靶向性的观察手段；第二类主要依托于现代仪器分析技术——主要是基于光谱分析和元素分析的识别手段，包括近红外光谱分析、拉曼光谱分析、气相色谱质谱联用分析、稳定同位素分析等；第三类则是基于遗传信息分析，例如运用DNA测序等技术对木材进行识别。各种方法各有其优缺点及相应的适用范围，在选用时需要根据试样的尺寸大小、物化特性、保存状况等进行综合考虑，选择合适的识别方式。

7.1 试样的采集与保存

从组织构造稳定性的角度而言，幼枝通常并不适合作为木材识别与鉴定的材料，但是，也有不少研究者以树木的幼枝为解剖构造的研究对象，其目的在于为该种植物提供更为系统的构造数据。又或者是因为该种植物较为稀少难得，出于树种保护的目的等，仅能获取尺寸较小的幼枝作为样本。基于此，在进行构造研究时，研究者需考虑到不但在细胞、组织的定量分析上，树木幼枝与主茎的成熟部分存在较大的变异(Stern et al.，1958)，即便是定性分析，两者的构造特征例如射线组织类型、细胞壁上的加厚结构等也非完全一致。因此，在进行鉴定分析时若须引用已发表的各类资料，需特别注明试样的取样位置。

采样以后，将试样及时地干燥是长久以来广泛使用的方法之一，对于含有较多非木质化细胞的组织，例如韧皮部，可将试样置于50%的乙醇中保存，此外，还可以采用4%的多聚甲醛、2.5%的戊二醛等固定液来保存试样。

7.2 基于构造特征的识别技术

7.2.1 识别特征分类

木材的各类识别特征是在树木的生长过程中形成的，经树木学分类，不同树种的

木材间,其识别特征具有一定的相似性和差异性。现根据对象的不同,将木材的识别特征归纳为以下几类:

(1)原木识别特征:原木的识别特征通常在木材市场和生产现场中用到。原木是树木被伐倒后,除去枝叶,按一定规格长度锯截而成。一段完整的原木,通常可以观察到树皮、材身、树干断面形状和髓心,相应的原木识别特征主要包括树皮形态、材表特征、髓心形状、生长轮明显度及宽窄、心边材材色差异、是否有次生代谢产物渗出等。

(2)组织构造特征:木材中具树种识别价值的组织构造特征有宏观组织构造、微观组织构造及超微组织构造。宏观组织构造包括生长轮、早材和晚材、管孔、射线组织、轴向薄壁组织及胞间道等。微观组织构造所包含的观察项目与宏观组织构造略同,但更为精细。超微组织构造主要涉及木材细胞的各类胞壁特征,包括纹孔的构造与类型、胞壁加厚的种类与程度等。

(3)化学成分:木材中具树种识别价值的化学成分特征主要是各类抽提物,这一特征可从木材的颜色、气味以及滋味等方面体现出来。抽提物在化学成分、含量及分布方面的相似性与差异性,可以为木材识别提供科学的理论基础和实际应用的依据。

(4)其他:对于以上特征都比较相近的木材的识别,还要参考木材的密度、光泽、纹理等辅助特征。

7.2.2 光学显微技术

基于大多数树种的密度范围,用滑走切片机制取木质部三切面的切片,并在光学显微镜下观察,记录各项解剖特征再进行树种鉴定,仍是较为常见和广泛使用的方法。密度过大,硬度较高的木材在切片前须先进行软化,氢氟酸(hydrofluoric acid)曾被用于这一目的,但需要的时间长且具有较强的腐蚀性。乙二胺(ethylene diamine)也可用于软化木材试样(Kukachka,1977),它具有较强的碱性,使用时应先稀释成一定的浓度,在常温下软化或辅以加热处理,能大幅缩短试样的软化时间。需要注意的是,与氢氟酸软化类似,经乙二胺软化的试样会出现细胞壁膨胀的现象,尤其是在处理强度控制不当的时候。

密度较小,硬度偏低,材质松软或细胞构造差异显著的木材试样,难以直接用切片机制片,需对试样进行加固处理,根据样品的软硬程度和实验环境选择不同硬度的包埋剂。聚乙二醇和石蜡都是较为常见的包埋剂,包埋后的试样用滑走切片机或旋转切片机都可以制备出满足观察要求的切片。切片的厚薄由观察目的而定,例如稍厚的径切面切片更容易观察到完整的导管穿孔。有时厚达 $30\mu m$ 的切片除了可用于光学显微技术观察,还可经进一步的脱水、干燥处理,用于扫描电子显微镜观察。

木材切片可根据观察的需要,选择染色或不经染色处理,可供选择的染色剂和相应的染色方法也非常丰富多样。番红(safranin)是最常见的木材切片染色剂之一,其机理在于对细胞壁中的木质素上染。也可在番红染色前,先用苏木精(hematoxylin)对切片上染,其目的在于让初生细胞壁与次生细胞壁间的分色更加均匀,经过二重复染的切片,初生壁由于苏木精的作用呈紫灰色,经番红着色的次生壁呈红色。在番红染色后,可以采用固绿(fast green)对切片复染,考察细胞壁的木质化程度等,还可以采用番红与星蓝(astra blue)复配的染料对细胞壁进行分色。

二重或多重复染是木材切片染色中的常用技术,经过分色处理的切片往往能呈现出更加丰富的构造细节，有利于细胞壁上纹孔等特征的观察，这对于经验尚不丰富的观察者而言尤为重要。染色的切片经脱水、封片等一系列处理，便可在光学显微镜下进行观察、拍照，记录各项显微识别特征，通过查阅各类书籍、电子资料并与标本库中的模式标本进行对照，得出相应的鉴定结论。

除了切片观察，木材试样的离析有时也用于树种识别，特别是在对试样的各项解剖特征，例如导管分子长度、纤维细胞腔径比、梯状穿孔的横闩数等进行定量分析时。此外，一些形态特殊的细胞，例如导管状管胞、环管管胞、筛分子等的观察，在细胞离析的状态下能获得更加丰富、完整的结构细节。离析后的细胞也可在扫描电镜下观察，有助于掌握上述特殊细胞的超微构造特征。

7.2.3 电子显微技术

由于光学显微镜的解析度较低，一些在光学显微镜下不易辨识的构造特征需要借助电子显微镜来观察（图7.1）。应用计算机图像处理技术对木材横切面扫描电镜的显微图像进行特征提取和分类，将 Graph Cuts 和 Thresh Canny 算法应用于横切面显微图像的分割，提取出木材微观构造的特征参数，再进一步对所提取的特征进行主成分分析和特征融合。基于这些木材显微构造特征参数和机器学习技术实现木材树种的正确分类，正成为当下的研究热点之一。此外，一些考古木材和出土木质文物等因其自身强度、尺寸等原因，也并不适用于光学显微镜的制样和观察流程，此类样品的识别与鉴定也离不开电子显微镜的助力。

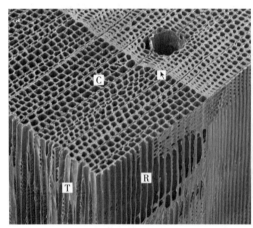
（a）红松 *Pinus koraiensis*

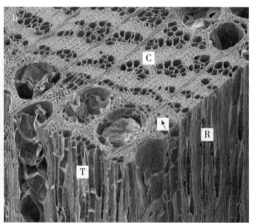
（b）裂叶榆 *Ulmus laciniata*

图7.1 扫描电子显微镜下木材的解剖构造（崔永志，2003）

在进行扫描电子显微镜制样时，由于大多数植物样品都含有一定量的水分，经过脱水才能喷镀观察，若脱水情况不理想，会引起图像模糊，出现雾状，甚至引起物镜、光阑等的污染。CO_2超临界干燥是扫描电镜制样时常用的干燥法，但超临界干燥中使用的有机介质，对含较多蜡质的样品具有抽提、溶解作用，易对结果造成干扰。冷冻干燥法在电子显微镜制样中也得到了广泛的应用，经过有机溶剂，例如叔丁醇（Tertbutanol）置换的样品在冷冻干燥时，可以减少冰晶的形成，避免气液表面张力对样品细胞的损伤。

在需要短时间内处理大量样品的场合，上述制样流程可能并不适用，研究者开始寻找能对含水植物样品进行快速预处理的方法。将含水试样用 1-ethyl-3-methylimidazorlium methylphosphonate（[Emim][MePO$_3$Me]）的 10%乙醇溶液在室温下浸泡 10min，去除残液让试样气干后即可用于电子显微镜观察，无须经历常规的脱水干燥与真空喷镀处理(Taiji et al. , 2018)。

需要指出的是，尽管扫描电子显微镜在木材超微构造的观察上具有诸多优势，光学显微镜因具有较大的观察范围，在对细胞或组织的分布规律、变异性的观察方面仍不可忽视。将光学显微观察与电子显微观察相结合也是一种常见的鉴定方法，例如在对韧皮部内的筛分子进行观察时，可先用荧光染色剂标记切片中的筛分子，在荧光显微镜下定位后，再将切片清洗、脱水、干燥，制备电子显微镜试样。

7.2.4 图像识别技术

7.2.4.1 基于 Structure 5.0 软件的识别

木材鉴定技术，越来越趋向于计算机自动化和智能化，通过客观的观察测量木材结构特征，从而识别木材的技术也得到广泛应用。香港自然基因生命科学有限公司开发的 Structure 5.0 软件，是用于客观分析、统计材料结构特征的测量软件。以 Structure 5.0 测得的木材显微结构特征值建立数据库，再利用支持向量机 SVM(support vector machine)对木材显微图像进行识别。

7.2.4.2 基于云计算+物联网的图像技术的识别

这种方法主要用于木材及其制品的现场检测，依靠手持显微镜、手持近红外光谱仪等便携式设备，在现场获取木材的三切面图像、红外光谱图等，再根据物联网将图像输入计算机，进行云计算检索，进而识别木材。解决了传统检测中取样带来的破坏性和样本特征的局限性问题，有利于了解单一树种微观特征的变异情况，能够提高识别结果的准确性，基本上可以满足现场检测要求。但是，该方法也存在一定的局限性，例如，当木材上有深色油漆时就无法获取图像，这时单纯采用计算机图像识别技术就难以进行准确鉴定，仍须与传统的显微识别方法相结合。

7.3 基于光谱分析的识别技术

7.3.1 近红外光谱分析技术

近红外光谱法(near infrared spectroscopy)是分析有机高分子化学组成的重要手段，可根据谱带的数目、位置、形状和峰值特征，来揭示物质的组分构成及变化。作为一项高效检测技术，近红外光谱技术在木材识别、材质评定、组分分析等方面得到了非常广泛的应用。同时，作为一项间接分析技术，从近红外光谱信号中解析物质的定性和定量信息还需借助有效的分析模型，将有效的建模方法与近红外光谱相结合，是将此项技术应用于木材识别与鉴定的重点。

采集样品的近红外光谱主要通过反射和透射两种方式，由于木材样品的透过率较低，获得木材的近红外光谱主要通过光谱的反射。近红外光谱技术对木材的识别是基于木材细胞成分的化学信息和木材结构及纹理等的物理信息，而木材细胞的组织和构成方式会影响木材对近红外光谱的吸收情况,例如由于管胞或纤维角度的不同,近红外光谱在木材内部的光程会有所不同,从而影响样品对光的吸收。木材的近红外光谱能够反映木材的物理性质,主要是基于木材的外观特征和表面的均匀状态,以及决定木材物理性质的一些化学成分影响了木材对近红外光谱的吸收,从而影响近红外光谱技术对木材性质的定量分析。

需要指出的是,近红外光谱主要反映木材的化学成分信息,虽然该技术在木材识别方面具备一定的优势,但光谱包含的木材纹理构造方面的信息较少。数字图像识别技术可以有效提取木材表面纹理的特征参数,降低了对操作者专业技能的要求。但后者由于缺乏重要的木材化学成分等信息,造成在木材识别过程中获取的信息不全,识别效果不理想。如果将近红外光谱数据和纹理图像特征参数有效融合,便可有效增加识别木材的有利信息。

对大果紫檀、刺猬紫檀等五种硬木类树种的红外光谱分析显示,不同树种中纤维素、半纤维素和木质素的总体含量较为相近,需同时结合抽提物的红外光谱特征或其他化学分析方法进行综合判定(张蓉 等,2014)。此外,基于木材成分的近红外光谱分析同时还存在谱带宽,重叠严重的问题,可结合主成分分析(principal component analysis,PCA)、聚类分析(cluster analysis)、贝叶斯判别(bayes discriminant)、支持向量机(support vector machine,SVM)等智能算法,对近红外光谱数据进行处理,滤除噪音与干扰,提高识别的准确性。

主成分分析主要利用降维处理,将多个指标转化为少数综合指标,利用二维和三维主成分得分图,来观察样本信息在空间上的分布。聚类分析属于统计分析技术的一种,将一组研究对象分为相对同质的组群。贝叶斯判别是多元统计中,用于判别样品所属类型的统计分析方法,综合考虑各个总体出现的先验概率及错判造成的损失。支持向量机是与相关的学习算法有关的监督学习模型,对惩罚因子和核函数参数进行优化,使由小数据样本建立的模型,对独立的测试集仍能保持较小的判别误差(谭念 等,2017)。

在对10种珍贵木材的30个样本的定量分析中,聚类分析与贝叶斯判别模型的分类准确率分别为83.33%和86.67%,网络搜索法与遗传算法优化的支持向量机模型中,分类准确率可达100%,平均判别准确率分别为86.67%和85%(王学顺 等,2015)。八类红木的近红外光谱的分析结果与其红木色度学参数L^*、a^*和b^*间存在很高的相关性,结合主成分分析可将8类红木准确的区分开(杨忠 等,2012)。

二阶导数光谱(SDIR)是对傅里叶红外光谱(FTIR)数据进行微分处理,得到的吸光度对波数的变化率曲线,可以对傅里叶红外光谱上1800~700cm^{-1}的弱峰进行辨别,提高谱图的分辨率。另一种提高分辨率的途径是在温度、压力等微扰动条件下,采集动态红外光谱数据,结合数学交叉分析,可以得到比FTIR和SDIR分辨率更高的图谱。对1300~700cm^{-1}和1800~1300cm^{-1}两个波段的2DIR图谱分析,可以将越柬紫檀(中文名已修订为大果紫檀)、刺猬紫檀和鸟足紫檀进行区分(程士超 等,2016)。

反向传播人工神经网络(BP神经网络)是一种按误差逆传播算法训练的多层前馈网络。采集待识别样本的近红外光谱数据后,利用主成分分析法对光谱数据进行降维处理,作为BP神经网络的输入数据,建立树种的分类识别模型。在对桉树、马尾松、杨树三种代表性人工林树种进行光谱数据提取、建模的实践中,选取的建模光谱范围为

780~2500mm。通过主成分分析在近红外光谱上提取特征向量，以 8 个主成分的得分矩阵作为 BP 神经网络的输入向量，并用均方根误差和正确率反映模型对未知样本的预测效果，对 3 种人工林树种的识别正确率可达 97.78%（庞晓宇 等，2016）。

为进一步提高识别精度，可对 BP 网络模型进行优化，对光谱数据进行标准正态变量变换（standard normal variation，SNV）、多元散射校正（multiplicative scatter correction，MSC）等预处理，也可以调整建模波段的选择，因为不同波段所包含的木材组分信息不同，其判别准确率存在相应的差异。以桉树、杨树、落叶松、马尾松、樟子松为样本构建的 BP 神经网络多分类模型，未经算法优化以前，鉴定准确率约为 75%。利用遗传算法（王小平 等，2002）对 BP 神经网络的权值和阈值进行优化，桉树、杨树的判别准确率可达 100%，樟子松的判别准确率可达 84.7%。利用粒子群算法（潘峰 等，2013）对神经网络进行训练，桉树、杨树、落叶松的判别准确率为 100%，樟子松的判别准确率可达 87%（王学顺 等，2015）。

7.3.2 其他光谱分析技术

高光谱成像技术可以同时获得检测对象的图像及光谱信息，借助图像数据反映被观测样本的外部形貌特征，依据光谱数据对样本的物理结构及化学性质进行判别。同其他光谱分析法类似，所采集的光谱数据也需经过加工处理，例如采用标准正态变量变换、多元散射校正、Savitsky-Golay 平滑算法等进行降噪，校正样本误差。再应用主成分分析、回归系数法或连续投影法选择特征波长，建立判别分析模型。对不同红酸枝类木材的识别结果显示，相较于全光谱而言，以特征波长建立的判别模型识别效果更佳。

拉曼光谱（raman spectroscopy）分析是基于拉曼散射效应，对与入射光频率不同的散射光谱进行分析，获得分子振动、转动方面的信息，并应用于物质组成与结构鉴定的方法。拉曼光谱技术采用单色激发光，例如，采用 1064nm 或 785nm 的激光照射样品，减弱样品发色基团的荧光背景，可有效降低光谱干扰。不同的木材样品其拉曼光谱并无明显的结构差异，对树种的区分主要基于不同样本中各组成物质的浓度差（图 7.2）。对桦木、云杉、松木、杨木等 8 个树种的测定结果显示，相较于 785nm 的激发光，于 1064nm 的激发光下获得的谱图具有更多的结构信息，峰形更尖锐，分辨率更高（图 7.3）（Gerasimov et al.，2016）。

由于试样的特殊尺寸、取材部位或不可重复获得等特征，树种识别有时需要借助木质部或树皮的抽提物分析，来进行综合判定。相较于木质部而言，树皮的抽提物含量更多，成分更复杂，包括脂类、萜类、蜡类、鞣质和树脂酸等多种组分。不同树种的树皮抽提物构成差异明显，除了可用红外光谱法，还可用气相色谱法、紫外光谱法进行对比判别。通过测定 28 种针叶树和 28 种阔叶树树皮抽提物的紫外光谱，根据吸收峰数量和位置的不同可分为 4 大类，根据同类样品的一阶导数光谱中正、负峰的峰数、峰位和峰形的差异，可将其组内树种做二次区分，在此基础上，还可对树皮抽提物的振幅比值做进一步的聚类分析（史晓凡 等，2009）。

综上，利用光谱技术识别与鉴定木材，具有快速、高效、准确、实时在线分析，且对样品损伤小的特点，适用于大规模试样的检测与分析，然而该项技术的推广与应用，离不开光谱数据库的不断完善与优化，离不开代表性数学模型的构建。

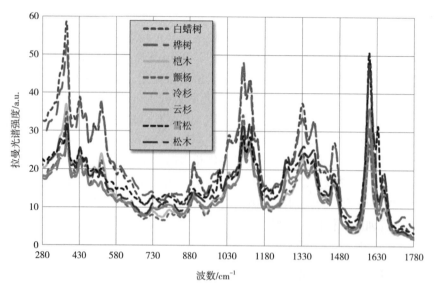

图 7.2　1064nm 激发光下 8 个树种的拉曼光谱(Gerasimov et al., 2016)

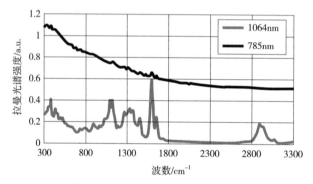

图 7.3　785nm 与 1064nm 激发光下松木(*Pinus* sp.)的拉曼光谱(Gerasimov et al., 2016)

7.4　基于气质联用的识别技术

气相色谱法(gas chromatography)是指用气体作为流动相的色谱法,是 20 世纪 50 年代出现的一项重要分析手段。由于样品在气相中传递速度快,因此样品成分在流动相和固定相之间可以瞬间地达到平衡,同时样品中不同成分在固定相和流动相的分配系数存在差异,故流经色谱柱后到达检测器的时间不同,从而可以得到包含各成分相应的保留时间和峰强度的二维数据气相色谱图。根据色谱曲线图得到的每个峰的保留时间,可以进行定性分析,根据相对峰面积或峰高的大小,还可以进行定量分析。由于可选作固定相的物质很多,因此气相色谱法是一个分析速度快、分离效率高的广谱性分离分析方法。

质谱分析法(mass-spectrometry)是通过对被测样品的离子质荷比测定,来进行物质鉴定的一种分析手段,主要用于分析高极性、难挥发和热不稳定的样品,其主要优势是它对各种物理状态的样品,都具有非常高的灵敏度,而且在一定程度上与待测物分子量的大小无关,能够对已分离物质进行定性分析。由于质谱仪的质量分析器安装在真空腔里,待分析样品只有通过特定的方法和途径,才能被引入到离子源并被离子化,然后被引入质量分析器进行质量分析，所以单独使用质谱仪对未知样本进行分析，存在对待测样本分离度差的缺点。

Holmes 和 Morrell 于 1957 年首次将气相色谱仪和质谱仪连接，即气相色谱质谱联用仪(gas chromatograph-mass spectrometer，GC-MS)。将分离技术与质谱法相结合，是分离鉴定技术中的一项突破性进展，它是将气相色谱仪经接口模板与质谱仪结合而构成的一种分析仪器，待测物质经气相色谱仪初步分离后，每个单一成分经接口模板进入到质谱仪，被质谱仪的离子源电离后进入检测系统，从而得到每一单一成分的质谱图。气质联用技术可以得到包含保留时间、峰强度和质荷比的三维数据信息的总离子流图。通过化学工作站数据分析软件，对所得总离子流图进行处理分析，可实现对待测样本的定性和定量分析。气质联用技术的示意图如图 7.4 所示。

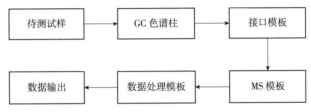

图 7.4　气质联用检测流程示意图

把气相色谱仪作为质谱仪的进样装置，能够克服单独使用质谱仪对待测样本分离度差的缺点，而将质谱仪作为色谱仪的检测装置，可以克服单独使用色谱仪对样本成分定性分析能力差的缺点。鉴于气质联用技术对未知待测样本有较好的定性和定量分析的优势，加之计算机的应用使得质谱分析技术更加成熟，使用更加便捷，尤其近年来，新的电离技术和质谱仪的优化升级，使质谱分析技术取得了长足的进展，也使气质联用技术成为有机物分析的重要手段。

有研究者利用气质联用技术，通过对同种红木样品不同批次主要特征峰质谱库检索，得到其特征性化学成分，并利用不同种红木样品主要化学成分的差异，实现了 GC-MS 技术对不同种红木进行识别与鉴定。根据 GC-MS 出峰时间及其对应的峰值占总离子流图中最大峰值的比率，研究者成功构建了不同进样方式下，红木样品的指纹图谱(朱涛，2013)。另有研究者利用傅里叶变换红外光谱技术(FTIR)和气质联用技术(GC-MS)对大果紫檀、交趾黄檀、微凹黄檀和卢氏黑黄檀四种红木的有机溶剂抽提物进行分析，利用统计方法分别建立各类木材的 FTIR 及 GC-MS 的指纹图谱。结果显示，FTIR 指纹图谱、GC-MS 指纹图谱均能反映出木材化学成分的异同，可以用于木材样本的分类与鉴别(罗莎，2013)。

木材中化学成分的种类和形态都非常多样，针对挥发性成分与可溶性成分，有研究者采用顶空进样与气质联用技术相结合的方法，测定了不同产地的黄檀中可挥发性成分与脂溶性成分，并结合指纹图谱得出一种可以准确区分两类试样的鉴别方法。不同产地的黄檀试样的化学成分差异显著，其中，可挥发性成分差异不明显，无法以此准确区分两者，但脂溶性成分的种类及含量差异显著，可准确区分出两者(杨柳 等，2016)。在红木家具材料的识别方面，鉴于家具用红木是天然性材料，心材的抽提物含量及化学组成，因树种及抽提方法而异，因此，越来越多的研究者倾向于从分子分析的角度，探索识别红木家具材种的方法。目前主要有高效液相色谱法、顶空气相法和气质联用法等，其中大多都集中在基于气质联用的识别技术上。

但是，气质联用技术需要将木材样品用有机溶剂抽提，前期准备工作比较繁琐，而且实验精密度要求较高，样品采集过程易受污染。木材中的抽提物种类和含量，受到木材产地、树龄、采伐季节、存放时间、运输方式等不确定因素的影响，因而鉴定结果的可靠性、准确性、重现性，对木材样品的稳定性、典型性的依存度较高。现阶段，基于气质联用技术构建的指纹图谱，应用于木材鉴定的研究仍处于起步阶段，其准确性和可重复性仍需要大量的实验进行验证。因此，除了不断完善现有色谱质谱技术外，还需要更加充分的利用和结合现有分析技术。如何更好的借鉴与比较现有研究成果，建立多维指纹图谱，多角度全面挖掘图谱信息，是研究者今后探索和开拓的重要方向。

7.5 基于稳定同位素分析的识别技术

稳定同位素分析技术是指木材中一些稳定同位素（C、H、P、N、S）的比例，在不同的地理区域是唯一的，依此可以推断木材的原产地。稳定同位素分析技术在食品卫生行业最先被应用，该技术基于某些已知的稳定同位素，例如C、N、Cl、Cr等的比例，且这些元素在某地区内具有专一性，因此，可用于木材分析识别的研究中。

如前所述，稳定同位素技术早已应用于食品分析领域，与随后介绍的DNA分析技术一样，近几年开始逐渐拓展到木材识别领域。不同的是，稳定同位素技术主要利用D/H 和 $^{18}O/^{16}O$ 的比例识别木材的原产地，而DNA技术则可精细化识别到木材的"种"。目前，许多科研院所和高校的研究团队都在积极开展木材识别新技术的研究，将稳定同位素分析与DNA分析技术相结合即是其中的一个方向，该方法极大的提高了木材原产地和树种识别的精准度。但目前对于木材采伐地区标准样本的选取较为困难，而且建立完善的木材标本信息数据库也还有很多工作要完成。

基于稳定同位素分析的木材识别技术，对采样地区的选取以及样品采集标准的要求较高，此外，将上述新技术运用于热带地区木材的识别还存在一定困难。因此，基于稳定同位素分析的识别技术还须不断优化，例如增加对其他同位素对的测定，简化制样方法等，以适应不同地区，不同物化状态，不同保存状况的木材样本的识别需求。

7.6 基于遗传信息的识别技术

本节涉及的基于遗传方法的木材识别技术，是指利用木材的DNA信息进行识别与鉴定的方法。人类中不同个体的DNA信息是不同的，对于木材来说亦是如此，不同种类的木材所包含的DNA信息也是独一无二的，因此可以将此项特性运用到木材识别中去。运用DNA技术进行木材识别，首先需要解决的就是提取不同种类木材的DNA信息，并根据提取到的信息建立一个完整的木材DNA信息数据库，此数据库的质量决定着运用此项技术识别木材的准确度。

如何从木材中提取高信息量的DNA是现在面临的关键问题，有研究团队从20世纪80年代初开始着手从植物中提取DNA。现已可以实现从新鲜的植物叶片中提取出高质量的DNA，而从干燥的木材中提取高质量的DNA要复杂得多，尽管制样流程相对繁琐，近些年，已有许多研究团队成功地运用DNA技术，实现了若干种类木材的识别。

7.6.1 基于基因测序的 DNA 识别方法

研究表明，木材制品中的 DNA 由于受到干燥工艺、存放时长等因素的影响，往往降解严重，使 DNA 的提取难度更高。研究者尝试对不同干燥温度处理后，降香黄檀的木材 DNA 进行了提取，发现不同干燥温度对 DNA 条形码序列的扩增有较大影响。目前，从干燥木材中提取 DNA 的技术已取得了一些进展，有研究团队分别采用 EFHN 和 IJHYXK 试剂盒法，从低温储藏及高温干燥等不同处理条件下，杉木的心边材组织中提取到了较高质量的 DNA，并成功实现了扩增。还有团队采用 Plant Mini Kit、CTAB-NuClean PlantGen DNA Kit 和 SDS-CTAB-NuClean PlantGen DNA Kit 这 3 种方法，分别对经过不同温度处理的 5 种木材进行 DNA 提取。结果表明，3 种方法提取的 DNA 均可满足后续 PCR 扩增的要求。基于以上研究进展，有理由认为只要根据样本 DNA 的不同降解情况，选择适宜的提取方法，DNA 测序技术在木材识别领域将得到越来越广泛的应用。

基于化学成分测定和基于光谱分析的识别技术，由于受到样本生长区域、抚育环境、营养供给、气候变化等的影响较大，在结果的可靠性和重现性上仍有较大的提升空间。DNA 测序识别技术是从遗传学的角度，表征木材的差异化信息，并且树木的根、茎、花、叶、果等任一部位、器官或组织，其负载的 DNA 信息也应是一致的。基于此，若能克服制样瓶颈，运用 DNA 测序技术识别木材的可行性将得到极大的提升。这点已在植物花卉等领域，获得了不少成功的应用案例，但在木材识别领域，DNA 的提取技术尚未成熟，基因数据库尚不完备，还需要进一步完善木材 DNA 数据库系统，实现信息共享。

7.6.2 DNA 条形码识别技术

木材来自不同的树种时，其 DNA 也不同，反过来便可以利用 DNA 技术来鉴定树种。采用电泳的方法将 DNA 提取，对提取出来的 DNA 片段进行扩增，再经纯化处理后，选择适当浓度的模板 DNA，进行 DNA 重复性试验，序列测定分析并提交结果到数据库。DNA 条形码识别技术是利用短的 DNA 片段，对树种进行识别与鉴定的分子生物技术，就像用条形码识别物品一样，利用 A、T、C 和 G，4 个碱基在 DNA 中的排列顺序来识别物种。

DNA 条形码技术在动物物种鉴别中，已得到了成熟的应用，在植物鉴定与分类方面的应用也正在积极的展开。目前为止，已有许多研究者通过单一片段或多组合片段的 DNA 条形码，对植物进行分类，对木材进行鉴定，对木质文物和古建筑用材进行识别。有研究者提出，相比传统 CTAB，使用 Qiagen kit protocol，能提取出更多高信息量的 DNA，尽管受到干燥状况的影响，干材中提取的 DNA 数量仍明显低于鲜材中提取的数量。还有研究者认为，从木材的形成层和边材提取 DNA 的效率，要高于心材部分，与核基因组相比，叶绿体基因组具有更高的扩增成功率，并且经过热处理的木材试样，只有叶绿体基因组才能被提取出来。

综上，在木材识别领域，木材 DNA 的有效提取及序列分析方法尚未成熟。同时，不同地域的种内序列可能存在差异，尚未建立一种可跨越不同地域，并能适应所有树种木材 DNA 识别的国际基因参照标准，这些因素均制约了 DNA 识别技术的广泛应用。

目前公开发布的基因数据库，例如 NCBI，其中的物种基因序列还不完备。建立一套完整可靠的木材 DNA 信息数据库系统，工作量庞大，技术难度高，尚存在大量技术细节要解决。而建立木材 DNA 信息数据库，适应绝大多数树种的基因参照标准，是木材 DNA 识别法能够广泛和准确应用的关键所在。木材 DNA 信息数据库及相应基因参照标准的建立，需要各国研究者继续开展大量的科学试验，并对研究数据进行分析与整合。

7.7 基于光纤液滴分析的识别技术

光纤液滴分析技术是 1992 年始见报道的一项新技术，具有较高的液体识别水平，能够准确识别出同一厂家不同年代生产的同一品类的酒，以及在外观、气味、制备原料等方面都非常相似的液体，例如不同品牌的饮料，矿泉水等。

近年来，这项技术与热裂解技术相结合，逐步应用到木材识别领域。研究者采用光纤液滴分析技术，比较了白松和红松的光纤液滴指纹谱图的形状，对两个树种的 9 个特征值的差异性进行了检验，分析出两个树种的特征值具有显著差异。说明利用光纤液滴分析技术辨识树种具有一定可行性。但是木材液化后的液体比较黏稠，需要专用的供液泵，以保证液滴的指纹谱图具有良好的重现性，这需要加大专用供液泵的技术改进力度。在此基础上，建立与完善液滴指纹谱图数据库，对于准确识别木材树种也是必不可少的。

第 2 篇

木材的性质

第 8 章
应力木

应力木是在倾斜的树干或与树干的夹角超过正常范围的树枝中出现的畸形结构。针叶树与阔叶树都能产生应力木。针叶树的应力木出现在枝条或斜生、弯曲树干的下侧，即受压一侧，被称为应压木（compression wood）[图 8.1(a)]。阔叶树的应力木出现在上侧，即受拉一侧，被称为应拉木（tension wood）[图 8.1(b)]。与应力木相反的另一侧，通常称为对应木（opposite wood）。应力木是树木生长期间形成的许多天然缺陷中被研究得最多的一个，它的形成是树木生长过程中，遭遇逆转的生长环境，从而以独特的生长方式，改变了木材细胞壁结构和化学性质的结果。因此，研究应力木的形成，有助于了解树木的生长机制，研究应力木的结构与性质，有利于对其进行开发利用。

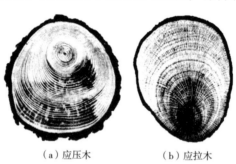

（a）应压木　　　　（b）应拉木

图 8.1　应力木（《木材学》第 2 版，2012）

8.1　应力木的形成

树木在生长期间，如果受到环境的影响，即会产生一些反应，进行适当的生长调整来克服环境因素，在此期间形成的木质部，与寻常状态下形成的木质部不同，因此被称为应力木。生长旺盛的树木，对环境的反应较为灵敏，也较易形成应力木。例如树梢受到强风的弯折就会形成应力木；倾斜的树干以形成应力木来恢复直立生长；树木还会利用应力木的形成来调整侧枝的角度。倾斜的针叶树在树干下侧产生应力木，阔叶树则在树干上侧产生应力木。树干在倾斜的下侧处于压缩状态，而上侧处于拉伸状态，因此，针叶树和阔叶树的应力木，分别被称为应压木和应拉木。应力木使木材的性质产生许多不良变异，其细胞的分化也与正常木质部细胞的分化有所不同，因而成为很有价值的研究对象。

裸子植物除了苏铁目(Cycadales)和买麻藤目(Gnetales)以外，都会产生应力木，在被子植物里，即使是非常进化的物种也不一定产生应力木(Timell，1983)。促使应力木形成的生理机制至今尚未完全了解，已被提出的四个学说是：①对应力的响应(stress response)；②由地心引力引起(gravitational response)；③内在生长因素导致(intrinsic growth response)；④生长应力引起(growth stresses)。这四个应力木形成理论并非截然不同，而是存在一定关联，甚至在有些方面还是互补的。

应力木形成的应力响应说(stress response)的主要依据见图 8.2 左。树枝被下拉时，针叶树在枝干下侧，而阔叶树枝干则在上侧产生应力木。如果树枝被向上推，针叶树和阔叶树分别在枝干的上侧和下侧形成应力木。由此可证明，针叶树在压缩区产生应压木，阔叶树在拉伸区形成应拉木。树木在生长期间如果发生倾斜，树木因倾斜产生的重力，使树干上下侧分别处于拉伸与压缩的状态，为了恢复直立状态，树体中产生了应力木。树枝本身的重量也使枝干上下侧处于同样的应力状态，如此才能保持枝丫与树干的角度而不致下垂。应力是由重力产生，因此，应力导致应力木形成的理论也和地心引力有关。针叶树人工林的幼龄木时常有应压木产生，除了季风摇曳树梢的原因之外，也与树苗栽植时，树干未直立和土质松软导致的树木倾斜有关(Larson et al.，2001)。

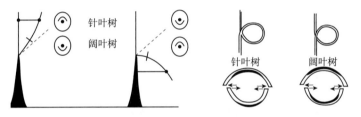

左：应力木形成的应力响应说示意图；右：树干被弯成整圈后任其直立生长，针叶树在两个半圈的下侧形成应压木，阔叶树在两个半圈的上侧形成应拉木。

图 8.2　应力木形成示意图

应力木形成的地心引力说(gravitational response)可用一个简单的实验进行验证(Wardrop，1965)。如果把苗木从直立状态逐渐增大倾斜度直到横置，茎秆内应力木的量会随着倾斜度的增加而增加。如果把苗木倒置，则无应力木产生。地心引力说常与生长激素说放在一起讨论，该理论认为促进细胞分裂的生长素(auxin)是由枝顶向基部输送(basipetal flow)，因而聚集在倾斜主干或枝干的下侧，使该部分的形成层急速分生木质部。针叶树即在此部分形成应压木，阔叶树主干及枝干的上侧因为缺乏生长素而形成应拉木。如果在直立的针叶树苗木茎部的一侧施予生长激素 IAA(indole acetic acid)，该部分就产生应压木，并使苗木朝反方向弯曲(Wardrop，1965)。

上述学说可用图 8.2 右所示的试验作进一步的验证。如果把苗木的主干或枝干圈成一个整圈，然后让其直立或横置继续生长，圈内木质部不论是处于压缩或拉伸的状态，应压木及应拉木都分别在两个半圈的下侧及上侧形成。这个试验结果显然与应力响应说相矛盾。但是，研究者用仪器对正在形成应力木和正常木的试样进行分析时，都未发现生长激素有分布不匀的现象。此外，有些研究者怀疑应力木的形成是否与植物体内的乙烯(ethylene)有关，可是用乙烯处理试样得到的正反结果都有，关于乙烯与应力木形成的关系尚未有统一的结论(Sheng et al.，2007)。

内在生长因素说(intrinsic growth response)认为，植物具有内在固定的生长模式，例如向光性、直立性、侧枝角度等，如果受到外在因素的干扰，就会以形成应力木的方式来校正生长。研究者把栎木苗倾斜45°，如果在平行光(即与树干平行)的照射下生长，树干并不发生弯转，但在树干的上侧形成应拉木，且年轮生长的偏向性较小。如果在侧向光(即光源与垂直线成直角，与树干成45°角)的照射下生长，树干会产生向光弯转，应拉木和正常木散生在生长轮各处，但生长轮向背光一侧偏向生长(Matsuzaki et al.，2007)。这些试验结果揭示了，植物的向光性是由树干内木质部的不平衡生长造成的。

应力木形成的生长应力说(growth stresses)最早于20世纪70年代提出(Boyd，1977)。研究者认为，生长中的木质部如果处于四周平衡的生长应力作用下，在树干与树枝里就形成正常木，如果此平衡的生长应力受到外力干扰，产生改变，树干与树枝就相应地形成应力木，来让生长应力恢复平衡。倾斜树干的下侧受到压力，抵消了该处部分的拉伸生长应力，而上侧受到拉力则得到双重的拉伸应力。这个观点其实就是应力反应说的延伸。

从以上的阐释可知，应力木的4个形成学说中，每个理论都有其单向成立的试验证据，也因为只有单向证据而不足以互相排斥。在还没有完全了解应力木产生的详情以前，或许可以把应力说、引力说、向光性以及生长激素等因子的协同效应，作为应力木形成的影响因素。

8.2 生长轮的偏向性

应力木的形成会造成树干和树枝生长轮的偏向性(growth ring eccentricity)。针叶树的生长轮之所以发生偏心，是因为倾斜树干和树枝的下侧生长迅速，形成较宽生长轮的应压木。针叶树应压木的年轮偏向性一般都很明显，但偏心的程度要看应压木形成量的多少而定(图8.3左)。由于生长轮的偏向性，针叶树倾斜的主干得以从反向抵消倾斜，恢复直立生长，树枝也不致于向下垂，而能维持与主干的正常角度。所谓的正常角度也许是由遗传因子决定，在不同的树种中，枝干的倾角各异。阔叶树应拉木的生长轮偏向性很不规则，偏心也不一定明显，因此，生长轮没有偏向生长，并不表示没有应拉木形成(Wardrop，1964；Panshin et al.，1980)。

许多研究者认为，阔叶树因应拉力产生的生长轮偏向性是朝向倾斜部位的上侧，但是阔叶树如何在倾斜主干及枝干的上侧产生偏向生长，却又依然可以恢复直立生长和维持枝干的倾角就难以解释。有些学者认为，应拉木在拉伸应力下形成，产生的应拉木又反过来加重了该区域的生长拉伸应力，如此巨大的拉伸应力在组织陈化的过程中渐渐松弛而收缩，恢复主干直立及维持枝干倾角就是靠这个收缩力的校正效应(Sheng et al.，2007；Matsuzaki et al.，2007)。可是这一解释违背了针叶树以产生应压木来校正倾斜树干的理论，应压木因为快速生长，也会产生巨大的生长拉应力。如果把生长拉应力的松弛及产生收缩力的说法，也应用在针叶树的应压木上，那么针叶树倾斜的树干该向哪边弯折？

图8.3右显示了常见阔叶树枝条中生长轮的偏向性，与针叶树枝条生长轮的偏向性基本相同。阔叶树应力木如果产生图8.3右所示的生长轮偏向性，也可以用生长激

左：针叶树的主干显示出应压木的形成、造成了生长轮的偏向性；
右：阔叶树的枝条显示出与左图基本相同的生长轮偏向性。

图 8.3　应力木生长轮的偏向性

素学说来解释。由于生长激素聚集在倾斜主干和枝干的下侧，使该区域加速生长，产生较宽的生长轮，其反面(上侧)因缺乏生长激素而生长缓慢，过剩的光合作用产物则用来合成木纤维细胞壁的胶质层。

8.3　应力木的类型与性质

8.3.1　应压木

8.3.1.1　构造特征

应压木很容易从横切面辨认，在髓心偏向一侧的宽生长轮里，除去晚材之外，颜色较深的地方就是应压木(图8.4左)。正常木的晚材管胞横截面基本上是长方形，应压木的晚材管胞横截面趋于圆形，相邻的3~4个管胞存在细胞间隙(intercellular space)(图8.4右)。应压木管胞比正常木管胞的胞壁厚，其早材管胞的直径比正常木的小，晚材管胞的直径比正常木的大或基本相同，所以应压木早晚材管胞径向直径的差异比正常木小。在同一生长轮内，应压木管胞的长度比正常木的短10%~40%，管胞末端通常变细及(或)产生分歧。应压木管胞的次生壁只有S_1层和S_2层，没有S_3层，微纤丝在其次生壁里的排列不如正常木管胞那么紧密，因为微纤丝之间的微空隙填塞了大量的木质素，S_2层的微纤丝角(microfibrillar angle)极大，可增大到45°~50°，常开裂形成螺纹裂隙。

8.3.1.2　化学性质

正常木的纤维素、半纤维素及木质素含量分别为43%、28%及29%，而应压木的纤维素含量可低至30%，木质素含量可高达40%以上。纤维素不但含量低，而且结晶度也低于正常木。半纤维素的总含量虽然与正常木没有很大的差异，但半乳聚糖(galactan)的含量异常的高，甚至可达10%(Panshin et al., 1980)，而正常木的半乳聚糖含量通常仅为2%~4%。应压木的木质素和正常木的木质素在化学结构上也稍有不同，主要体现在结构单元的比例上。与正常木相比，应压木管胞S_2层增厚，纤维素含量降低，

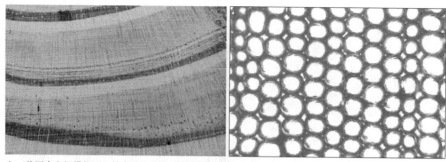

左：美国南方松横切面上较宽的生长轮及色泽暗红的应压木；
右：美国南方松应压木横切面上圆形的管胞及大量的细胞间隙。

图 8.4　应压木的构造特征

木质素含量增高，S_1 层虽然也较厚，但木质素含量不高，而复合胞间层则与正常木相似（成俊卿，1985）。木质素含量特别高，而纤维素含量异常低，是应压木在化学性质方面的重要特征，因此它不适于用作制浆造纸原料（表 8.1）。

表 8.1　马尾松（*Pinus massoniana*）枝桠材应压木、对应木和正常木的化学成分

位置		水分/%	灰分/%	木质素/%	聚戊糖/%	纤维素/%	抽提物/%			
							冷水	热水	1%NaOH	苯醇
应压木	应压区	12.18	0.38	33.42	12.55	42.64	2.45	3.45	13.62	6.18
	对应区	11.55	0.32	23.68	10.89	58.22	2.46	2.76	12.15	4.32
正常木		11.57	0.25	25.66	10.72	56.43	2.17	2.73	12.75	3.94

资料来源：陈承德 等，1995。

8.3.1.3　物理性质

应压木的密度与正常木的密度之比约为 4∶3，例如，红松应压木气干材的平均密度为 $0.557g/cm^3$，正常木仅为 $0.420g/cm^3$，这是由于应压木管胞壁较厚的缘故（成俊卿，1985）。由于木质素含量较高，应压木的吸湿能力较差，因此其纤维饱和点较正常木的要低。应压木的顺纹干缩和湿胀比正常木大，弦向和径向干缩则小于正常木，仅为正常木的 1/2 左右。例如红松应压木的顺纹干缩系数为 0.032%，正常木为 0.015%。花旗松应压木的纵向干缩率也比正常木高很多，正常木为 0.17%，而应压木的纵向干缩率高达 0.67%（Panshin et al.，1980）。红松应压木的弦向和径向干缩系数分别为 0.072% 和 0.140%，而正常木分别为 0.184% 和 0.332%。应压木的纵向干缩率较高，是因为其次生壁 S_2 层微纤丝倾角约为 45°，比正常木的 10°~30° 的倾角大很多。由于应压木与正常木的干缩系数有较大差异，含有应压木的板材在干燥时，易发生翘曲、扭转变形和开裂等严重的干燥缺陷（表 8.2）。

8.3.1.4　力学性质

应压木属于树木的生长缺陷之一，因为细胞壁较厚，应压木的密度比正常木高，但通常情况下，其机械强度比正常木要低。在不同的树种中，各项强度指标的变化情况有一定差异。例如，红松干燥至含水率 15% 左右，抗弯强度及抗弯弹性模量均较正常木低，顺纹抗压强度、顺纹抗剪强度较正常木有所增加（成俊卿，1985）。花旗松的应压木与正常木相比,应压木的静曲抗弯强度降低了21%,静曲弹性模量降低了46%,顺纹抗拉强度降低了16%,韧性降低了56%(Panshin et al.,1980)。造成这种差异的原因是应压木的微纤丝角较大,并易产生螺纹裂隙,另外应压木的纤维素含量比正常木少,导致了应压木抗弯强度的降低。但应压木的木质素含量增加,单位体积内细胞壁物质增多,微纤丝之间的空隙比正常木沉积的木质素多,降低了细胞壁的扭曲倾向,因而胞壁组织在出现破坏前,能比正常木承担较大的压缩载荷,从而使应压木的抗压强度增加(表8.3)。

表8.2 马尾松(*Pinus massoniana*)正常木与应压木的密度和胀缩率

位置		密度/(g/cm³)			全干干缩率/%				湿胀率/%			
		基本	气干	全干	顺纹	径向	弦向	体积	顺纹	径向	弦向	体积
应压木	应压区	0.631	0.715	0.693	2.01	2.91	4.37	9.03	2.06	3.01	4.58	9.94
	对应区	0.506	0.618	0.586	0.42	5.56	7.75	13.41	0.43	6.00	8.40	15.39
正常木		0.520	0.632	0.603	0.55	4.73	11.24	13.54	1.55	5.01	9.99	16.15

资料来源:陈承德 等,1995。

表8.3 马尾松(*Pinus massoniana*)正常木与应压木的力学强度

位 置		抗弯强度/MPa	抗弯弹性模量/MPa	顺纹抗压强度/MPa
应压木	应压区	105.3	8.54	54.7
	对应区	101.7	9.83	48.8
正常木		94.5	13.03	49.4

资料来源:陈承德 等,1995。

8.3.2 应拉木

8.3.2.1 构造特征

应拉木有时并不集中分布而是散生在正常木里,在横切面上如果无生长轮的偏向性,便不容易辨识出应拉木的存在。原木在含水率高的生材状态即切制成板材时,如果在板材的切面上产生起毛现象,就意味着应拉木的存在。

应拉木最主要的构造特征是在纤维状管胞或韧型纤维内形成的非木质化胶质层(gelatinous layer)(图8.5)(Gorshkova et al.,2010)。一般而言,胶质纤维(gelatinous fiber)的壁层结构可分为以下3种类型(图8.6):①除了胶质层以外,也具有S_1、S_2和S_3层,即$S_1+S_2+S_3+G$,这种结构类型不常见,仅在白檀(*Symplocos paniculata*)等少数树种中出现。②除了胶质层之外,还有S_1和S_2层,即S_1+S_2+G。③除了胶质层之外,仅具有S_1层,即S_1+G。后两种类型比较普遍,尤其第3种类型最为常见(Panshin et al. 1980;Jourez et al.,2001;Fang et al.,2007)。此外,胶质层自身厚度的变异也非常大,这可能与应拉木形成时细胞的分化程度有关(Wardrop et al.,1948)。胶质层几乎是纯纤维素,全由微纤丝组成,不但未被木质化,微纤丝的排列几乎与细胞长轴平行,倾角约为0°~5°(Panshin et al.,1980;Clair et al.,2006;2011;Goswami et al.,

2008)。由于其超微结构及化学性质与次生壁其他层次的差异颇大,胶质层很容易从细胞壁剥离(图8.5)。由于胶质层的韧性特别大,在切制生材的时候,不容易被切断,而是从细胞里被拉出,从而在锯材表面形成毛刺。此外,应拉木的另一个构造特征是导管的数量较正常木稀疏(图8.7)。

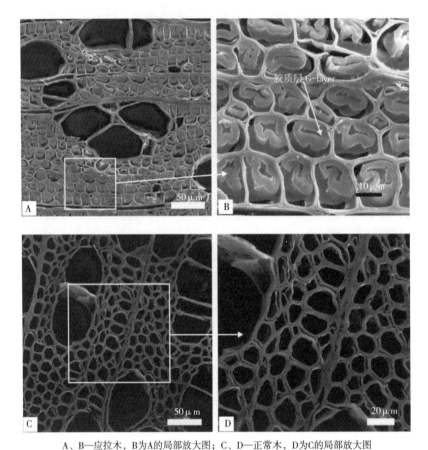

A、B—应拉木,B为A的局部放大图;C、D—正常木,D为C的局部放大图

图8.5 杨树(*Populus* sp.)应拉木和正常木微观构造的对比(周亮 等,2012)

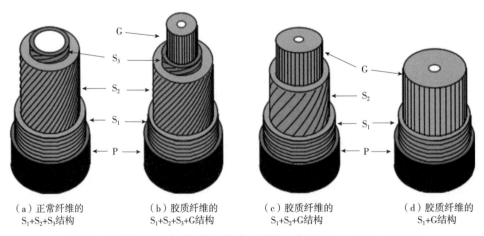

(a)正常纤维的 $S_1+S_2+S_3$ 结构　(b)胶质纤维的 $S_1+S_2+S_3+G$ 结构　(c)胶质纤维的 S_1+S_2+G 结构　(d)胶质纤维的 S_1+G 结构

图8.6 正常纤维和胶质纤维细胞壁层结构示意图(Fang et al.,2007)

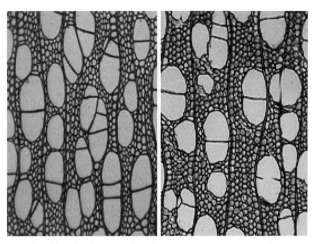

左为正常木；右为应拉木，应拉木的导管数量比正常木少许多

图 8.7　杨树（*Populus* sp.）横切面导管

胶质层容易通过其松弛、胶状及与相邻壁层分离的形态特征而被识别，也可以依据胶质纤维细胞壁对不同染色剂的物理化学反应，通过双重复染技术将胶质层与其他壁层区分开来。未木质化的胶质层易被固绿染成绿色或被星蓝染成蓝色，而木质化的壁层易被番红染成红色（图 8.8）。另一种染色剂是氯锌碘试剂，既能用于薄的切片，又可涂刷在大试件的表面上，应拉木部分呈灰蓝或紫蓝色，正常木呈黄褐色。使用间苯三酚—盐酸作木质素指示剂的效果和使用氯锌碘试剂一样（成俊卿，1985）。

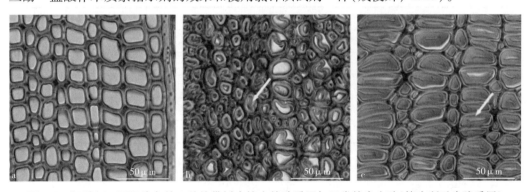

图 8.8　经番红—固绿染色的 3 种热带树应拉木的胶质层与正常的次生壁（箭头所示为胶质层）
（苌姗姗 等，2018）

8.3.2.2　化学性质

应拉木的综纤维素、纤维素、α-纤维素含量要明显高于正常木，木质素、半纤维素含量低于正常木，纤维素的相对结晶度也高于正常木（表 8.4）。采用染色法定性分析应拉木胶质纤维细胞壁中木质素的分布，不但胶质层无木质素，其余的次生壁层内，木质素的量也偏低或明显减少。胶质纤维次生壁内木质素含量减少也属于应拉木的主要特性，川泡桐（*Paulownia fargesii*）和银白杨（*Populus alba*）两种木材应拉木的综纤维素含量分别为 75.68% 和 79.07%，正常木则分别为 71.32% 和 76.11%，两种木材应拉木的木质素含量分别为 19.32% 和 14.61%，正常木则分别为 24.34% 和 15.75%（成俊卿，1985）。

表 8.4　美国白梣(*Fraxinus americana*)应拉木与正常木的化学成分

位置		综纤维素/%	半纤维素/%	α-纤维素/%	木质素/%
枝桠材应拉木	应拉区	82.26	34.12	45.45	20.43
	对应区	81.47	33.37	43.96	22.67
正常木		—	—	41	26

资料来源：夏梅凤，2012。

8.3.2.3　物理性质

含有应拉木的木材物理性质的变化，要视应拉木的含量而定，含量越高对木材各项物理性能的影响越大。应拉木的纤维状管胞或韧型纤维多出了胶质层，其密度大于正常木(表 8.5)。应拉木的顺纹干缩率比正常木显著增大，一般高于正常木数倍，通常正常木的顺纹干缩率介于 0.1%~0.2%，而杨树应拉木的顺纹干缩率可高达 0.77%(Jourez et al., 2001)。因为胶质层的出现与应拉木高拉伸应力的产生直接相关(Clair et al., 2001)，当胶质纤维集中分布时，木材在干燥和生材状态的加工利用中，易产生扭曲、开裂、夹锯和板面起毛等一系列问题，造成了大量的经济损失(Timell, 1986)。研究者发现川泡桐木材若干燥以后再进行锯刨加工，板面起毛现象较生材时轻微，但总体而言，具应拉木的木材刨出的单板，表面粗糙且常有弯曲。

表 8.5　刺楸(*Kalopanax septemlobus*)应拉木与正常木的物理力学性质

位置		基本密度/(g/cm^3)	干缩率/%				顺纹抗压强度/MPa
			轴向	径向	弦向	体积	
应拉木	应压区	0.456	0.031	0.256	0.383	0.533	33.3
	侧区	0.437	0.028	0.254	0.352	0.522	37.3
	对应区	0.431	0.024	0.282	0.408	0.531	36.2
正常木		0.442	0.015	0.179	0.214	0.442	38.3

资料来源：刘盛全 等，1996。

8.3.2.4　力学性质

未木质化的胶质层对木材强度的影响并不是很大，应拉木的力学强度主要取决于胶质纤维次生壁是否含有 S_2 层以及 S_2 层的厚度，正常的 S_2 层越薄，木材的强度越低。一般含有应拉木的木材其强度低于正常木，以糖枫为例，应拉木与正常木相比，静曲抗弯强度降低了 16%，抗弯弹性模量降低了 15%，抗压强度降低了 7.5%(Panshin et al., 1980)。但是，应拉木由于木质素含量低，刚性较低，冲击韧性较正常木有所增加(成俊卿，1985)。

第 9 章
幼龄木及材质变异性

幼龄木(juvenile wood)是树木最初几年形成的木质部，其材性比后期形成的木材要低劣。一般而言，幼龄木具有密度较低、细胞较短、微纤丝倾角较大及晚材率较低等特性，这些特性使幼龄木成为木材材质变异性的主要来源。其次，幼龄木因纵向干缩率大，易造成干燥变形，降低了板材的等级和资源利用率。幼龄木密度低、纤维强度低，用幼龄木含量高的原料造纸，不但纸浆得率小，所生产的纸张强度也低。幼龄木的形成虽然是树木生长的必然过程，但在木材利用上常被认为是木材的缺陷。在现今生产加工用木材资源中，生长率快和轮伐期短的人工林木材占了很大比例，如何减小幼龄木的比例，以及如何利用幼龄木含量高的原料，是木材加工业必须面临的问题。

此外，许多建材用木质原料和产品都有质量均一的要求，可是木材和所有的生物质材料一样，天然就具有结构和材质上的变异性和不均一性。木材的密度、纤维长度及各种力学强度等指标变异很大，结构不同的木材，其物理力学性质可能存在显著的差异。一般而言，同种异株之间的变异性主要受到树木生长的影响和品系遗传因子的作用，然而株内木材性质的变化有时甚至会大于同种异株和异种之间的变化，对木材的加工利用产生较大的影响。

9.1 幼龄木的特性

幼龄木又称未成熟木(immature wood)或中心木(core wood)，因其材质劣于成熟木，对材性的影响相当大，尤其是当今制材用树木的轮伐期短，幼龄木的比例很高，对木材的加工利用有很大的冲击。从分布位置上，幼龄木大致是靠近髓心的木材，成熟木则是接近树皮的木材。幼龄木与成熟木没有明显的界线，幼龄木的宽度各树种都不尽相同。有研究者把幼龄木定义为树木在最初的 5~25 年间形成的木材，由其提出的幼龄木性质变化示意图(图 9.1)也被广为接受(Bendtsen，1978)。与成熟木相比，幼龄木细胞壁较薄、晚材量较小，因而密度低、纤维短、微纤丝倾角大，因此强度低，纵向干缩率大。材质密度和纤维长度在径向上的变异，最常被用来鉴定幼龄木，但值得一提的是，树木在最初形成的 5 个生长轮里，如果受到季风的影响，时常产生密度较高的应力木。

幼龄木包含的年轮数变异极大，不但随树种、品系、立地环境而变，甚至于在植株各高度处也有所不同。幼龄木与成熟木的区分并没有一定的界线，根据不同的研究

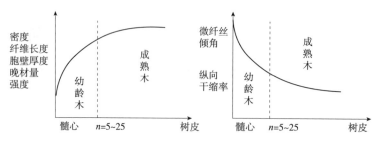

（幼龄木的年轮数 n 和变异率都随树种而异，所示的曲线仅代表变异趋势）

图 9.1　幼龄木与成熟木性质比较示意图
(Bendtsen, 1978)

结果划定的分界线差异也比较大。例如以密度为标准，有研究者把火炬松幼龄木的分界线定为约 6~10 个年轮处，而以纤维长度为指标时，则为 8~12 个年轮处 (Zobel et al., 1998)。另有研究者以密度为标准，把 30 年生火炬松的幼龄木定为约 12 个年轮宽，木材强度（抗弯强度、弹性模量、抗压强度）也在 12 年后变得稳定，纤维长度的增加此时虽然大为减缓，但到 18 年时仍在增加，微纤丝倾角则一直到 30 年时仍在逐渐减小 (Bendtsen et al., 1986)。文献里有关针叶树幼龄木的资料多于阔叶树，尤其是松木人工林，对于幼龄木的开发利用具有一定指导意义。

阔叶树环孔材的密度在径向上的变异情况与其他树种相反，环孔材的密度由髓心向外，随着树龄降低而逐渐减小。许多阔叶树的纤维长度随着树龄而增加，甚至到了 40 年以上仍在增长 (Bendtsen, 1978)。这些事实都表明，阔叶树的幼龄木比针叶树更难于鉴别。研究者们以密度和木材强度为标准，把 30 年生东方白杨的幼龄木定为 17~18 年，如果根据纤维长度和微纤丝倾角来判断，其成熟的年龄则还要再推迟 2 年，即 20 年 (Bendtsen et al., 1986)。根据前述实验结果，研究者们估计 20 年生的火炬松和东方白杨人工林的幼龄木含量分别为 60% 和 80%，预计到 40 年和 60 年时，两者分别都只含有 25% 和 10% 的幼龄木，这些资料为人工林利用提供了重要参考。

研究者们测得 1 年生东方白杨和火炬松的微纤丝倾角分别为 22.3° 和 36.5°，到 26 年生时分别为 14° 和 18°，1~26 年间的变化，阔叶树的递减幅度是 8.3°，小于针叶树的 18.5° (Bendtsen et al., 1986)。另有研究者测得火炬松的微纤丝倾角在 1 年生时为 33°，22 年生时为 17°，其相对的纵向干缩率分别为 0.87% 和 0.19%，变化非常大。此外，幼龄木因生长迅速，时常产生交错纹理 (cross grain)，但交错纹理也属于木材的遗传特征之一，并不仅仅在幼龄木里才发生，故不可作为幼龄木的专属特征来对待。早材细胞因其次生壁 S_2 层较薄，木质素的相对含量比晚材高，例如火炬松早材的平均木质素含量为 28.1%，而晚材的木质素含量仅为 26.8% (Rydholm, 1965; Yeh et al., 2005)。因此，幼龄木的木质素含量比成熟木高一些，是因为幼龄木早材含量高，而早材细胞次生壁的 S_2 层较薄的缘故 (Larson et al., 2001)。

9.2　幼龄木的形成

有研究者提出，真正的幼龄木仅在树木生长最初的 1~3 年形成，这几年形成的木材和一般所称的幼龄木性质一样，被称为中心木。中心木的形成由树冠所控制，因此又可称为冠生木（crown-formed wood）（Larson et al.，2001）。该学说用木材形成由生长激素所控制的理论，来解释幼龄木的形成机理：树木幼龄时，整个主干被覆盖在树冠里，在近距离内有充分的生长激素供应，促进了形成层细胞的分裂，但因养分供应与细胞分裂速度不匹配，在主干内形成的大量形成层子细胞分化成了径向直径大而细胞壁薄的早材细胞（Larson，1960；1962）。待树木逐年长大，林分郁闭度的改变与自然打枝的结果，树冠渐渐拉高，年轮变狭窄。主干未被树冠覆盖的部分在生长季初期形成早材，其后形成层细胞分裂减缓，细胞有充足的养分供应而延长生长期，堆积成较厚的细胞壁以及延展细胞的长度，使生长轮的晚材含量增高，密度增加。事实上，许多生长锥取得的木材样本的 X 光扫描结果都显示，早材的密度从髓心至树皮的变化极小（Heger et al.，1974；Schinker et al.，2003），因此，木材径向比重的变化取决于早晚材转换区的位置和晚材部分的多寡。以这个理念为前提，树干里面的幼龄木分布应是圆筒形，而树冠延伸很低的孤立木树干内应该几乎全是幼龄木。

研究者们发现，生长在美国密苏里州的具有全树冠的北美圆柏独立树，其木材的密度从髓心到树皮逐渐降低，并且木材密度也不因树高的不同而有很大变异（McGinnes et al.，1969；Kuo，1970）。这些结果符合前述孤立木树干内应该几乎全是幼龄木的观念（Larson et al.，2001）。大多数针叶树木材密度的径向变异都是由里向外逐渐增加，对于孤立的北美圆柏木材密度异常的径向变异，研究者提出如下解释：北美圆柏前 5 年形成的木材受季风的影响频繁产生应压木，因而密度较高。其后随着生长逐渐加速，产生更多管胞间的细胞间隙，导致径向木材密度下降（McGinnes et al.，1969）。

另有研究者提出了幼龄木形成的不同观点，通过测定多种树木里幼龄木的分布，发现幼龄木的分布是圆锥形而非圆筒形，因此把幼龄木与成熟木的形成归因于形成层的年龄（Yang et al.，1997；Yang et al.，1986）。这个年龄是从种子发芽算起，等同于树龄（ontogenic age）。幼龄木的分布之所以呈圆锥形，是因为形成层年龄越小，形成幼龄木的时间越长，随着形成层年龄的增大，形成幼龄木的时间缩短。例如在胸高处，年龄 5 年的形成层如果能形成 15 年的幼龄木，到高处年龄 40 年的形成层可能只产生 10 年的幼龄木。因此，在主干基部的幼龄木径向宽度大，随着树高和形成层年龄的增加，幼龄木径向宽度逐渐减小。

以上两个关于幼龄木形成的理论并不互相排斥。形成层年龄理论虽然已被广泛接受，却不能忽略树冠对细胞分化的影响。树冠是生长激素的来源，靠近树冠的形成层快速分裂产生大量子细胞，但在养分供应不匹配的状况下，分化后的细胞胞壁薄，长度不能完全伸长，从而形成晚材比例偏小的，年轮较宽的典型幼龄木。因为细胞未能完全伸长把微纤丝拉伸，才导致了微纤丝倾角偏大（Fang et al.，2004；Donaldson，2008）。了解树冠对木材形成的生理影响，有助于采取相应的育林措施减小树木中幼龄木的比例。

9.3 减少幼龄木的措施

幼龄木的形成是树木生长不可避免的过程，那么是否可以通过调整育林措施来减少其在人工林木材内的含量，成为研究者们关注的议题。从上述的讨论可知，延长轮伐期即可降低幼龄木在树干内的比例，但为了满足木材加工业对高品质原料的需求，其他育林措施的选用也须加以考虑。已有研究团队根据自身在树木生理学方面的研究成果，结合文献中的资料，对运用育林措施来减少南方松人工林中的幼龄木含量，提出了以下参考性建议（Larson et al., 2001）：

控制林分密度、疏伐、打枝都是改善木材性质的有效方法。初植间距为 3.7m×3.7m 的人工林，树冠的发育不受限制，因此树干底部常长满大枝条。疏植的立木初期生长迅速，在树干的中心常形成宽生长轮的幼龄材。无论其后对林分如何处置，幼龄期形成的中心木不但宽且含有很多大节子。初植间距为 1.2m×1.2m 的人工林，栽植不到数年，树干底部的枝条即行枯死，此时形成的年轮狭窄，晚材率也较高，虽然直径小但仅具小节子。密植虽然可以减少幼龄木的材积，但树木并不会因此提早结束幼龄木的形成。在人工打枝方面，打去枯枝可以缩短中心木内节子的长度，打掉绿枝虽然减缓了基部的直径生长，但增进了新树冠底部的直径生长，促使干形较为通直。如果在幼龄期打枝，则有助于提早在新树冠底部形成成熟木。新西兰的辐射松速生人工林抚育就采用的是疏植，但尽早打枝的办法。

综上，降低幼龄木含量以期增进木材的品质和利用率，最基本的育林策略是延长轮伐期。初期密植，随后定期适当的疏伐和人工打枝，也可以控制幼龄木的含量。这是由于初期密植造成林木间的生长空间竞争，从而形成狭窄年轮的幼龄木，等幼龄期过后，打枝或疏伐则可以促进成熟木材积的增长，因而也可以降低幼龄木的含量。

9.4 幼龄木对木材利用的影响

9.4.1 纸　浆

世界各地的纸浆原料主要来自速生、轮伐期短、幼龄木含量很高的人工林木材。研究者们通过对幼龄木在纸浆生产中的应用情况进行归纳，总结出以下结论：与用成熟木生产的化学纸浆（chemical pulp）相较，幼龄木的纸浆得率（pulp yield）降低了 2%~4%、撕裂系数（tear factor）降低了约 34%~40%，但顶破系数（burst factor）提高了 6%~12%、断裂长（breaking length）及抗拉强度（tensile strength）提高了约 1%（Zobel et al., 1998）。此外，用幼龄木含量高的原料制造热研磨浆（thermomechanical pulp，TMP）时也有一定的好处，因为幼龄木密度低，制浆时热能消耗量也较低，打浆时纤维帚化（fibrillation）较为容易，纸张的印刷性能较好，因此，幼龄木是制造热研磨浆新闻纸的良好材料。

纸张的撕裂系数取决于细胞壁厚度、微纤丝较小的倾角和纤维长度，而幼龄木在此三点的表现均不理想。顶破系数和断裂长则取决于纤维之间的吸附力，幼龄木的纤维腔径大、胞壁薄，打浆时极易扁塌和帚化，抄纸时能形成良好的交织。幼龄木含量高的原料对木浆强度的影响，主要体现在较低的抗撕力。为了弥补低抗撕力的缺点，来自速生人工林的原料必须适量添加成熟木。成熟木也是制浆的主要原料，只须优化调整这两种原料的比例，就可以弥补纸张抗撕力低的缺点。

9.4.2 锯　材

幼龄木的多项解剖特性决定了其强度不如成熟木，因此，最终加工成的锯材的强度受原料中幼龄木含量高低的影响。研究者们用 15 年生和 25 年生的火炬松为试材，测得以 15 年生的火炬松为原料制成的板材的静曲强度（MOR）和弹性模量（MOE），分别比成熟木低 45% 和 61%，以 25 年生的火炬松为原料制成的板材的强度也具有类似的结果，其 MOR 和 MOE 比成熟木分别低 45% 和 58%（Pearson et al.，1984）。这表示火炬松板材的 MOR 和 MOE 到 15 年生时已接近稳定，换而言之，树木生长到 15 年时就差不多已脱离了幼龄期。

含有幼龄木的木材在干燥时，由于纵向干缩率大，常产生严重的变形缺陷而降低板材的级别。研究者们对比了用火灾后 50 年、73 年及 90 年重生的北美短叶松天然林所制得的板材的级别和强度，得出以下结论：从 50 年、73 年及 90 年生天然林中，获得最高等级特选结构材（select structural）的比例分别为 36.1%、49.3% 及 39.3%（Dunchesne，2006）。从 90 年生天然林中获得特选结构材的比例反而下降，是因为已有立木开始腐朽。如果以二等及以上等级来作为材质划分标准，则在 50 年、73 年及 90 年生天然林中，该材质的板材的得率依次为 88.2%、93.0% 和 92.6%。至于板材强度，50 年生天然林制得的板材的 MOR 和 MOE 分别比 73 年生和 90 年生的低 16% 和 16%~19%，两个较高龄林分的木材材质没有统计意义上的差别。根据这些研究结果，北美短叶松天然林适宜的轮伐期应为 70 年。

此外，还有研究者分析了从 22 年生和 28 年生火炬松人工林及 40 年生天然林所制得的 2×4 和 2×6 板材的 MOR 值和 MOE 值。结果表明，22 年生和 28 年生的 2×4 和 2×6 板材的 MOR 值和 MOE 值几乎没有差别，但 22 年生的 2×4 板材的 MOR 值和 MOE 值分别低于 40 年生者 12% 和 20%，22 年生与 40 年生的 2×6 板材的 MOR 值和 MOE 值差别更大，差异分别为 27.5% 和 25%（McAlister et al.，1997）。由此可见，幼龄木含量对板材的强度指标有非常重要的影响。

9.4.3 木质复合材料

速生人工林在制材时所获得的成熟材及疏伐时获得的木材，是制浆造纸原料的重要构成，次等的木料例如锯屑、刨花、树梢木、枝桠木及品质稍差的阔叶树材则做为刨花板、纤维板及定向刨花板的原料。近年来开发的大型木质复合材料，例如胶合层积材（glulam）、单板层积材（LVL）及复合工字梁（I-joist）等，都是由较大的木质组件胶合而成，木质组件的尺寸越大，其品质对产品品质的影响就越大。

生产层积材时，木质组件中材质等级最好的应置于表面，然后依次把材质等级较低的木质组件置于内层，即可生产出合乎性能要求的层积材。研究者们测试了幼龄木单板材质对所制造的单板层积材性能的影响，他们分别从 53 年生的花旗松和 30 年生的南方松制取成熟木单板（花旗松和南方松的成熟木单板分别为第 18 个与第 12 个年轮之后的木质部）、转换区单板（分别为 12~18 个年轮与 8~12 个年轮的木质部）以及幼龄木单板。然后以成熟木单板为表层，分别以不等量的转换区单板或幼龄木单板为芯层，制成单板层积材。结果显示，单板层积材的 MOR 值和 MOE 值随着幼龄木单板用量的增加而降低，导致这些含有幼龄木单板的单板层积材仅有较低的力学设计值（Kretschmann et al.，1993）。此外，幼龄木单板也比较容易破裂，在处理或使用幼龄木单板时必须小心操作。

用火炬松 8 年生速生材、成年树的中心木、树梢木和枝桠木制造的刨花板（particleboard)、中密度纤维板(medium density fiberboard, MDF)、定向刨花板(oriented strand board, OSB)并不影响产品的强度,可是这些复合板材的吸水厚度膨胀率要比由成熟木制成者要高(Pugel et al.,1990)。此外,用火炬松幼龄木制造的三层胶合板和定向刨花板的尺寸稳定性(dimensional stability)也比由成熟木制成者要差(Geimer et al.,1997)。类似的结果也从其他树种处得到了验证,例如,用黑云杉幼龄木制造的中密度纤维板除了吸水厚度膨胀率稍大,其 MOR 值、MOE 值、内结合强度(internal bonding strength, IB)都比由成熟木制成者要更为优异(Shi et al.,2006)。

9.5　木材材质的变异性

讨论木材材质的变异性,必须同时顾及材性与形成层年龄(cambium age)和个体年龄(ontogenic age)的关系,个体年龄指自种子发芽开始算起的树龄。在任何树高处自髓心起的第一个年轮,都是由第一年的形成层发育而成的木材,但该形成层的个体年龄则会随着树高逐年增加。从树基到树顶最外层年轮的木材,都是同样个体年龄的木材,即在同一个日历年所形成的木材,但却是由逐渐减龄的形成层发育而成的。维管形成层随树龄的增加而成熟,树基部的形成层要较长的时间才成熟,而树顶端的形成层成熟的时间则较短。形成层成熟的程度,影响到所形成的木材的性质,因此,形成层年龄主要影响木材径向品质的变异,个体年龄则影响木材品质随树高的变异。

9.5.1　同种同株间的变异性

9.5.1.1　生长轮内的变异

(1)木材密度:任何一个生长轮内早材的密度通常低于晚材,这样的密度变化除了年轮不明显的阔叶树外,不因树种而有所不同。但是,解剖构造不同的树种,会有着不同的木材密度变异幅度和变异曲线。例如花旗松和长叶松等早晚材突变的针叶树,密度变异的幅度 $0.3 \sim 0.9 \mathrm{g/cm^3}$,密度在早晚材交界处剧增,形成一个突起的平顶高峰。而早晚材渐变的树种,例如云杉(*Picea asperata*)等,密度的变异幅度仅 $0.2 \sim 0.5 \mathrm{g/cm^3}$,密度变异的曲线则是由早材渐增,直至晚材形成一个缓坡的山脊状。阔叶树环孔材和散孔材的密度变异幅度与变异曲线,分别与早晚材突变和渐变的针叶树相似,但变异的幅度则随树种而异。平均密度大的环孔材例如栎树的变异幅度,大于平均密度小的环孔材例如梓树(*Catalpa* sp.)的变异幅度。类似地,在散孔材之中平均密度较大的桦树的变异幅度,大于平均密度较小的椴树的变异幅度。

生长轮内的密度变异,常常采用 X 射线密度仪进行测定,通过分析径向扫描生长轮所获得的各种特征信息,可知环境对树木生长的影响。从密度扫描图所得到的各种讯息,也可以作为人工林营林抚育的作业指南。例如根据生长锥样本的扫描结果,可以决定是否或何时进行疏伐和打枝等育林措施。树木生长深受气候的影响,例如降雨量和温度等,因此 X 射线密度仪成为了树木年代学(dendrochronology)的重要研究工具。

随着现代仪器分析方法的不断丰富,研究者们利用改进的高频密度仪(HF-densitometer)作为分析手段,也获得了类似的年轮扫描图(Schinker et al.,2003)。图 9.2 显示,高频密度仪所获得的密度谱图和用 X 射线密度仪所获得的谱图非常相似。左起第 6、7、8 和第 13 个生长轮内的次峰,可能是由应压木造成,而第 10 个生长轮内的一个次尖峰，显然标志着一个假生长轮的存在。此外，从扫描图还可以得到沿径向生长轮宽度变异的各种信息。高频密度仪的设计是利用木材密度与其介电常数（dielectric constant）之间成正比关系的原理。与 X 射线密度仪相较，高频密度仪有使用方便和安全的好处，但试样的表面必须非常平滑。木材的介电值和含水率也存在着正比关系，因此在扫描时要注意木材样本应有均匀的含水率。此外，还应注意的是，从高频密度仪获得木材密度的绝对值比较困难。

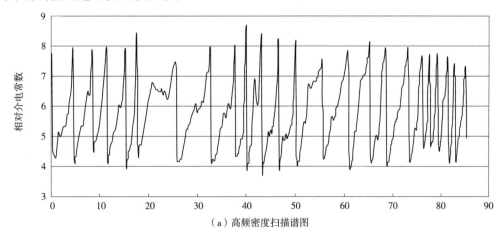

(a) 高频密度扫描谱图

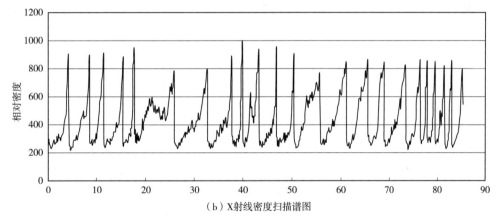

(b) X射线密度扫描谱图

图 9.2　X 射线密度扫描谱图和高频密度扫描谱图的比较（Schinker et al., 2003）

(2) 纤维长度：在一个生长轮内，纤维长度的变异和木材密度的变异相似。针叶树的纤维长度从前一年晚材的边缘急速下降至早晚材的交界区，然后逐渐增长，至本生长季晚材的末端达到最长。生长季之初，分化中的管胞尚可利用薄壁细胞内的贮藏物质作为养分供应，从而稍为增长，当贮藏物质消耗殆尽则仅增长少许或不再增长，当树冠完全发育至进行光合作用时，管胞就又开始增长。假生长轮的纤维长度变化也如同真生长轮一样，假晚材带内的管胞长度突然增长，待生长机制恢复正常之后，纤维长度又再度下降（Dinwoodie, 1963）。

分化中的针叶树管胞可增长 5%~25%，早材管胞增长较少，晚材管胞增长较多。阔叶树散孔材纤维长度的变化和针叶树一样，从早材向晚材逐渐增长，阔叶树环孔材的纤维长度则从早材向晚材呈较急速的增长。生长在没有明显季节之分的地区的散孔材，其纤维长度在生长轮内没有明显的变化。通常情况下，阔叶树的纤维长度在生长轮内的变化大于针叶树，尤其是一些具有短纤维的阔叶树种，其晚材的纤维长度可能比早材纤维长一倍以上。

(3)微纤丝倾角：极薄的次生壁S_1层和S_3层的微纤丝走向几乎不发生变异，木材的强度主要取决于次生壁S_2层的厚度与其内的微纤丝倾角。在任一生长轮内，早材纤维短，次生壁S_2层的微纤丝倾角大，晚材纤维长，S_2层的微纤丝倾角小（Anagnost et al.，2002）。一般而言，次生壁S_2层的微纤丝倾角与纤维长度呈负相关性，即纤维越长则S_2层的微纤丝倾角就越小（Fang et al.，2004；Donaldson，2008）。

(4)其他材性：由于密度、纤维长度和微纤丝倾角的差别，晚材的强度尤其是抗拉强度远高于早材，使晚材比早材更耐风化，因此径切板暴露于户外仅数年时间，就会形成晚材部分突出和早材部分凹陷的瓦楞状表面。此外，具有高浓度木质素的胞间层和初生壁的厚度几乎不发生变异，而次生壁的厚度在早晚材中会存在一定差异，由于次生壁纤维素含量高，因而早材次生壁薄于晚材的树种，其晚材的纤维素含量高于早材。

9.5.1.2 髓心至树皮的变异

(1)木材密度：在针叶树和阔叶树散孔材中，没有被树冠覆盖的树干内的木材密度，通常都是从树心处向树皮方向逐渐增高，而许多环孔材树种的密度变化则呈相反的关系，但是也存在少量例外。针叶树邻近树心的木材密度通常较高，这是因为树梢受到季风的影响，经常产生密度较高的应压木（Krahmer，1966；Zahner，1963）。独立树的木材密度的径向变异形式也有所不同，研究者们发现，生长在美国密苏里州具有全树冠的北美圆柏的独立树，木材密度是从树心到树皮逐渐降低（McGinnes et al.，1969；Kuo，1971）。生长在加拿大的北美圆柏的木材密度也具有同样的变异规律，得到这一结果的研究者把这种木材密度沿径向逐渐降低的现象，归因于管胞弦向直径和径向直径从树心向外逐渐增大（Bannan，1942）。

木材的平均密度主要由生长轮内的晚材率决定，但对某些树种而言，生长轮的宽度对木材密度也有影响（McGinnes，1955；Larson，1957）。以往文献对晚材率和年轮宽度的影响有如下的讨论（Hale，1962）：有显著晚材带且早材至晚材急变的树种，中等年轮宽度的木材密度较高，年轮特宽和特窄的木材密度则较低。早材至晚材渐变的树种，例如云杉和冷杉等，年轮狭窄反而使木材的平均密度增高。具有稳定的低晚材率的树种，木材密度并不随着生长轮的宽窄而产生明显变异。环孔材树种的早材部位通常仅有1~2轮大导管，因此在靠近树心的宽年轮内，具有大量厚壁的纤维状管胞或韧型纤维，因而具有很高的木材密度。随着树木的生长，生长轮逐渐变窄，生长轮内厚壁细胞的组织比量逐渐降低，木材的密度也随之逐渐降低。

(2)纤维长度：纤维长度由形成层原始细胞长度和子细胞分化时的伸长率这两个因素决定。原始细胞长度和子细胞分化伸长率均随着树龄的增加逐渐增加，因此树龄越高纤维越长。树心处的纤维长度最短，10~20年生时纤维长度增长迅速，其后增长缓慢，达到最大纤维长度时的树龄则随树种的寿命而定。例如寿命仅60~70年的颤杨（*Populus tremuloides*），纤维长度在经历十数年的迅速增长之后就不再增长，而寿命达到千年以上的树种，活到200年或300年时纤维长度仍在缓慢地增加，最大纤维长度可能是树心处纤维长度的2~5倍。

(3)微纤丝倾角：针叶树管胞和阔叶树纤维状管胞次生壁S_2层微纤丝倾角的变异，

也是由树心处的大倾角向树皮方向逐渐减小。针叶树树心附近的管胞 S_2 层的微纤丝倾角多半大于 30°，阔叶树纤维状管胞 S_2 层的微纤丝倾角常常远低于 30°，且变异的幅度也比较小。例如，火炬松一年生时的微纤丝倾角为 33°，到 22 年生时降低至 17°，差距是 16°（Ying et al.，1994）。东方白杨一年生时纤维状管胞的微纤丝倾角为 22°，到 26 年生时降低至 14°，差值仅 8°（Bendtsen et al.，1986）。蓝桉和亮果桉（*Eucalyptus nitens*）树心附近的纤维状管胞的微纤丝倾角为 0°~13°，树心处与近树皮处纤维状管胞微纤丝倾角的差值仅 5°（French et al.，2000）。

针叶树与阔叶树在微纤丝倾角上的差别，主要在于阔叶树纤维状管胞在分化时的伸长率远高于针叶树管胞。初生的尚未木质化的 S 形 S_2 层微纤丝犹如一个弹簧，分化中的管胞的纵向生长犹如弹簧被拉长，使弹簧的螺纹变陡峭。因此，纤维状管胞长得越长，微纤丝倾角就越小。针叶树应压木管胞的微纤丝倾角接近 40°，严重的应压木中管胞的微纤丝倾角可高达 45°。

(4) 抽提物含量：树木边材的抽提物含量一般小于心材，在抽提物含量较高的树种中，例如北美红杉、台湾翠柏、金合欢（*Acacia farnesiana*）及柚木的抽提物含量从树心向心边材交界处逐渐增加（Anderson et al.，1965；Kuo et al.，1980）。在其他树种内，抽提物含量则有不同形式的径向变异。例如，多脂松的树脂含量从树心到树皮方向呈逐渐下降的趋势（Keith，1969）。在北美圆柏和花旗松的心材区域内，抽提物含量则没有特定的变异趋势（McGinnes et al.，1969；Kuo，1971；Wilson et al.，1965）。

9.5.1.3 沿树高的变异

(1) 木材密度：木材密度沿树高的变化，有两个不同标准的评价法，可以用不同树高处自髓心算起的同一生长轮内的木材（即同一年龄的形成层形成的木材）进行比较，也可以用不同树高度，但在同一日历年形成的木材（即同树龄，ontogenic age）进行比较。有研究表明，在欧洲云杉树干内，由同一年龄的形成层形成的木材的密度是由树干基部逐渐向顶部增高，而同一日历年形成的木材的密度则由树基向树顶逐渐下降（Jyske，2008）。大多数的针叶树中，同一日历年形成的木材密度也是由树基向树顶逐渐下降。但是，也有报道说某些针叶树尤其是云杉，树干顶部的木材密度较高。像这样的木材密度变化，有研究者将其归因于树干顶部的枝节较多（Larson，1962）。阔叶树尤其是环孔材的阔叶树，沿树高方向的木材密度变化与针叶树相反，即树顶的密度高于树基部。

(2) 纤维长度：无论是针叶树还是阔叶树，同一年形成的木材的纤维长度通常是先沿树高方向逐渐升高，到达某一树高时长度达顶峰，其后纤维长度向树冠方向逐渐下降。但也有其他的研究显示，树干基部的纤维最长，接着会维持这个长度至某一树高位置，然后随树高增加逐渐变短。

(3) 微纤丝倾角：在树干的基部，次生壁 S_2 层的微纤丝倾角沿树高方向迅速降低，到树干中段后保持其倾角基本不变，在树顶方向微纤丝倾角又再变大。亮果桉的微纤丝倾角沿树高方向逐渐降低，在树高的 30%~50% 处达到最小倾角，然后向树顶方向逐渐增大（Evans et al.，2000）。另有研究者发现，在日本扁柏的胸高处，从髓心至第 20 个生长轮微纤丝倾角才渐趋稳定，但在树高 8m 处，微纤丝倾角仅到第 8 个生长轮时就已经达到稳定状态（Fukunaga et al.，2005）。由此可见，树龄对形成层成熟具有非常大的影响。

(4)抽提物含量:树干的基部含有最高量的抽提物,其含量沿树高方向逐渐减少。这样的抽提物含量变异趋势,可能与制造抽提物的射线薄壁组织和轴向薄壁组织的年龄有关。例如某树种如果生长到25年时开始形成正常心材,一株100年生的立木其基部从外向内的第25个年轮的抽提物,是由已活了100年的薄壁细胞制造,而此年轮在树顶部分的薄壁细胞则只活了25年,其抽提物的制造能力并不相同,导致所形成的抽提物的量也不一样。

9.5.2 同种异株间的变异性

生长条件和遗传因子可以引起同种异株间木材性质的变异。某些在温带的阔叶树环孔材如果生长在热带地区,由于当地在气候上没有温带地区生长季和休眠期的区别,使原本是环孔材的树种有可能变成散孔材(Panshin et al.,1980)。原产美国加州海岸的蒙特略松(mounterey pine),150年前引入南半球新西兰,经过育种及频繁的树木改良,并采取疏植及初期打枝等特殊的育林措施,不但由丛生的树形变成干形通直的树形,而且生长迅速,木质迥异。改良后的蒙特略松又名辐射松,已遍植于新西兰、澳大利亚、智利及阿根廷等国,为全球栽植最广的松树之一。

第10章
年轮分析

　　树木的生长包括高生长和枝干的直径生长，高生长的记录可能会因为树端的折断或枯死而中断，但只要树木仍然存活，树木的直径仍可继续增大，在木质部留下生长记录。树木的生长因受到规律性的季节温度变化和降水量的影响，而呈现出一定的规律，形成层细胞在冬季休眠，翌年因气温回升而复苏，树木的径向生长由生长轮的生长率（宽度），晚材与早材比例，以及晚材密度等解剖特征而呈现。然而生长轮的解剖特征会受到树种、立地、生长环境及局部和全球气候变化等因子的影响。基于此，本章讨论的年轮分析主要围绕树种、树龄、生长环境等因子对年轮解剖特性的影响而展开，即以木材生物学的观点来分析各树种的年轮特征。

　　从木材生物学的角度所做的年轮分析和从树木年轮学（dendrochronology）和树木气候学（dendroclimatology）的角度所做的年轮分析不大相同。因为树木年轮是研究古代地球气温变化的重要参考指标之一，从古木年轮分析古代的气候特征属于一个专门的学科，近年来更因为"温室效应，地球暖化"之说的盛行，而吸引了大批的研究者。木材生物学的年轮分析和树木年轮学、树木气候学的年轮分析间最大的不同是：前者侧重于何种树木生长条件，会形成什么样的年轮特征；后者则是从年轮特征，去追溯形成该年轮时期的气候状况。

10.1　年轮结构和物理变异

　　形成层最重要的功能是不断在树木的干、枝上分化形成新的木质部和韧皮部。随着树木直径的增加，枝干外部陈旧的树皮常产生开裂、脱落，逐年形成的木质部则向内累积，这些累积的木质部就成为记载木材形成时生长环境信息的"记录本"。维管形成层理论上由一层纺锤形原始细胞间杂着射线原始细胞构成，形成层区域分成子细胞分裂区和其后的分化区。子细胞分裂的频率直接控制着树木的生长率和年轮的宽窄，其后的分化影响到木质部细胞的形态，例如细胞种类、比例以及细胞壁厚薄等。形成层子细胞的分裂频率和分化情况，受到各种内在和外在因素的影响，使所形成的木质部组织在数量和质量上有所差异，因而在木质部留下记录。多数寒带和温带的树种，也有一些热带和亚热带的树种，逐年（每一生长季）的生长会留下明显的年轮（生长轮）。

　　最基本的年轮变异首推年轮的宽窄，年轮的宽窄代表树木生长的快慢，生长快是由于这一年内形成层原始细胞分裂频繁，生产出大量的木质部细胞。年轮的形成主要是因为逐年形成的木质部有早材和晚材之分，导致了年轮在解剖结构和物理性质上的变化。在解剖结构上，早材细胞壁薄，细胞直径大，晚材细胞内径小，细胞壁厚，在形成层分化发育成年轮的过程中，由早材变成晚材可以是渐变或突变，然而即使是渐变，在细胞分化的过程中细胞壁增厚的程度也会存在变异。在年轮的物理性质方面，一个年轮内木材的平均密度由其平均细胞壁厚度而定，晚材比例越大，木材平均密度越高。除了平均密度值，一个年轮内早材最低密度和晚材最高密度也存在变异，这也是年轮的特征之一。

　　树木在生长过程中，如果生长环境突变从而影响到树木正常的生理机能，就有可能造成年轮的变异。由环境突变造成的年轮变异程度有轻有重，轻者可在年轮之内留下痕迹，最明显的例子就是产生假年轮（false ring），重者不但使树木当年停止生长，甚至在数年内都不能恢复生长而未留下年轮，即所谓的无年轮（missing ring）。假年轮与无年轮将在下一小节详细讨论。

　　上述的年轮解剖结构和物理性质的变异，均是树木在生长过程中受到诸多内在和外在因子的影响，在经年累积的木质部中留下的记录。这些因子包括：树种遗传因子、立地条件、林分结构及生长环境，如果是人工林树种，则还会受到各种育林措施的影响。此外，年轮变异还会受到广域和局部气候的影响，根据古树古木中形成的年轮特征，可以从外向内推算这些年轮形成时的气候状况。从年轮特征推断古代气候的学科称为树木年轮学（dendrochronology），又称为树木气候学（dendroclimatology），这一学科是由天文学家 Andrew E. Douglass 于 20 世纪 30 年代在亚利桑那大学创立树木年轮研究室开始。需要指出的是，树木的年轮是在受到各种因素的综合影响下形成的，从年轮的解剖结构和物理性质去推断年轮形成时的生长环境状况，须先了解以下各种因素各自对树木年轮形成的影响。

10.2　树种和遗传因子

　　针叶树无论生长在温带或热带，大多数都具有明显的年轮，仅有少数树种例如罗汉松的年轮不甚明显。早材转换成晚材时，如果晚材管胞的壁厚突然增加，而径向腔径突然减小，则称为早材/晚材急变，例如落叶松、长叶松、黄杉等。如果管胞的壁厚增加非常缓慢，仅在生长季末期形成较为狭窄的晚材，例如华山松、北美乔松等，则称为早材/晚材缓变。多数其他的针叶树例如冷杉和云杉等，一个年轮内早材/晚材的转换介于急变和缓变之间。

　　温带的大多数落叶阔叶树环孔材和半环孔材，也具有明显的年轮，散孔材的年轮虽然不如环孔材和半环孔材那么明显，但大多数仍可辨认，尤其是槭属、桦木属、柳属，杨属、鹅掌楸属（*Liriodendron*）和木兰属（*Magnolia*）树种的轴向薄壁细胞常分布在年轮边缘，形成轮界状薄壁细胞使年轮较为明显。热带及亚热带的阔叶树，大多数都是散孔材，年轮不明显。半环孔材例如柚木和红椿虽然也是热带树种，但每年形成层恢复活动时会形成大导管，当年停止生长前则形成小导管，因而也能形成明显的年轮。热带雨林中树木的年轮（生长轮）虽然不如长于温带者因气温变化而那么明显，但也会随着旱季和雨季的交替而显出区别，并且落叶树有显著年轮者多于常绿树（Worbes，1989；1999）。

温带和寒带树木的生长周期随着季节变化井然有序，每个生长季里形成层活动的起始、盛衰、终止随着树种而异。例如，研究者们观察发现阿拉斯加云杉的形成层在4月下旬开始分裂，欧洲赤松的形成层在5月初，而欧洲落叶松的形成层则在5月中旬才开始活动（Ladefoged，1952）。在德国的11种针叶树和阔叶树中，形成层活动的起始时间前后相差约40天，樟子松最早而北美乔松最迟，欧洲落叶松的生长季最短的仅有104天，而欧洲冷杉的生长季最长的可达137天（Henhappl，1965）。在俄罗斯莫斯科附近，欧洲冷杉和樟子松的形成层在生长季前半期活跃，而垂枝桦（*Betula pendula*）则展现出整个生长季都比较平均的表现。长于北美洲的北美乔松和多脂松因芽苞已于前一个生长季形成，本生长季一开始，形成层即被激发进行活跃的木质部分化。美国南部的各种松木则呈现出生长季间较为平均的生长现象。

有文献指出，北美洲的耐阴树种例如铁杉的年轮宽窄逐年的变异较大，较不耐阴的树种例如冷杉的年轮较宽，且宽窄较均匀（Panshin et al.，1980）。北美洲的针叶阴性树种还有红豆杉属、云杉属、崖柏属及北美红杉等树种。而松属、刺柏属、花旗松及 *Libocedrus decurrens* 等则为阳性树种。在阴性树种中，北美红杉逐年形成的年轮宽窄变异颇大（图10.1上），而 *Libocedrus decurrens* 为阳性树种，逐年形成的年轮较宽，且宽窄较为均匀（图10.1下）。树种的阴性或阳性决定了天然林分的结构，林分受到大型干扰例如火灾或采伐之后，阳性树种例如花旗松或松属的树种首先占地成林，形成树荫之后，阴性树种例如铁杉和北美红杉方才进入林下生长，构成天然林分内的次层林木。在郁闭的天然林内，阳性树种在林冠上层充分接受阳光，其根系又先入为主，在生长上占据稳定的优势。次层的阴性树木在郁闭林下生长缓慢，当郁闭的林冠受到局部破坏时，则可以得到不同程度的促进生长，因此年轮宽度变异较大。郁闭林冠的开放原因很多，包括火灾、病虫害、暴风及干旱等。北美红杉是长寿树种，数百年之后方才在天然林分内窜到林冠上方成为优势木，其年轮宽窄的变异情况能够反映出较长时间段内，各种气候环境因子对其生长的影响。

上：北美红杉 *Sequioa sempervirens*；下：*Libocedrus decurrens*；左端为髓心，右端为树皮；两株同在1976年初春在同一地区采伐；前者年轮逐年变异很大，后者年轮逐年变异较小。

图 10.1 针叶树基部的年轮结构

10.3 树 龄

北半球温带和寒带的树木年轮宽窄的变异，除了受到各种内、外在因素和树种本身的影响，还与树木的年龄密不可分。所有树木的一生都大体可划分为3个生长阶段：即生长缓慢的幼龄期、生长旺盛的中年期以及生长衰退的老龄期（Rossi et al.，2006；Johnson et al.，2009）。树木在幼龄期亟待建立和发展枝叶与根系，次生维管束的发展仅是许多个生理机能中的一项，相较之下，形成层的增生活动并不特别显著。

以杉木2年生苗木中管胞的分化发育情况为例，从形成层分生而来的子细胞并不再继续分裂,而是直接进行细胞壁增厚,整个形成层区域在单个径向细胞列上,除了一个原始细胞就仅包括一个子细胞和五个分化中的细胞(罗蓓,2013)。而树高 25 英尺(1 英尺≈0.3m,下同)的单株北美乔松形成层区域的单个径向细胞列上,仅子细胞分裂区就有 12~16 个还未分化的子细胞(Wilson,1964)。这两个例子分别说明了年轮生长的快慢,是以形成层原始细胞分裂的子细胞在分化前是否再度分裂来控制。树木的幼龄期,子细胞较少分裂,大多直接分化,因而径向生长缓慢,所形成的年轮较狭窄。成熟树木的形成层子细胞在分化前还要进行一次或二次的分裂,从而形成较宽的年轮。高龄树木的生理活动需要供应庞大的树体,维管形成层的生理活动相对地逐渐衰退,换言之,形成的年轮宽度随着树龄的增加缓慢减小。

树木的寿命和从幼龄期转入壮年期以及老龄期的时间节点,主要由树木的遗传信息决定,但树木的寿命也受到天灾及病虫害等的影响(Groover,2017)。以木材质量为评价基准,树木的幼龄期约为 20 年,但评价木材质量的重要指标,例如纤维长度和微纤丝倾角,在某些树种中直到树龄 40 年时还在继续增加(Bendtsen,1978)。树木的寿命比高等动物长很多,在漫长的年月中可能遭遇天灾、非正常气候的变化、病虫害等,严重时可终止生命,轻则也会造成不同程度的生长衰退,因此,在分析树木生长的盛衰与树龄的关系时,也要考虑到其他的生长条件。

树木生长的盛衰通常以年轮宽度来代表生长率,以基部断面增加(basal area increment,BAI)代表径向总生长量。研究者们对比了杨属(*Poplus*)、栎属、松属、铁杉属及蓝果树属(*Nyssa*),不同年龄的树木的生长率发现,仅有加拿大铁杉(*Tsuga canadensis*)在生长到 300 年以上时年轮宽度才缓慢下降,多花蓝果树(*Nyssa sylvatica*)生长到 400 年时生长率仍未降低(图 10.2)(Johnson et al.,2009)。如果用年轮的宽窄来判断,

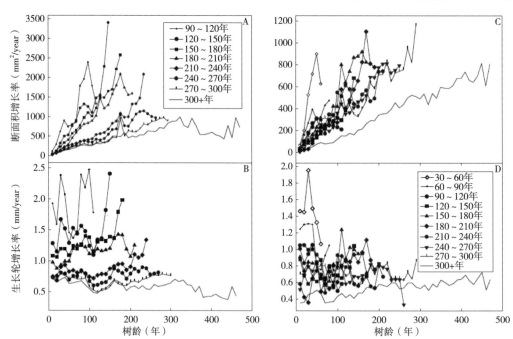

A和B分别为加拿大铁杉*Tsuga canadensis*的年轮宽度和基部断面生长率;
C和D分别为多花蓝果树(*Nyssa sylvatica*)的年轮宽度和基部断面生长率。

图 10.2 树龄对年轮生长率和基部断面生长率的影响(Johnson et al.,2009)

加拿大铁杉长到约300年即进入衰老期，山苿萸则活到400年尚未衰老。因为树干直径和圆周逐年增长，基部断面随树龄逐年增加，如果以基部断面增加来代表树木生长的盛衰，加拿大铁杉则长到300年仍没有进入衰老期(图10.2)。

10.4 立 地

有文献曾报道，针叶树的生长率和晚材率仅有微弱的关系，阔叶树环孔材因大导管的分布仅限于生长季前期形成的早材内，年轮内厚壁的纤维细胞的组织比量较高，木材密度随年轮宽度的增加而增高，而阔叶树散孔材的密度则随年轮内大小导管的比例而定(Panshin et al.，1980)。研究者们对针叶树年轮宽度和木材密度的关系有如下的讨论：有明显的晚材带且早材至晚材急变的树种中，中等年轮宽度的木材密度较高，年轮特宽和特窄的木材密度则较低。早材至晚材渐变的树种中，例如云杉和冷杉等，年轮窄使木材密度增高。具有稳定的低晚材率的树种中，木材的密度基本不随着年轮宽窄的变化而有较大不同(Hale，1962)。而关于树木生长率的影响因子，曾有学者总结为：维管形成层产生木材的原动力来自树冠，而树冠的动态会受到日照、气候及立地条件等复杂因素的交互影响，下面将一一分述(Larson，1962)。

10.4.1 土质与地势

树木从土壤中摄取水和生长必需的各种元素，所以土壤是树木生长的根本。在必要的元素之中，以氮(N)、磷(P)、钾(K)最为重要，在自然环境中虽然有丰富的氮资源，但也需要依靠土壤中的微生物把不溶于水的氮气和含氮物质转化成为溶于水的氮盐，例如氨基酸及无机盐等，才能被树根摄取。氮的摄取依靠微生物，而微生物的生长要依靠腐殖质，所以土壤贫瘠或肥沃，即由磷、钾元素及腐殖质的含量而定。

除了化学性质之外，土壤的物理性质对保水性也很重要。土壤的结构以其颗粒粗细大致分为最细的黏土、中等的淤土以及最粗糙的砂砾，由这三类土质以不等的比例组合，又可进一步细分为多个类别，其中粗糙土保水性最低，水分流失很快。立地的地势大致可分为高地、坡地及低洼平地，坡地又分为缓坡和陡坡。雨水冲刷会不断改变立地的土质，土壤的养分和细颗粒从高地向下移动，形成高地土层浅薄贫瘠，平地土层丰厚肥沃的趋势。高地和坡地上的树木不但生长缓于低洼地者，而且对气候尤其是降雨量的变动也更为敏感。因此，高地和坡地上的树木生长较慢，年轮的宽窄更易于反映出气候的变化，生长在保水性好又肥沃的低洼地的树木，基本上会形成较宽且年复一年较平均的年轮。

10.4.2 生长竞争

树木之间的生长竞争包括，树木上方的树冠为了吸收阳光和二氧化碳有空间之争，地下的根系有摄取养分和水分之争，树冠和根系之间的竞争必然影响到树木的生长。由于各个树种对空间和地下生存环境的需求大体相似，因此，纯林林木之间的竞争比混交林更为激烈，也更容易遭受相同程度干旱和病虫的为害(Stoll et al.，2005；Lebrija-Trejos et al.，2014)，相同树龄的纯林之间的竞争也比不同树龄者要激烈(Aakala et al.，2013)。天然林因为树种混杂，树冠依据树种的不同各自占据不同的层次,所以林木间的竞争不如人工纯林那么激烈,而人工林中树木的生长竞争又与栽植密度有关。因此,林木的生长率和年轮结构都受到空间和林分结构的双重影响。

有研究者观察了独立生长的与在林分中生长的北美乔松形成层区域细胞的分裂状态,试样在 5 月底至 6 月初于每株树木的不同高度处采集,以 15μm 的厚度从韧皮部向内连续切制弦切面切片(Wilson,1964)。结果显示,独立木的形成层平均每日产生 1.3~1.5 个细胞,形成层区域的径列细胞包括分裂中的形成层子细胞和分化中的子细胞,总数为 12~16 个细胞。林中木平均每日仅产生 0.7~0.9 个细胞,形成层区域径列细胞的总数仅有 6~8 个细胞。

人工种植的树木若给予一定的育林措施或者不予管理,将在木质部中形成解剖特征不同的年轮,换而言之,既往采取的育林措施均可借由人工林树木的年轮特性加以记录。疏植的人工林树木在林冠郁闭之前生长快,形成宽年轮,林冠郁闭后的空间竞争使年轮变窄,如果在林冠郁闭之前就适度疏伐,即可维持基本相同的径向生长率。树木至少要生长到 10 年以后,才会逐渐脱离产生幼龄木的幼龄期,为了减少幼龄木的比例,常常在苗木密栽后任其生长,至脱离幼龄期之后再疏伐以促进生长。树种改良、疏植以及重复打枝和疏伐的人工林可以产生材积产量高,同时枝节较少的木材,这就是新西兰辐射松常用的营林抚育措施。早期修枝可以减少木质部内的大节子,同时促进新树冠交界处的径向生长,而增进树干的通直率。

施肥及灌溉的效用则要根据立地指数而定,肥沃地施肥无效或效用不明显,贫瘠地则施肥效用较高(Kochenderfer et al.,1995;Pinno et al.,2012)。曾有研究指出,南方松幼龄木在生长季初期施肥和灌溉,会促进生长率,从而降低晚材率和木材密度(Larson et al.,2001)。在生长季末期灌溉则可延长形成层的活动期,因而促进晚材的形成。在整个生长季灌溉则可促成宽年轮的形成,但不影响晚材率和木材密度。

10.4.3 水淹地

低洼地的树木在雨季水淹后会影响木质部的发育而留下异常的解剖构造,关于这类年轮的研究在 20 世纪后期才逐渐引起关注。对大果栎(*Quercus macrocarpa*)水淹材的观察结果显示,当水淹发生在生长季初期(6 月之前),大果栎中会产生大量散生的早材小导管,这些散生的小导管可含有填充物并且延伸入晚材区域[图 10.3(a)](Wertz et al.,2013)。还有研究者对比了长于美国东部被水淹的美国白梣(*Fraxinus americana*)和美国红梣(*Fraxinus pennsylvanica*)的年轮结构,发现水淹如果发生在晚材已开始形成之后,会促使散生的晚材大导管的形成(Yanosky,1993)。图 10.3(b)所示为晚材开始形成后,水淹让美国白梣年轮中再度产生类似早材的大导管,有研究者称这些异常的年轮为水淹年轮(flood rings)。此外,还有研究者发现加拿大大果栎从 5 月水淹至 6 月以后,会产生小的早材导管和稍大的散生晚材导管[图 10.3(c)],结构除了和正常年轮迥异,年轮宽度也特别窄小(George et al.,2002)。

多数热带阔叶树的年轮不明显,但一些生长于亚马孙流域的阔叶树具有特征明显的年轮,研究者们将其形成归因于旱季与雨季的更替,因为亚马孙流域的雨季时常洪水泛滥,数月的泛滥期常在树木的木质部中形成水淹年轮(Worbes,1989)。

在针叶树方面,曾有研究者用叙利亚松做水淹试验,结果表明,水淹减少了管胞的形成,且使形成的管胞略短、细胞壁稍厚、外形略圆,极似应压木管胞,但是具有应压木管胞没有的次生壁 S_3 层。此外，还发现水淹木材的轴向树脂道和射线组织都增多，木材密度稍低主要是薄壁细胞增多和管胞之间有许多细胞间隙所致（Yamamoto et al.，1987）。

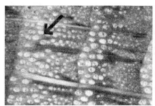 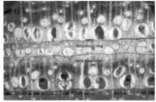 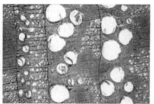

（a）大果栎 *Quercus macrocarpa*　　（b）美国白蜡 *Fraxinus americana*　　（c）大果栎 *Quercus macrocarpa*

图 10.3　不同水淹状态对导管形成的影响

（资料来源：a 图引自 Wertz et al.，2013；b 图引自 Yanosky，1993；c 图引自 St. George et al.，2002）

10.5　气　候

树木的生长无疑会受到温度和降雨量的影响，寒带、温带及热带的树木各有不同的可生长温度范围和最适宜生长温度范围：寒带的可生长温度范围是 0~30℃，适温是 10℃左右；温带的可生长温度范围为 4~41℃，适温为 25~30℃；热带的可生长温度范围是 10~50℃，适温是 30~35℃（Fowells et al.，1990）。树木的形成层每年何时复苏，原始细胞和子细胞分裂的频率，子细胞停止分裂、分化及休眠的时间，一方面是由内在因子决定，另一方面也受年复一年的天气变化的控制。初春，气温上升到某个临界温度一段时间，即可启动形成层细胞分裂，生长季晚期突然降温，即会触发晚材的形成以至形成层休眠（Begum et al.，2017）。

寒带和温带的树木在冬季时休眠，春季气温回暖时树液开始流动，把枝梢萌芽后产生的生长激素输送到形成层，从而启动新年轮的形成。形成层的复苏时间视树种而异，原则上纬度和海拔越高，形成层就越晚开始活动，因为纬度和海拔越高，气温回升越慢。形成层开始活动之后，原始细胞和子细胞的分裂活动随温度升高而变得频繁，在高纬度地区例如芬兰和加拿大一般是 6 月至 7 月初（Mäkinen et al.，2003；Deslauriers et al.，2003）。

有研究表明，树木当年的最高生长率不一定出现在全年最高温时，而是在日照最长时（Rossi et al.，2006）。北半球的夏至是 6 月 20 日或 21 日，而最高温则在 7 月之后。在一定范围内，生长季晚期较高的气温可延长生长期限，因而对树木的生长有利。因近年来地球气候变暖，一些研究者开始关注地球温度升高对树木生长的影响，仿真研究结果显示，在没有其他环境因素的干扰下（尤其是降水量），到 21 世纪末之前，地球的平均温度约增加 2℃，不但无碍于寒带和温带地区树木的生长，反而会有利（Way et al.，2010；D'Orangeville et al.，2018）。

研究者们发现属于地中海气候的法国南部，在 5 月至 6 月雨季来临时，树木的生长率随气温上升而增高，7 月为旱期，树木在缺水条件下尽管气温升高，生长率反而下降（Nijland et al.，2011）。此外，其他研究者也发现，西伯利亚的落叶松和云杉在生长季初期如果无降雨，产生的管胞不但短而且壁薄（Fonti et al.，2016）。因此，对半干旱生态环境下的树木的生长而言，降水量比温度更重要(Grossiord et al., 2017)。

生长季内有充足的水分供应自然有助于木质部的形成，寒带和温带地区生长季之前冬季的降雪也会对木质部发育产生影响，不过立地土壤的保水能力要很高才能保住初春融雪的水分，以满足新木质部的生长需要。水分影响木材形成最显而易见的例子是假年轮的产生，在生长季中缺水使形成层区域的细胞进入晚材形成状态，细胞停止分裂并分化形成较厚的细胞壁，如果在休眠之前重获降雨，形成层可再度产生类似早材的细胞从而形成假年轮。地中海气候7月为旱期，8月又恢复到雨季，因此该地区的树木常具有一个假年轮，每年形成双年轮(Nijland et al., 2011)。

研究者们分析了中欧地区斯洛文尼亚大约100年生的欧洲水青冈在2006年间年轮的形成(Cufar et al., 2008)。结果显示，该地区7月达到最高温，从4月至10月每月都有超过100mm的降水量。该年形成层原始细胞的分裂活动从4月中旬至8月中旬，总共进行了约100天，最开始两周的细胞分裂进行得很缓慢，到6月中旬达到分裂高峰，细胞分裂到8月中旬即完全停止，但到10月底树叶才变黄。从8月中旬停止细胞分裂，到10月底叶子变黄的两个月时间内，持续的光合作用不但促成了晚材的完全分化，也生产了可供次年初期生长所需的贮藏养分。

由此可见，寒带和温带地区的树木，木质部的发育在5月底至6月中旬最为旺盛，此时的降水量对该年的生长率最为关键。寒带和温带地区的最高温常发生在7月至8月之间，此时木质部的形成速度已减缓，但适当的降水量和温度有助于晚材的发育。换而言之，生长季晚期持续的高温，以及适当的降水量可供晚材细胞完全分化，完全分化的晚材细胞具有最厚的细胞壁，使晚材有最高的密度。因此，雨量充足和持续的适当高温，有助于产生宽度大和高密度晚材的年轮。

10.6 树木年轮学

10.6.1 发展历程

Douglass原是一位研究太阳的天文学家，他在研究中提出了一个观点：太阳的辐射能动态(太阳黑子周期)会影响地球的气候。20世纪初的研究发现，美国西南半干旱地区的许多树木，随着当地降雨量的变动，逐年的年轮宽窄变化趋于一致性，因此想借助于年轮分析来研究太阳辐射能动态与地球气候的相关性。1919年，他发表了一篇题为《气候周期和树木生长：树木年轮与气候和太阳动态关系的研究》的论文(Douglass, 1919)。这篇论文启动了树木年轮学(Dendrochronology)及树木气候学(Dendroclimatology)的探索活动。Douglass利用活立木和附近古木内数段独特的年轮宽窄变异特征，进行交叉年代认定(crossdating)，来判定古木确切的形成时间。从美国西南印地安阿兹特克人(Aztec Indians)遗址里建材的年轮宽窄变异特性，他成功地鉴定这些遗趾建于公元1100—1200年。

Douglass于1937年在亚利桑那大学创立树木年轮研究室(Laboratory of Tree-Ring Research)，其研究内容除了树木年轮宽窄的变异，年轮的木材密度分析，同位素组成也被用于树木年轮的交叉年代认定。树木年轮学是20世纪以来运用多项基础科学发展起来的新兴研究领域，其研究结果可运用于考古、生态、气候及地理等多项跨学科领域。

交叉年代鉴定的基本原理是：在一定范围内，同一树种每株树木年轮的形成都受到相同的生长环境所影响，每株树木逐年形成的年轮特性，包括年轮的宽窄、早材与晚材的比率、木材密度等的变异都极为相似。因此，交叉年代认定是由配对不同年轮系列（tree ring series or sequences）的相似特性，从一个已知年代的年轮系列来认定未知年轮系列的形成年代。

交叉年代鉴定在实践运用上还有诸多需要注意的地方。首先，树木的生长地必须有能产生年轮宽窄变异的条件，例如高纬度和高海拔使树木易受气温骤变的影响，又例如生长在土层浅薄，保水不易的斜坡上的树木对降雨量极为敏感。生长在条件良好的地方的树木更易形成宽窄非常均匀的年轮系列（图 10.1 下），就难以实现交叉鉴定的可能。此外，最好选择寿命长的针叶树，一株树即可提供一个很长的年轮系列，形成一个很长的年轮表（tree ring chronology）。美国西南部半干旱山区的毛松（*Pinus longaeva*）可存活到 4000 年以上，南美洲的南国柏可存活 3500 年，北美红杉和红桧（*Chamaecyparis formosensis*）可存活 2000 多年。通常情况下，阔叶树的寿命长不超过千年，栎树的寿命约 600~700 年。有些树木样本的年轮系列非常丰富，须经过分段，逐次交叉认定年代（Becher，1993），这一复杂的研究往往需要耗时数年才能完成，有些样本的鉴定还须结合放射性同位素^{14}C 的分析，才能得到更全面的解读。

10.6.2　放射性同位素年代鉴定

20 世纪 40 年代，Willard Libby 曾研究如何利用碳 14（^{14}C）的含量来测定有机物的形成年代。其原理是大气中含有^{14}C 的二氧化碳经光合作用被纳入植物体内，动物以植物为食时，也会纳入^{14}C，植物和动物死后，放射性^{14}C 以半衰期（5730±30）年开始衰减，因此测定^{14}C 含量（^{14}C/^{12}C 的比例），即可计算出该物质的形成年代，根据这个原理，有机物的形成年代最远可追溯到 5 万年前。

利用已经过年代标定的 1000 年生西黄松和 3000 年生北美红杉木材，以及其他已知年代的样品，Libby 于 1949 年发表了通过测定样品内^{14}C 的含量比例，来计算其形成年代的曲线，即所谓的"解谜曲线（the curve of knowns）"（American Chemical Society，2019）。这一多年研究的成果让 Libby 于 1960 年获得诺贝尔化学奖。年代标定的西黄松和北美红杉木材样品，由亚利桑那大学树木年轮研究室提供（Levitt et al.，2009）。在实际应用上，"解谜曲线"须再经过校订，才能得到更加精准的年代鉴定结果，用于校订最好的样品就是经过交叉年代认定的木材。例如一株古老的活刺果松（*Pinus aristata*），于 1957 年由亚利桑那大学树木年轮研究室的 Edmund Schulman 在美国加利福尼亚州、亚利桑那州、内华达州交界的山上发现，这株树于 2016 年具有 4848 个年轮。此外，北欧 11000 年的栎树年轮年鉴分析（Becher，1993）也提供了更加古老的样本。^{14}C 鉴定年代的精确度需要用这些确定年代的古木样本来校订。

10.6.3　树木气候学

树木气候学（dendroclimatology）是树木年轮学领域里的一大分支。自从地球变暖、气候变化（global warming/climate change）受到关注以来，人们对"从了解古代气候的变迁，来预测未来的气候变化"这一研究大感兴趣。半个世纪以来，树木气候学迅速发展成为一门大众关注的科学。树木年轮是研究古代气候的重要指标之一，其他的指标还包括冰柱、地壳岩层、湖海沉积岩层、珊瑚及古生物化石等。

图 10.4 左和 10.4 右分别是 Mann 团队和 Ljungquist 所发表的地球北半球过去千年来的温度变化情况，前者即是著名的"曲棍球棒曲线"(Mann et al., 1998；Ljungquist, 2010)。Mann 等研究者认为，20 世纪 90 年代北半球的气温达到千年来的新高，指出近 200 年来的工业排碳引起了快速升温。Ljungquist 则比较了近代暖期与约公元前 1—4 世纪中期的罗马暖期(roman warm period)、中世纪暖期(Medieval warm period)及小冰河期(little ice age)的温度变化，结果显示近代暖期并非新高。并且，自从 8000—4000 年前相对高温的气候适宜期(climate optimum)至今，北半球一直处于降温的趋势。

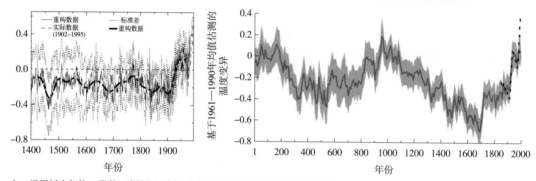

左：根据树木年轮、珊瑚、冰柱和历史记录绘制的北半球近千年气温变化图；
右：北半球过去 2000 年中，罗马暖期、中世纪暖期及小冰河期与近代暖期温度之比较。

图 10.4 北半球不同时期的气温变化

(资料来源：左图引自 Ljungqvist, 2010；右图引自 Mann et al., 1998)

影响树木年轮形成的诸多因子中包括大气温度和降水量。生长季中适宜生长的温度持续的时间越长，既能促进宽年轮的形成，又能延长晚材的分化，从而增进晚材的密度。从世界各地收集不同树种的长年轮年鉴(tree ring chronologies)，即可研究过去万年来气温的变化。过去数十年来，已有许多树木气候学的研究成果发表，所收集的各树种年轮表由国际树木年轮数据库(International Tree-Ring Data Bank, ITRDB)收录，由美国海洋及大气管理局(U.S. National Ocean and Atmosphere Administration)管理，这个开放式的数据库包括原始年轮尺度、早材及晚材宽度及其密度，还包括各地区各树种的标准化年轮表(standardized chronologies)。控制年轮宽窄的因子可以用式(10-1)表示：

$$Rt = At + Ct + D1t + D2t + Et \tag{10-1}$$

式中：Rt 为年轮表；At 为树龄因子；Ct 为气候因子；$D1t$、$D2t$ 分别为林分内及林分外干扰因子；Et 为其他影响因子。

某地区某树种的样本收集以后，先确定年轮宽窄与树龄的关系，如果树龄已超过衰老期则是负指数的关系，除去树龄的因子即得年轮指数(tree ring index)，再用 AR-STAN 软件处理，除去其他干扰因子，得到标准化年轮表(Cook et al., 1990)。图 10.5 所示为依据福建泉州牛姆林自然保护区的马尾松建立的一个 1836—2013 年的标准化年轮表(Li et al., 2017)。

10.6.4 分 歧

从上几节的论述得知，过去树木气候学的研究显示，北半球大部分地区，树木的

 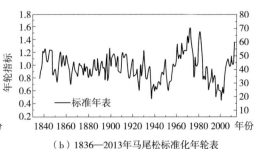

（a）1836—2013年马尾松胸高处的原始年轮系列，年轮宽度随树龄减小　　（b）1836—2013年马尾松标准化年轮表

图 10.5　马尾松（*Pinus massoniana*）标准化年轮表

年轮宽度大致随地表气温的上升而加宽。但是从20世纪60年代初期起，北半球地区很多寒带森林，尤其是美国阿拉斯加、俄罗斯西伯利亚及加拿大西部的树木年轮反而随气温的增加而变窄（Briffa et al.，1998；D'Arrigo et al.，2008），这种反常的现象被称为"分歧问题（divergence problem）"。产生这种反常现象的原因，可能归咎于因气温增高造成干旱而不利于树木生长，也可能与近年来大气中的水汽和污染物反射太阳辐射能造成的"地球晦暗（global diming）"现象有关。

需要指出的是，分歧问题并不是全球普遍的现象，北半球其他地区树木的年轮宽度近年来不减反增，有研究者把这种现象归因于空气中 CO_2 浓度的增高——即所谓的 "CO_2 施肥效应（CO_2 fertilization effect）"（Soule et al.，2006；Voelker et al.，2017）。曾有研究者在美国北卡罗来纳州的火炬松树林内做了长达8年的 CO_2 灌注试验，结果显示，比起生长在常态 CO_2 浓度即平均（386±21）mol/mol 下的火炬松，在（582±79）mol/mol 浓度下生长的火炬松的基部断面积增加了13%～27%（Moore et al.，2006）。中国和美国的树木气候学专家联合在西藏高原研究树木年轮时，发现该高原地区的树木近年来年轮未变窄反而增宽（Silva et al.，2016）。研究者推测这与该地区大气中二氧化碳的含量比其他地方稍高有关，还提出了这可能与增温导致的高原冻土解冻，使土壤水分增高有关。

关于 CO_2 施肥效应的报道还有很多，这里只提及了几个与树木生长相关的研究，还有很多对农作物及草本植物的研究不在此处一一列举。如果 CO_2 施肥效应属实，大气中 CO_2 含量的增高将有益于农业生产、树木生长和地表植被的覆盖。到目前为止，CO_2 施肥效应的研究结果显示，大气中 CO_2 浓度从420ppm*增加到600~800ppm将有益于植物生长，而没有特别不良的影响。

也有研究者反对或质疑 CO_2 施肥效应之说（Brienen et al.，2012；Hararuk et al.，2018；Gedalof et al.，2018）。他们基于优势木与劣势木生理各异的特点，认为施肥效应的获得可能是因为年轮分析时，研究人员仅挑选大树而忽略生长受到压迫的劣势木所致。不过，如果 CO_2 有施肥效应，其作用应和阳光相似，因为外来 CO_2 浓度高的空气先施惠于优势木的林冠和林侧木，郁闭林分的劣势木受惠很少。综上，无论是 CO_2 施肥效应，还是气候变化对树木的年轮特征产生的影响，必须以严谨的科学分析来寻求答案。

---

* 1ppm = 1mg/kg = 1mg/L = 1×10^{-6}，下同。

参考文献

芣姗姗，等．2018．应拉木胶质层解剖结构及化学主成分结构特征[M]．林业科学，54(2)：153-161.
程士超，等．2016．5 种花梨木的红外光谱比较分析[M]．北京林业大学学报，38(1)：118-124.
冯国红，等．2017．光纤液滴分析技术对红松和白松树种的识别[M]．东北林业大学学报，45(2)：50-52.
聂梅凤．2012．北美白蜡木枝桠木年轮生长偏向性的研究[M]．质量技术监督研究，6：24-27.
庞晓宇，等．2016．基于近红外光谱与误差反向传播神经网络技术的三种人工林木材识别研究[M]．光谱学与光谱分析，36(11)：3552-3556.
谭念，等．2017．基于主成分分析和支持向量机的木材近红外光谱树种识别研究[M]．光谱学与光谱分析，37(11)：3370-3374.
王学顺，等．2015．基于 BP 神经网络的木材近红外光谱树种识别[M]．东北林业大学学报，43(12)：82-89.
许会敏，等．2015．维管形成层活动周期调控研究进展[M]．科学通报，60(7)：619-629.
杨柳，等．2016．气质联用鉴别降香黄檀与越南香枝的研究[M]．南京林业大学学报，40(1)：97-103.
杨忠，等．2012．近红外光谱技术快速识别针叶材和阔叶材的研究[M]．光谱学与光谱分析，32(7)：1785-1789.
张蓉，等．2014．基于红外光谱的 5 种红木树种识别探讨[M]．林业科技开发，28(2)：95-99.
周亮，等．2012．欧美杨 107 杨正常木与应拉木制浆造纸性能比较[M]．林业科学，48(5)：101-107.
Aakala T. , et al. 2013. Influence of competition and age on tree growth in structurally complex old-growth forests in northern Minnesota, USA. Forest Ecology and Management, 308：128-135.
Allen C. D. , et al. 2010. A global overview of drought and heat-induced tree mortality reveals emerging climate change risks for forests. For. Ecolo. Management, 259：660-684.
Allen C. D. , et al. 2015. On underestimation of global vulnerability to tree mortality and forest die-off from hotter drought in the Anthropocene. Ecoshhere, 6(8)：129.
Begum S. , et al. 2018. Climate change and the regulation of wood formation in trees by temperature. Trees, 32：3-15.
Begum S. , et al. 2010. Cambial sensitivity to rising temperatures by natural condition and artificial heating from late winter to early spring in the evergreen conifer *Cryptomeria japonica*. Trees, 24(1)：43-52.
Bhalerao R. P. , et al. 2017. Environmental and hormonal control of cambial stem cell dynamics. Journal of Experimental Botany, 68(1)：79-87.
Bossinger G. , et al. 2018. Sector analysis reveals patterns of cambium differentiation in poplar stems. Journal of Experimental Botany, 69(18)：4339-4348.
Brienen R. J. W. , et al. 2012. Detecting evidence for CO_2 fertilization from tree ring studies：The potential role of sampling biases. Global Biogeochemical Cycles, 26(1)：1-13.
Christenhusz M. J. M. , et al. 2016. The number of known plants species in the world and its annual increase. Phytotaxa, 261(3)：201-217.
Deslauriers A. , et al. 2016. The contribution of carbon and water in modulating wood formation in black spruce saplings. Plant Physiology, 170：2072-2084.

D'Orangeville L., et al. 2018. Beneficial effects of climate warming on boreal tree growth may be transitory. Nature Communications, 9: 1-10.

Fonti P., *et al*. 2016. Tracheid anatomical responses to climate in a forest-steppe in Southern Siberia. Dendrochronologia, 39: 32-41.

Gedalof Z., *et al*. 2010. Tree ring evidence for limited direct CO_2 fertilization of forests over the 20th century. Global Biogeochemical Cycles, 24(3): 1-6.

Gerasimov V. A., et al. 2016. Raman spectroscopy for identification of wood species. Journal of Physics, 741: 1-6.

Ghislain B., et al. 2017. Diversity in the organisation and lignification of tension wood fibre walls-A review. IAWA Journal, 38(2): 245-265.

Gorshkova T., et al. 2015. Aspen tension wood fibers contain b-(1→4)-galactans and acidic arabinogalactans retained by cellulose microfibrils in gelatinous walls. Plant Physiology, 169(3): 2048-2063.

Griça J. 2013. Influence of temperature on cambial activity and cell differentiation in Quercus sessiliflora and Acer pseudoplatanus of Different ages. Drvna Industrija, 64(2): 95-105.

Grossiord C., et al. 2017. Precipitation, not air temperature, drives functional responses of trees in semi-arid ecosystems. Journal of Ecology, 105(1): 163-175.

Hill J. L., et al. 2014. The *Arabidopsis* cellulose synthase complex: a proposed hexamer of CESA trimers in equimolar stoichiometry. The plant Cell, 26(12): 4834-4842.

IAWA Committee. 2004. IAWA list of microscopic features for softwood identification. IAWA Journal, 25(1): 1-70.

IAWA Committee. 1989. IAWA list of microscopic features for hardwood identification. IAWA Bulletin n. s., 10(3): 219-332.

IAWA Committee. 2016. IAWA list of microscopic bark features. IAWA Journal, 37(4): 517-615.

Immanen J., et al. 2016. Cytokinin and auxin display distinct but interconnected distribution and signaling profiles to stimulate cambial activity. Current Biology, 26(15): 1990-1997.

Knoblauch M., et al. 2012. The structure of the phloem-still more questions than answers. The plant journal, 70: 147-156.

Kramer E. M., et al. 2011. AuxV: a database of auxin transport velocities. Trends in Plant Science, 16(9): 461-463.

Kumar M., et al. 2015. Plant cellulose synthesis: CESA proteins crossing kingdoms. Phytochemistry, 112(1): 91-99.

Lebrija-Trejos E., et al. 2014. Does relatedness matter? Phylogenetic density-dependent survival of seedlings in a tropical forest. Ecology, 95(4): 940-951.

Li D. W., et al. 2017. Climate, intrinsic water-use efficiency and tree growth over the past 150 years in humid subtropical China. PLoS One, 12(2): 1-19.

Linder M., et al. 2014. Climate change and European forests: what do we know, what are the uncertainties, and what are the implications for forest management? J. Environmental Management, 146: 69-83.

Ljungqvist F. C. 2010. A new reconstruction of temperature variability in the extra-tropical Northern Hemisphere during the last two millennia. Geografiska Annaler: Series A, Physical Geography, 92(3): 339-351.

Luo B., et al. 2018. The structure and development of interxylary and external phloem in Aquilaria sinensis. IAWA Journal, 39(1): 3-17.

Luo B., et al. 2019. The occurrence and development of intraxylary phloem in young Aquilaria sinensis shoots. IAWA Journal, 40(1): 23-42.

Luo B., et al. 2020. The occurrence and structure of radial sieve tubes in the secondary xylem of Qquilaria and Gyrinops. IAWA Journal, 41(1): 109-124.

Moser L., et al. 2010. Timing and duration of European larch growing season along altitudinal gradients in the Swiss Alps. Tree Physiology, 30(2): 225-233.

Nijland W., et al. 2011. Relating ring width of Mediterranean evergreen species to seasonal and annual variations of precipitation and temperature. Biogeosciences, 8(5): 1141 - 1152.

Pinno B. D., et al. 2012. Inconsistent growth response to fertilization and thinning of lodgepole pine in the Rocky Mountain foothills is linked to site index. International Journal of Forestry Research, 3: 1-7.

Prislan P., et al. 2011. Seasonal ultrastructural changes in the cambial zone of beech (*Fagus sylvatica*) grown at two different altitudes. IAWA Journal, 32(4): 443-459.

Qiu Z., et al. 2015. Genome-wide analysis reveals dynamic changes in expression of microRNAs during vascular cambium development in Chinese fir, *Cunninghamia lanceolata*. Journal of Experimental Botany, 66(11): 3041-3054.

Ramos A. C., et al. 2018. Cell differentiation in the vascular cambium: new tool, 120-year debate. Journal of Experimental Botany, 69(18): 4231-4233.

Sano Y., et al. 2013. Homoplastic occurrence of perforated pit membranes and torus-bearing pit membranes in ancestral angiosperms as observed by field-emission scanning electron microscopy. Journal of Wood Science, 59(2): 95-103.

Schaller G. E., et al. 2015. The yin-yang of hormones: cytokinin and auxin interactions in plant development. The Plant Cell, 27(1): 44-63.

Silva L. C. R., et al. 2016. Tree growth acceleration and expansion of alpine forests: The synergistic effect of atmospheric and edaphic change. Plant Sciences, 2(8): 1-8.

Steppe K., et al. 2015. Diel growth dynamics in tree stems: linking anatomy and ecophysiology. Trends in plant science, 20(6): 335-343.

Voelker S. L., et al. 2017. Evidence that higher [CO_2] increases tree growth sensitivity to temperature: a comparison of modern and paleo oaks. Oecologia, 183(4): 1183-1195.

Way D. A., et al. 2010. Differential response to changes in growth temperature between trees from different functional groups and biomes: a review and synthesis of data. Tree physiology, 30(6): 669-688.

Wertz E. L., et al. 2013. Vessel anomalies in *Quercus macrocarpa* tree rings associated with recent floods along the Red River of the north, United States. Water Resources Research, 49(1): 630-634.

Wightman R., et al. 2010. Trafficking of the plant cellulose synthase complex. Plant Physiology, 153: 427-432.

Woodruff D. R., et al. 2011. Water stress, shoot growth and storage of non-structural carbohydrates along a tree height gradient in a tall conifer. Plant, Cell and Environment, 34(11): 1920 - 1930.

Woodruff D. R. 2014. The impacts of water stress on phloem transport in Douglas-fir trees. Tree Physiology, 34(1): 5-14.

Xie B., et al. 2011. Unplugging the callose plug from sieve pores. Plant signaling & behavior, 6(4): 491-493.

Yamashita T., et al. 2018. Short-time pretreatment of wood with low-concentration and room-temperature ionic liquid for SEM observation. Microscopy, 67(5): 259-265.